KB036319

[제2개정판]

Korean Landform

한국의
지형

권동희 지음

한울
아카데미

이 도서의 국립중앙도서관 출판예정도서목록(CIP)은 서지정보유통지원시스템 홈페이지(http://seoji.nl.go.kr)와 국가자료종합목록 구축시스템(http://kolis-net.nl.go.kr)에서 이용하실 수 있습니다.
CIP제어번호: CIP2020010398

● 사진 1. 홍도 천연보호구역 – 규암층단애(170호, 전남 신안군, 2012.4)

● 사진 2. 대이리 동굴지대 – 환선굴 기형 석순과 휴석소(178호, 강원도 삼척시, 2019.7)

● 사진 3. 밀양 남명리 얼음골 – 애추사면(224호, 경남 밀양시, 2016.12)

● 사진 4. 독도 천연보호구역 – 동도 천장굴(336호, 경북 울릉군, 2009.9)

● 사진 5. 영월 문곡리 건열구조 및 스트로마톨라이트(413호, 강원도 영월군, 2016.10)

● 사진 6. 화성 고정리 공룡알 화석산지(414호, 경기도 화성시, 2015.10)

● 사진 7. 포항 달전리 주상절리(415호, 경북 포항시, 2016.12)

● 사진 8. 성산 일출봉 천연보호구역(420호, 제주 서귀포시, 2016.7)

● 사진 9. 마라도 천연보호구역(423호, 제주 서귀포시, 2017.3)

● 사진 10. 태안 신두리 해안사구(431호, 충남 태안군, 2016.9)

● 사진 11. 달성 비슬산 암괴류(435호, 대구 달성군, 2016.12)

● 사진 12. 제주 우도 홍조단괴 해빈(438호, 제주 제주시, 2017.3)

● 사진 13. 제주 비양도 호니토(439호, 제주 제주시, 2017.3)

● 사진 14. 제주 중문 대포 해안 주상절리대(443호, 제주 서귀포시, 2016.8)

● 사진 15. 무등산 주상절리대(465호, 광주시 동구, 전남 화순군, 2006.6)

● 사진 16. 목포 갓바위(500호, 전남 목포시, 2010.10)

● 사진 17. 군산 말도 습곡구조(501호, 전북 군산시, 2012.2)

● 사진 18. 제주 수월봉 화산쇄설층(513호, 제주 서귀포시, 2016.5)

● 사진 19. 제주사계리용머리해안(526호, 제주 서귀포시, 2017.2)

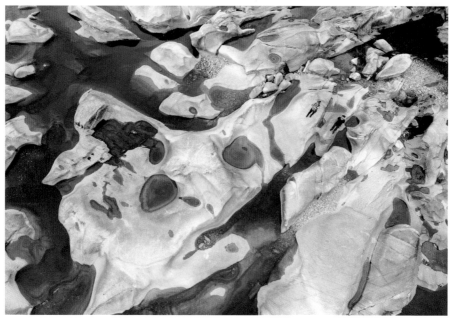

● 사진 20. 영월 요선암 포트홀(543호, 강원도 영월군, 2016.9)

제2개정판 머리말

이 책이 처음 나온 것이 2006년이니 만 13년 만에 제2개정판을 내게 되었다. 사실 이 제2개정판을 놓고 고민을 많이 했다. 2020년 2월 정년퇴임을 한 데다 새롭게 첨가할 내용도 그리 많지 않은 듯해서이다. 그러나 또 한편으로는 미흡하거나 누락된 주제들을 좀 더 충실하게 다듬고, 오래되거나 효과가 떨어지는 사진들은 가급적이면 새로운 사진으로 전격 교체하고 싶은 생각도 바짝 들었다.

이 책의 초판에 사용한 사진은 대부분 필름 카메라로 찍은 슬라이드 사진이었고, 개정판을 준비하면서는 풀프레임 디지털 카메라를 구입해 전국을 누볐다. 그러나 여전히 현장의 지형경관을 온전히 담아 독자들에게 사실적으로 전달하는 데는 한계가 있었다. 이런 가운데 몇 년 전부터 시작된 드론의 대중화는 지리 사진 촬영과 보급에 새로운 기회와 가능성을 가져다주었다.

드론 사진의 최대 장점은 자유로운 시점(視點)에서 지금까지 그 누구도 경험하지 못한 전혀 새로운 관점의 지형경관을 보여준다는 것이다. 물론 드론으로 찍은 사진이 모두 바람직한 것은 아니지만, 독자들의 입장에서 특히 어렵게 느껴지는 지형경관을 이해하는 데 적지 않은 도움이 될 것은 분명하다는 생각이다.

이 책에서는 225컷의 사진을 교체하거나 새롭게 삽입했는데 여기에는 드론 사진들이 다수 포함되어 있다. 드론 사진 촬영에는 DJI사의 팬텀3, 팬텀4프로, 매빅2-줌 등의 기종을 사용했다.

본문은 2012년 이후 발표된 60여 편의 논문 자료를 인용해 '제2장 지형 개관', '제6장 하천지형', '제12장 화산지형', '제13장 구조지형', '제14장 지형과 문화' 등을 중심으로 문맥을 다듬고 새로운 내용을 추가했다. 지형 개관의 경우 한반도 형성에 대해서는 학자들 간에 이견이 꽤 있어왔지만 최근 주목할 만한 연구 결과물이 나와 있어 이를 적극 반영했다. 하천지형에서는 '폭포, 하천쟁탈' 등을, 화산지형에서는 '동남부해안의 제3기 화산지형'을 추가했다. 구조지형에서는 최근 국가적 이슈가 되고 있는 경주·포항 지

진과 관련된 '활단층' 내용을 가급적 충분히 추가하고 싶었는데 결과적으로는 그 성과
가 그리 크지 못했다. 기존의 내용 중 가장 아쉬웠던 장이 지형과 문화였다. 이 책에서
는 이를 조금 더 다듬고 그동안 새롭게 진행된 연구 결과물을 최대한 반영하려고 노력
했다.

지리 답사에서는 더 정확한 현장 정보가 무엇보다 중요하다. 삼척시 노곡면 하월산
리 노곡슈퍼의 김재수 님, 문경 돌리네 습지 해설사 박정숙 님, 보은 제비꽃마을 심리상
담연구소 최월성 님께서는 이 책에서 꼭 필요한 싱킹크리크, 돌리네습지, 점판암집 사
진을 촬영하는 데 결정적인 정보와 도움을 주셨고, 그 사진들은 이 책에서 아주 귀하게
쓰였다. 지면을 통해 거듭 감사를 드린다. 단층 노두는 훼손되기 쉬워 현장을 사진으로
기록하기가 가장 어려운 경관 중 하나이다. 귀한 활단층 사진을 기꺼이 제공해 준 동국
대학교 오정식 박사와 한국수력원자력(주) 정수호 연구원의 호의도 더없이 고맙다. 한
반도 고환경 빙하퇴적물에 대한 귀중한 정보를 주신 숲 해설가 이승미 님과 그 현장 사
진을 흔쾌히 제공해 주신 서울대학교 최덕근 교수님께도 깊은 감사를 드린다.

출판사 입장에서 정년퇴임한 교수의 학술서를 출판하기로 결정한다는 것은 결코 쉬
운 일이 아니다. 교수 생활을 시작하면서 인연을 맺은 후 지금까지, 저자의 끝없는 '책
욕심'을 100% 충족시켜 주시고 끝까지 지원을 아끼지 않으신 한울엠플러스(주)의 김종
수 사장님과 기획·편집부 관계자 여러분께 깊이 머리 숙여 감사드린다.

2020년 4월
권동희

개정판 머리말

『한국의 지형』 초판이 세상에 나온 지 만 6년이 지났다.

그동안 부족한 점이 많았는데도 지형학, 한국지리를 공부하는 독자 여러분들의 아낌
없는 격려와 사랑을 받았다. 지면을 빌려 진심으로 감사를 드린다. 본 개정판을 서둘러
내는 것은 독자 여러분의 이와 같은 격려에 보답하는 유일한 길이라는 생각에서이다.

이 책은 지형학자들의 한국지형 연구 내용을 체계적으로 정리한 것이므로 내용 전개
의 큰 틀은 변하지 않았다. 이 개정판에서는 초판 발행 이후 지난 6년 동안 진행된 연구
성과를 보완·수정하는 데 초점을 맞췄다.

개정판에서의 가장 큰 변화는 기존 12개 장으로 구성된 주제를 14개 장으로 늘린 것
이다. 즉 '제2장 지형발달사', '제14장 지형과 문화'를 추가해 전체로는 14개 장이 되었다.

'제2장 지형발달사'는 초판의 '제4장 산지지형'에 포함되었던 관련 내용을 독립시키
고 보완해 하나의 큰 주제로 만든 것이다. 그러나 여기에서 말하는 지형발달사는 '한반
도 지형의 골격 형성 과정'을 말하는 것이다. 독자들의 오해가 없기를 바란다. 내용이
다소 빈약한 감이 있지만, 이러한 주제를 도입부에서 개괄적으로 파악하면 뒤에 나오는
개별지형을 이해하는 데 큰 도움이 될 것으로 생각해 시도해 보았다.

'제14장 지형과 문화'는 최근 한국지형 연구의 새로운 연구 주제로 떠오르고 있는 응
용지형학의 연구 성과를 반영한 것이다. 그러나 응용지형 연구 결과물이 아직은 많지
않고 또한 필자의 능력도 한계가 있어 이 내용을 하나의 독립된 장으로 묶어도 좋을 것
인지, 그리고 제목은 어떻게 할 것인지 등을 놓고 많은 고민을 했다. 그러다 결국, 부족
한 점은 앞으로 더 보완하기로 하고 과감히 하나의 장으로 넣기로 결정했다. 장 제목도
더 포괄적인 개념을 갖는 지형과 문화로 정했다. 앞으로 이들 응용지형학 연구 성과물
들은 근본적으로 '지리학적 지형학'을 완성해 가는 데 적지 않은 기여를 할 것으로 생각
한다.

제2장과 제14장을 제외한 나머지 장들은 내용 전개의 큰 틀은 유지하면서 새롭게 연

구 보고된 내용을 추가하는 데 초점을 맞췄다. 제10장의 경우에는 초판에서는 빠져 있던 빙하지형을 새롭게 삽입했다.

본문 내용의 수정, 보완과 함께 필자 나름대로 노력을 기울인 것은 새로운 사진 자료의 활용이다. 일부는 기존의 사진을 그대로 사용했지만 본문 내용을 이해하는 데 더 효율적일 것으로 판단되는 경우 가급적 새로운 사진으로 교체하려고 노력했다. 필자가 촬영하지 못한 귀중한 한라산 유상 구조토 사진, 굴업도 해식와와 붉은 모래 해안 사진을 제공해 주신 제주대학교의 김태호 교수님과 동국대학교의 김태석 선생에게 감사를 드린다.

규모가 크고 평면형태가 강조되는 지형의 경우에는 일반 사진보다는 항공사진이 효율적인 경우가 많다. 이러한 관점에서 이 개정판에서는 다양한 항공사진을 활용하려고 노력했다. 항공사진은 (주)NHN과의 제휴로 '네이버 지도'를 이용했다. 많은 항공사진을 무료로 제공해 주신 (주)NHN과 관계자분께 지면을 빌려 깊은 감사를 드린다.

개정판을 마무리하면서 느끼는 점은 내용 전개, 문장 표현 등 여러 면에서 아쉽고 부족한 점이 많다는 것이다. 이러한 점들은 앞으로 기회가 되는 대로 더욱 보완해 나갈 것을 독자 여러분께 약속드린다.

끝으로 경제적 성과와는 관계없이 끊임없는 배려와 지원을 아끼지 않으시는 한울엠플러스(주)의 김종수 사장님, 그리고 무더운 여름에 복잡한 자료들을 편집하느라 수고하신 이소현 씨와 박록희 씨께 지면을 빌려 깊은 감사를 드린다.

2012년 8월
권동희

초판 머리말

우리나라 지형학 연구는 도쿄대학교 지질학과 고토 분지로(小藤文次郞) 교수에 의해 시작되었다. 고토 분지로는 1900년부터 1902년 사이 2회에 걸쳐 14개월 동안 우리나라를 답사하고 1903년 『조선 산악론(An Orographic Sketch of Korea)』을 발표했다. 이는 신학문 관점에서 거시적으로 한반도 지질과 지형의 관계를 밝히고자 한 것으로 많은 문제점이 있음에도 우리나라 지형 연구에 적지 않은 영향을 주었다.

고토 분지로의 영향으로 초기 우리나라 지형 연구는 지질학을 바탕으로 한반도 지형 전체를 거시적으로 다룬 것이 대부분이었다. 따라서 산맥의 방향, 지구대, 지각변동 등 지구조와 관련된 구조지형이 주된 연구 대상이었다. 일본인 학자들을 중심으로 한 연구 추세는 1900년대 중반까지 이어졌다. 당시 연구의 큰 흐름은 윌리엄 데이비스(William Davis, 1850~1934) 지형윤회설을 바탕으로 한 침식면 연구였고 이때 제기된 고위평탄면 개념을 지금까지도 사용하고 있다.

그 후 1950년 한국전쟁을 전후해 공백기를 거쳐, 1960년대에 들어와 한국지형학자들에 의한 본격적인 지형 연구가 시작되었고 그 중심에 고 박노식 교수(1917~1986)와 고 김상호 교수(1918~2002)가 있었다. 이 당시 주 연구 주제는 선상지와 산록완사면이었다. 데이비스의 이론을 바탕으로 한 것으로 광복 이전의 연구 방법론을 답습한 것이었으나 이는 향후 우리나라 지형 연구의 방향을 제시한 기초가 되었다.

1970년을 전후해서는 특히 하천지형과 해안지형을 중심으로, 우리가 현재 교과서에서 다루고 있는 대부분의 주제들을 연구하기 시작했고 연구 방법론도 다양해졌다. 아울러 현재의 지형을 관찰하고, 과거의 기후를 추정하는 기후지형학적 연구가 다양하게 시도되었는데 이러한 분위기는 1980년대까지 이어졌다. 이로써 풍화현상이나 풍화미지형에 대한 중요성을 인식하게 되었고, 1980년을 전후해 다양한 풍화작용과 풍화지형 연구가 진행되었다.

1990년대 이후 가장 큰 지형 연구의 변화는 연구 주제와 방법론이 다양해졌다는 점이다. 특히 지리정보시스템(GIS)과 위성사진 등이 지형 연구에 활용되기 시작한 것은 큰 변화였다. 그리고 각종 정교한 지형분석기법(화분분석, 퇴적물 분석, 방사성 동위원소를 이용한 연대 측정 등)이 도입되어 지형 연구에 대한 신뢰도를 높였다.

2000년을 전후로 새롭게 등장한 연구 주제는 응용지형이다. 응용지형에 대한 관심은 1960년대부터 시작되었지만 그 기초가 되는 계통적 연구가 미진했던 당시로서는 큰 진전을 보지 못했다. 최근에 들어와서 지형의 응용적 연구라는 새로운 장르를 열 수 있게 된 것은 1960년대 이후 꾸준히 진행되어 온 계통적 연구 성과물이 상당히 누적된 결과라고 할 수 있다. 아울러 지형을 관광자원 또는 보전해야 할 자연유산으로서 인식하게 된 점도 또 하나의 요인이 되었다. 최근 천연기념물로 지정되는 지형경관이 크게 늘어나는 것은 그 좋은 예이다.

이 책은 모두 12개 장으로 구성되었다. 이 책을 서술하면서 내용 못지않게 많이 고심한 것이 목차의 체계를 세우는 것이었다. 목차의 주제들은 일반화된 지형 주제들을 기본으로 했으며, 여기에 한국지형 연구의 동향과 성과를 고려해 일부를 재구성해 새로운 주제를 추가했다. 즉, 산록완사면이나 선상지 같은 지형은 그 분류가 매우 애매한 것으로서 이 책에서는 완경사지형으로 취급해 평야지형과 함께 독립된 항목으로 분류했다. 새롭게 추가된 주제는 풍화지형, 토양, 습지지형, 주빙하지형 등 네 항목이다. 이들 주제는 특히 최근 많은 연구 성과물이 나오고 있는 분야이다. 지리학 자체가 그렇듯이 지형학의 정체성은 현장 답사에 있다고도 할 수 있다. 이러한 생각에서 수록한 것이 핵심 지형 답사 코스이다. 이 장에서는 이 책에 소개된 주요 지형경관들을 실제로 관찰할 수 있는 답사 지점과 코스를 간략하게 소개했다. 본문의 내용과 사진을 참고한다면 답사 자료로 활용할 수 있을 것이다.

지형을 이해하고 설명하는 데 사진보다 유용한 자료도 없을 것 같다. 이 책에 쓰인 사진들은 필자가 지형학 공부를 시작하면서부터 촬영해 온 지형 사진들이다. 일부 사진은 박상은 선생, 최병권 선생, 신현종 선생에게서 제공받았다. 일본인 학자들의 인명 읽기에는 제주교육대학교 정광중 교수의 도움을 받았고, 자료 수집과 정리·교정에는 동국대학교 전연정, 엄정선, 김근수, 지현철 조교의 도움이 컸다. 모든 분들께 감사드린다.

이 책의 원고를 마무리하면서 5~6월에는 미흡한 사진 자료를 보완하기 위해 틈나는 대로 촬영 답사를 다녀왔다. 이 과정에서 많은 분들의 도움을 받았는데 특히 무등산 도립공원 관리사무소의 관계자분들을 잊지 못한다. 지면을 빌려 특히 이수원 계장님과 정창오 기사님께 깊은 감사를 드린다.

이 책을 저술하게 된 동기의 하나가 되었고 실제 가장 큰 도움이 된 것은 그동안 여러 연구자들께서 증정해 주신 저서와 석·박사 학위논문이었다. 감사하게 받아 틈날 때마다 읽어보면서 새로운 지식을 접하는 기쁨을 누렸다. 이 기회에 귀한 논문을 보내주신 여러 연구자들께 다시 한번 감사를 드린다.

이 책은 한국지형 연구 100년간의 기록이다. 100년이라는 시간은 결코 짧지 않은 시간으로, 그동안의 방대한 연구 결과를 한 권의 책으로 엮는 것이 사실은 불가능하다고 할 수 있다. 필자의 손에 미처 닿지 않은 숨겨져 있는 소중한 자료가 얼마든지 있을 수 있고, 필자의 능력 한계로 연구자의 의도를 잘못 파악할 수도 있다. 막상 세상에 내놓으려고 하니 괜한 일을 했나 싶은 마음이 간절한 것도 이 때문이다. 이 책이 한국지형 연구의 새로운 100년을 향해 나가는 데 작은 디딤돌 역할만이라도 할 수 있기를 욕심부려 본다.

이 책은 '2005학년도 동국대학교 저서·번역 연구비 지원'을 받아 출판되었다. 지원해 주신 동국대학교 홍기삼 총장님 이하 연구처 관계자 여러분께 깊은 감사를 드린다. 언제나 든든한 후원자가 되어주시는 한울엠플러스(주)의 김종수 사장님과 편집부의 김은현 씨께 지면을 빌려 깊은 감사를 드린다.

2006년 8월
권동희

차 례

제1장

지형 연구사

1. 거시적 관점에서의 구조지형 연구(1900~1950년대)

1) 개요

한국의 지형 연구는 1900년대 초 구조지형학적 관점에서 시작되었다. 가장 큰 이유는 초기 지형연구가 주로 고토 분지로를 중심으로 한 일본인 지질학자들에 의해 시작되었기 때문이다. 이때는 주로 지질학을 바탕으로 한반도 지형 전체를 거시적으로 다루었으므로 산맥의 방향, 지구대, 지각변동 등 지구조와 관련된 구조지형이 주 연구 대상이었다. 이러한 추세는 1900년대 중반까지 이어졌다.

이 시기의 연구 주제는 크게 두 가지로 구분된다. 1900년대 초에는 구조적 측면의 지형 연구(지체구조, 지질구조)가 중심이 되었고, 1930~1940년대에는 침식면(고위평탄면, 저위평탄면 등)의 발달사적 연구가 진행되었다.

고토 분지로는 신학문 관점에서 거창하게 한반도 지질과 지형의 체계를 세우려고 했다. 일제강점기에 한반도 지질을 조사한 일본 지질학자들은 대개 고토 분지로의 제자들로서 고토의 산맥 체계에 약간의 수정을 가했을 뿐, 큰 틀은 이어졌다. 태백산맥, 강남, 적유령, 묘향, 자비령, 멸악, 마식령, 차령, 노령 등의 이름은 고토가 처음 사용한 것이다.

그 밖에 이 시기 한반도 일대의 지형을 답사하고 그 내용을 비교적 상세히 보고한 사람으로는 독일의 지리학자 헤르만 라우텐자흐(Hermann Lautensach)가 있다. 그는 알브레히트 펭크(Albrecht Penck)의 제자로 독일의 지리학계에서는 빙하지형학자로 알려졌다.

2) 주요 연구 주제

(1) 산맥의 성인과 구분

고토 분지로(小藤文次郎, 1903; Koto, 1909)는 추가령구조곡을 기준으로 한반도 지질구조를 남북으로 양분했다. 즉 그는 지질구조에 의해 한반도 산맥 분포의 법칙성을 찾으려고 했던 것이다. 산맥의 방향이나 지질구조 면에서 그의 생각은 많은 오류가 있지만, 한반도 산맥 인식에 많은 영향을 주었다.

고토 분지로는 지각운동의 방향에 의해 지체구조를 랴오둥계(遼東系), 중국계, 한국계로 구분하고, 북부에는 개마지괴와 고조선지괴를, 남부에는 태백산계, 소백산계, 한산계(韓山系)를 포함시켰다. 이 구분은 한국의 지체구조를 이용한 체계적인 지형구분의 시초가 되었다. 뒤에 나카무라 신타로(中村新太郎, 1930)는 이 같은 지체구조론을 체계화하는 한편, 이 지질구조들에 의한 차별침식이 지형발달에 영향을 준다는 사실을 구체적으로 언급하기 시작했다.

고토 분지로 이후 산맥 연구에 큰 영향을 준 학자는 다테이와 이와오(立岩巖, 1976)였다. 그는 산맥을 다시 정리해 산계를 확정하고자 했다. 그러나 형태 자체보다 지사(地史)를 중시해 산지를 분류했기 때문에 높은 산지, 즉 경상도 지역의 1000m 이상 되는 고봉들은 오히려 산지에서 빠지고 낮은 산지, 즉 광주, 차령, 노령 등은 산맥으로 인정했다. 이것 때문에 지금도 비판을 받고 있다.

(2) 침식면의 성인과 구분

1930년대에 들어와 한국지형 연구는 큰 전환점을 맞는다.

고바야시 데이이치(小林貞一, 1931)는 지체구조적 입장에서 지반운동과 침식을 관련시켜 발달사적으로 한국지형을 연구했다. 즉 한국지형은 비대칭적 요곡운동에 의해 침식회춘으로 형성된 복윤회산지라는 것이다. 그리고 그는 충주지역을 경계로 해 침식평탄면을 고위평탄면(육백산면)과 저위평탄면(여주면, 영동면)으로 구분했다. 특히 충주 서

● 사진 1-1. 한반도 초기 지형 연구의 대표경관인 고위평탄면(강원도 평창군, 2019.5)
2018년 동계올림픽이 열린 평창 알펜시아 리조트 일부 경관이다. 이 리조트는 고위평탄면상에 조성된 것으로서 사진은 알펜시아 스포츠파크 진입도로상에서 대관령 쪽을 바라본 모습이다.

쪽은 나카무라가 언급한 낙랑준평원에 대비되는 지형으로서 여주준평원이라고 명명했다. 이때 언급되기 시작한 고위평탄면은 지금도 한국지형 연구와 지리 교육의 주요한 키워드이다.

다다 후미오(多田文男, 1941)는 태백산맥을 완만한 융기운동으로 형성된 경동지괴로 명명하고, 한국지형은 이 태백산맥을 경계로 급사면의 동해 측과 완사면의 황해 측으로 구분된다고 했다. 그리고 구체적으로 구침식면과 신침식면 등 2개의 침식면으로 구분했다. 구침식면은 개마대지와 육백산면으로서 제3기 중엽 이후의 정지 시대에 형성되었으며, 신침식면은 낙랑, 여주면의 구릉지로서, 구침식면이 융기된 후에 침식회춘에 의해 형성된 주변준평원(marginal peneplain)이라고 했다.

요시카와 도라오(吉川虎雄, 1947)는 고위평탄면인 육백산면과 저위평탄면인 여주면 중간에 있는 한강 상류 4개의 천이점을 인정해 충주, 제천면, 하진부면, 대관령면 등 4개의 면으로 세분했다.

(3) 데이비스 이론의 영향

당시 연구의 큰 흐름은 윌리엄 데이비스의 지형윤회설을 바탕으로 한 침식면 연구였다. 이러한 침식면 연구에 몰두한 대표적인 사람들이 고바야시, 다다, 요시카와 등이다. 고바야시는 태백산맥에 발달한 평탄면을 융기준평원으로 보았는데 이 개념은 상당 기간 한국지형 연구에 영향을 주었다.

특히 다다 후미오(多田文男, 1934)는 데이비스 이론에 근거해 지형을 계량적으로 분석했다. 즉 산정고도, 기복량, 곡저의 고도를 조사한 결과를 이용해 산지개석도를 조사한 다음 산지의 침식윤회단계를 구분했다. 이러한 계량적 연구는 상당히 의미가 있는 것인데도 후속 연구로 이어지지 못했다.

(4) 기타 지형 연구

소수이긴 하지만 빙하지형, 화산지형, 하천지형 등의 연구도 일본 지질학자들에 의해 진행되었다.

가노 다다오(鹿野忠雄, 1936; 1937)의 관모산맥과 백두산의 카르(Kar)에 대한 연구는 1960년대 이전 유일한 기후지형학적 연구로 알려져 있다. 쓰보이(Tsuboi, 1920), 하라구치 다다카쓰(原口九萬, 1930; 1931), 다다 후미오(多田文男, 1936) 등은 울릉도, 백두산, 제주도 등 신생대 알칼리 화성암류에 대한 지질학적 연구를 진행했으며, 특히 하라구치의 제주도 화산 연구는 지금도 중요한 논문으로 평가된다. 고토 분지로(小藤文次郞, 1908)는 『조선기행록』에서 처음으로 장흥의 하안단구를 언급했다. 고바야시 데이이치(小林貞一, 1931)와 요시카와 도라오(吉川虎雄, 1947)는 한반도의 지반운동과 침식면의 관계를 설명하는 데 하안단구를 이용했다.

2. 미시적 관점에서의 기후지형 연구(1960~1980년대)

1) 개요

1950년대 이후 선진 외국에서는 데이비스 이론에 대한 비판과 함께 지형의 계량적 연구 등 큰 변혁이 일어나면서 지형 연구가 활발히 진행되었다. 그러나 불행하게도 우리나라는 한국전쟁에 따른 혼란 등으로 1960년대 초까지 지형 연구의 침체기가 이어졌다. 그동안 많은 국내 연구가 진행되었는데도 이때 벌어진 선진 외국과의 격차는 지금까지도 좁혀지지 않고 있다.

한국지형학의 기초를 다진 것은 고 박노식 교수(1917~1985)와 고 김상호 교수(1918~2002)이다. 박노식 교수는 퇴적지형 연구와 한국의 지형 분류를 처음으로 시도한 학자로, 김상호 교수는 한국지형의 평탄면, 완사면 등 침식 지형 연구의 선구자로 평가된다.

1960년대 이후 지형학자들은 거시적 관점에서의 구조지형 연구를 계승하면서 미시적인 관점에서의 기후지형 연구에 더 큰 관심을 기울였다. 이에 따라 지형 연구의 주제도 구조지형, 하천지형, 카르스트지형, 해안지형 등으로 세분화되었다. 그리고 부분적이나마 응용지형학적 연구도 함께 시도되었다.

2) 연구 주제

(1) 평탄면의 성인과 구분

기후지형학적 관점에서의 침식지형 연구가 본격화된 1960년대 이후 한국지형 연구에 큰 영향을 준 학자는 아카기 사치히코(赤木祥彦, 1965)이다. 그는 '한국의 페디먼트 지형 연구'에서, 저위평탄면을 대관령면과 하진부면으로 구분하고 중위평탄면이라 명명했다. 이 면들은 충주·제천 저위평탄면과는 다른 면이라

● 사진 1-2. 저위평탄면 논의의 중심에 있던 하진부면(강원도 평창군, 2019.6)

는 것이었다. 이후 한국지형 연구에서 페디먼트에 관한 논의가 오랫동안 진행되었다.

박노식(1967)은 한강하류를 응용지형학적 입장에서 지형구분을 할 때 페디먼트를 포함시켰다. 김상호(1965)는 요시카와가 분류한 4개의 면, 즉 충주면, 제천면, 하진부면, 대관령면에 김포면을 하나 더 추가했다. 박노식(1969)은 태백산지를 농업적 토지이용 면에서 구분했는데, 여기에서 연구자는 해발고도에 따라 고위평탄면(900m 이상), 중

위평탄면(400~500m), 저위평탄면(400m 이하)으로 구분하면서 선행 연구의 명칭을 사용
했다.

(2) 한반도의 지형 구분

박노식(1971)은 한국지형 전체를 구분하는 시도를 했다. 그는 우선 1900년대 초 일
본인 지형학자들이 시도한 한국지형 구분 방법을 기초로 한국의 지형구를 추가령구조
곡을 중심으로 북부와 남부로 크게 구분했다. 북부는 산악 지형으로서 개마고원(1500m
의 비대칭적 경동지괴)과 고한지괴(古韓地塊, 평남 황해 지역)를 포함시키고 있다. 그리고
남부는 한국지괴(태백산맥군, 소백산맥군 등), 영남분지, 호남평야로 구분했다. 그는 한국
지형을 구분하는 데 4대 지형 요소, 즉 형태, 구성 물질, 성인, 형성 시기의 유기적인 결
합 관계를 기본적으로 고려해야 하지만 이 중에서도 특히 현지형을 구성하는 지배적인
역할을 하는 요소를 발견해야 한다고 강조했다. 이러한 지형구분 방법론은 한국지형 구
분과 지형 연구에 많은 영향을 주었다.

(3) 지형학 연구 주제의 다양화

1970년대에는 하천지형(하안
단구, 충적지, 하계망 분석, 하천 역
과 모래 분석 등), 해안지형(간석
지, 삼각주 등) 연구가 활발해졌다.
특히 1970년대 후반부터 1980년
대 초반에 걸쳐서는 사빈과 사구
연구가 활발했다. 그 밖에 주빙
하지형, 평야 지형, 토양 등 새로
운 분야의 연구가 시도되었다.
그리고 현재의 지형인 구조토,

● 사진 1-3. 한반도 지형과 선암마을 하안단구(강원도 영
월군, 2016.9)
하안단구는 가장 일찍부터 연구가 진행된 주제 중 하나이다.

암괴류, 화강암 풍화층과 암괴, 적색토, 산록완사면 등을 통해 과거의 기후, 즉 주빙하
기후, 아열대기후, 건조기후 등을 추정하려는 기후지형학적 연구가 다양하게 시도되었
다. 1970년대 중반 이후에는 절리, 지질구조선, 지반운동 등과 관련된 구조지형에도 관
심을 기울이게 되었고 지형 분류가 시도되었다.

(4) 데이비스식 사고의 탈피

한반도 지형 연구 초기에 도입되어 1960년대까지 한국지형 연구의 기반을 이룬 것이 데이비스의 침식윤회 이론이다. 그러나 데이비스식 가설은 기후변화와 지각변동을 고려하지 않은, 침식기준면으로서의 해수면과 하천침식 위주의 지형형성작용만을 추출해 지형발달을 연역적으로 설명한 것으로 현실성이 없는 이론으로 밝혀졌다. 결국 1970년대에 들어와서는 데이비스 이론은 점차 사라졌고, 그 뒤를 이어 기후지형학적 연구와 계량적 연구 방법, 모델화에 중점을 둔 이른바 '신지형학'적 연구 방법론이 등장했다.

김상호(1980)는 데이비스식의 침식윤회를 탈피해 삭박윤회의 개념으로 한반도 지형을 설명하고자 했다. 그는 윌리엄 데이비스의 가장 큰 약점은 지각변동을 고려하지 않은 것이며, 한반도 지형을 해석하는 데 지각변동은 매우 중요하다고 했다. 이것은 데이비스식 사고에서 발터 펭크(Walther Penck)식 사고로의 전환을 의미한다. 데이비스는 하천침식을 중시했지만 펭크는 풍화와 풍화물질의 사면이동과 이에 따른 사면발달을 중시하고, 이들을 통해 지각변동을 밝히고자 했다. 대관령 일대의 '고위평탄면' 지형은 데이비스 이론에 근거해 '융기준평원'으로 해석되었지만, 지금은 심층풍화와 풍화물의 탈거(奪去)에 의한 삭박지형으로 해석하게 된 것이다. 물론, 데이비스도 지각변동은 생각했지만, 그가 생각한 지각변동은 급격한 운동이었다. 즉 '하천침식에 의한 평탄화(준평원) → 급격한 융기 → 하천침식에 의한 평탄화 → 급격한 융기'라는 과정이 반복된다는 사고이다.

(5) 뷔델의 에치플레인 이론 도입

펭크의 이론을 계승·발전시킨 사람이 독일의 기후지형학자 율리우스 뷔델(Julius Büdel)이다(김상호, 2016). 뷔델이 강조한 점은 현재 우리가 보는 대부분의 평탄면이 1차적인 심층풍화와 2차적인 삭박작용으로 만들어진 '에치플레인(etchplain)'이라는 것이다.

이 이론에 근거해 사용하기 시작한 대표적인 개념 중 하나가 형태적으로는 파식대와 유사하지만 성인상 심층풍화와 삭박을 강조하는 '쇼어플랫폼'이다. 우리나라 산간지대에 많이 발달한 침식분지 역시 과거 데이비스 이론에서는 하천의 침식작용을 강조했지만, 지금은 에치플레인 이론에 의거해 1차적 풍화물질을 하천이 삭박한 지형으로 설명하고 있다.

● 사진 1-4. 기후지형 연구의 주요 주제인 암괴류(강원도 고성군 운봉산, 2012.3)
운봉산은 내륙지역에서는 드물게 제3기 현무암(특히 산 정상부)으로 되어 있고 주상절리도 관찰된다. 암괴류는 이 현무암 주상절리들과 관련해 발달했다.

김상호(2016)는 이러한 관점을 여러 지형해석에 적용시킬 필요가 있다는 것을 강조했다. 우선 우리가 일상적으로 사용하는 해안단구 혹은 하안단구가 모두 해성단구와 하성단구는 아니며 많은 단구가 사실은 풍화층의 삭박으로 만들어진 평탄면이라는 사실을 강조하면서 이를 기존 단구와 구분해 '단상지'로 부를 것을 주장하기도 했다. 그러나 후속 연구가 이어지지 않아 이 개념은 우리 지형학계에서 더 이상 쓰이지는 않고 있다. 아울러 해식동굴 역시 순수한 파랑의 침식으로 만들어진 것이라기보다 1차적인 풍화작용으로 만들어진 풍화물질이 파랑에 의해 우선적으로 제거되면서 동굴의 형태를 갖추었을 가능성도 있다는 것을 간과해서는 안 된다는 의견을 제시하기도 했다.

(6) 제4기 환경 변화와 기후지형발달의 관계 연구

1960년대 이후 지형 연구의 관심은 과거 신생대 제4기 동안 한반도가 어떠한 환경 변화를 겪었으며 이로써 어떤 지형들이 발달했는가 하는 것이었다. 이때부터 본격적으로 연구되기 시작한 주제가 해안사구, 해안단구, 하안단구, 암괴류, 구조토 등이다. 이 같은 흐름은 자연스럽게 기후지형학적 연구로 이어진다. 기후지형학적 연구가 진행되면서 관심의 초점이 된 것은 제4기의 환경 변화, 특히 기후변동과 해수면변동이었다.

(7) 풍화작용 및 풍화지형 연구

기후지형에 대한 관심이 높아지면서 풍화작용과 풍화지형에 대한 관심도 높아졌다. 이로써 1980년대 초부터는 풍화작용과 토르, 타포니, 나마 등 다양한 풍화 미지형에 대한 연구가 시작되었고 1980년대 후반부터는 화강암 풍화층, 충적층, 적색토 등이 주로 제4기 기후 환경과 관련해 연구되기 시작했다. 이 연구 결과물들은 한국의 지형을 기후지형학적 관점에서 해석하는 데 귀중한 자료로 이용되었다.

● 사진 1-5. 전형적인 탑형 토르인 지리산 공개바위 (경남 산청군, 2009.11)
공개바위는 '공깃돌'의 지방어이다. 기반암은 반상변정질 편마암이다.

(8) 특수지형 연구

기후지형학적 연구가 진행되는 한편 카르스트지형, 화산지형 등과 같은 특수한 지형 연구도 구체적으로 병행되었다. 이 지형들은 1960년대부터 연구가 시작되었지만 본격적인 연구는 1980년대에 들어와서야 활성화되었다. 그러나 이 분야의 연구 성과는 다른 분야에 비해 여전히 적은 편이다.

(9) 다양한 연구 방법론의 등장

1990년대 이후에는 지형 연구에 다양한 연구 방법론이 도입되었다. 지리정보시스템(GIS)이 지형 연구에 적극 이용되기 시작했고, 실시간으로 정밀한 지표정보를 제공해 주는 위성 데이터를 활용함으로써 더욱 객관적이고 사실적인 연구를 진행할 수 있게 되었다. 여기에 화분과 퇴적물 분석, 방사성 탄소연대 측정법, OSL(Optically Stimulated Luminescences, 광여기루미네선스) 연대측정법, 우주기원 방사성 핵종 등 더욱 새롭고 정교한 지형분석 기법이 도입됨에 따라 연구 성과에 대한 신뢰도를 높였다. 이러한 방법론의 혁신은 지형의 계통적 연구를 한 단계 업그레이드시켜 주었다. 최근에는 소형 무인 항공기(드론)를 활용한 지형 연구가 시도되고 있다. 드론을 활용한 지형 연구는 앞으로 더욱 활기를 띨 것으로 보인다.

3. 지리학의 대중화를 위한 응용지형 연구(1990년대 이후~현재)

1990년대 이후에는 기존의 지형연구가 심화되는 한편 새로운 주제가 등장했다. 가장 큰 변화 중 하나는 그동안 하천, 산지와 해안지형의 일부로 취급되었던 습지지형이 하나의 독립된 지형 연구 주제로 자리 잡은 것이다. 이는 최근 지형학자들 사이에서 새롭게 부각되기 시작한 응용지형학 연구와도 관계가 있다. 응용지형학이란 '지형학적 지식과 연구 방법을 지형학 이외의 분야에 응용하는 것을 목적으로 하는 연구 분야'이다.

1) 응용지형학의 활성화

한국에서 응용지형 연구가 시작된 것은 1960년대로서 주로 국토 개발과 토지 이용에 대한 내용이 주를 이루었다. 박노식(1963a; 1963b; 1964; 1966; 1967; 1971), 김만정(1970a; 1970b; 1972) 교수를 중심으로 이러한 연구는 1970년대까지 이어졌으나 그 뒤로는 큰 연구 성과가 없었다. 그 이유는 지형학 연구 역사가 상대적으로 짧아 응용지형에까지 관심을 기울일 수 없었고, 방법론에서 기존 연구가 대부분 정성적 연구에 치우쳤기 때문이다(김종욱, 1996).

침체기를 거쳐 응용지형 연구가 재개되기 시작한 것은 1990년대부터이고 본격적으로 활성화된 것은 2000년대 이후이다. 이렇게 응용지형 연구가 활발해진 것은 앞에서 언급한 두 가지 요인이 자연스럽게 해소되었기 때문이다. 많은 지형학자들이 다양한 분야에서 순수지형학에 대한 업적을 쌓아왔고, 정성적 연구와 함께 정량적 연구가 활발히 이루어지기 시작한 것이다.

1990년대 이후 지형학자는 물론이고 일반인들의 응용지형에 대한 관심이 증대되고, 지형을 보전해야 할 주요한 자연유산과 관광자원으로 인식하면서 응용지형학 연구는 큰 전환점을 맞았다. 특히 1997년 이후 환경부(국립환경과학원)가 주도하는 '전국자연환경조사' 항목에 '지형경관'이 추가되고 많은 지형학자들이 이 조사에 참여해 응용지형학 연구는 더욱 활기를 띠었다.

응용지형 연구의 주요 주제는 지형 분류와 지형지, 관광자원으로서의 지형, 토지 이용과 취락입지, 환경 보전과 재해, 지리 교육 등이다. 이 가운데 특히 2000년대 이후 활발한 연구가 진행되는 것은 관광자원으로서의 지형경관이다. 지형을 주요한 문화유산으로 취급하는 분위기가 조성되었고 이에 따라 지오투어리즘(geo-tourism)과 지오파크(geopark, 지질공원) 개념이 대표적인 응용지형학 주제로 부각되었다. 한국에서는 처음

● 사진 1-6. 관광 지형 고창병바위(전북 고창군, 2017.10)
응회암을 기반으로 하는 토르 경관으로 전북 서해안 지질공원의 대표적 지형 명소 중 하나이다.

으로 제주도 화산지형이 세계 지질공원으로 지정된 것을 시작으로 국가지질공원제도를 본격화하면서 지형을 관광, 경제, 교육 차원에서 연구하고자 하는 분위기가 고조되었다.

2) 지형지리학의 대두

지형학은 그 관점에 따라 크게 지질학적 지형학과 지리학적 지형학으로 구분된다. 둘의 가장 큰 차이점은 지질학에서는 지형을 단지 자연현상으로만 보지만, 지리학에서는 자연현상으로서 지형을 보면서 한 걸음 더 나아가 우리 인간의 생활 문화와 결부시켜 관찰하고 해석한다는 것이다. 사실 지리학 분야에서 다루는 지형학은 당연히 지리학적 지형학이지만, 새삼스럽게 이러한 개념이 대두한 것은 국내에 지형학이 도입된 이후 상당히 오랫동안 지질학적 지형학에 머문 데 대한 반성이기도 하다. 지리학적 지형학에서는 우리 삶을 더 윤택하게 하기 위한 방편을 지형학적 관점에서 연구하고 제시한다.

● 사진 1-7. 청송세계지질공원의 백석탄 포트홀(경북 청송군, 2017.8)
지질공원의 지형 명소는 응용지형학의 주요 연구 대상이 된다.

이는 지형을 하나의 문화현상으로 다루는 관점이다. 이러한 관점은 1차적으로는 응용지형학의 연구 범주에 속하는 것이고, 궁극적으로는 지리학의 최종 지향점이기도 하다. 최근 지형학자들 사이에서 다시 언급되기 시작한 지형지리학은 이러한 개념을 반영한다고 할 수 있다.

제2장
지형 개관

1. 한반도의 형성

현재 우리가 알고 있는 한반도 지형은 중생대 이후에 만들어진 것이다. 그 이전의 한반도 지형은 지금과는 많이 달랐다. 물론 한반도가 일시에 만들어진 것은 아니며 몇 개의 지괴(육괴)가 서로 충돌하면서 점진적으로 그 모양을 갖추어갔다. 당시 지괴들이 충돌하면서 발생한 에너지는 이른바 랴오둥 방향과 중국 방향의 구조선을 만들었고, 기본적으로 이러한 구조적 특징은 한반도 대지형의 특색을 결정짓는 기반이 된다.

한반도는 지구적 규모에서 보면 유라시아 대륙 그중에서도 동부 아시아에 속한 땅이다. 우리가 현재 알고 있는 대륙은 잘 알려져 있듯이 지구판구조론에 입각한 판운동에 의해 수십억 년이라는 긴 시간 동안 서로 다른 성질의 땅덩어리들이 이합집산 된 결과이다.

동아시아도 기본적으로 중한랜드(Sino-Korean Land)와 남중랜드(South China Land)라고 하는 2개의 이질적 땅덩어리가 합쳐져 만들어진 것으로 알려졌는데 그 충돌 지점에 형성된 것이 바로 우리의 한반도이다(최덕근, 2014). 한반도 탄생의 역사를 설명할 때 빠지지 않는 '지괴 충돌' 이론은 바로 여기에서 출발한다. 중한랜드는 중한강괴(Sino-Korean Craton), 남중랜드는 남중강괴(South China Craton)라고도 한다. 2개의 랜드(강괴)가 충돌해 동아시아를 만들기 이전 이들이 과연 어느 곳에 위치했었는지에 대해서는 이견이 있지만, 현재의 남극 지역에 존재했던 고대륙 곤드와나랜드의 일부였을 가능성이 높은 것으로 알려져 있다.

곤드와나랜드는 2억 5000만 년 전 지구상에 존재했던 단일 대륙 판게아 중에서도 남쪽을 차지했던 거대 대륙이었다. 지금의 아프리카, 남아메리카, 오스트레일리아 등이 모두 이 대륙으로부터 떨어져 나와 만들어진 것이다. 곤드와나가 분리되기 전 한반도는 지리적으로 지금의 오스트레일리아 대륙에 가까이 위치했으리라 추정하고 있다.

판구조론에 입각한 한반도 탄생과 유사한 과정을 겪은 곳이 아프리카이다. 아프리카 대륙은 기본적으로 곤드와나에서 떨어져 나왔지만 그 후 남아메리카 남부에서 작은 조각이 다시 떨어져 나와 지금의 아프리카 남부에 충돌해 하나의 아프리카 대륙을 완성시킨 것이다. 지구상에서의 지형발달 원리는 한반도에서나 아프리카에서나 크게 다르지 않다. 지형학을 포함한 지리학이 '전체론적 관점'에서 출발해야 하는 이유인 것이다. 이를 적극적으로 실천한 사람이 바로 '자연지리학의 아버지'라 불리는 알렉산더 폰 훔볼트 (Alexander von Humboldt)였다. 훔볼트는 "디테일이 통합되어 전체가 된다"라는 철학을 바탕으로 자연을 대했으며, 이를 통해 남아메리카 해안을 여행하면서는 만물이 1000개의 끈으로 이어져 있다는 것을 깨달았다.

1) 한반도의 탄생(선캄브리아기~중생대)

현재의 한반도 지형이 여러 개의 지괴가 충돌하고 합쳐져 완성되었다는 이론에 대해서는 이견들이 없는 것 같다. 한반도 지괴 충돌설을 설명하는 논리적인 지구조모델은 여러 가지가 제기되어 있는데 그중 가장 보편적으로 받아들여지는 것이 바로 3지괴(북부지괴, 중부지괴, 남부지괴) 충돌설이다. 이른바 만입쐐기모델(최덕근, 2014)이다.

(1) 2랜드, 3지괴, 11지체구조

한반도의 기초가 된 3개의 지괴는 다시 2개의 상위 개념으로 묶이는데 이것이 바로 앞에서 설명한 중한랜드와 남중랜드이다. 그러나 이 랜드들과 지괴의 지리적 관계는 간단하지가 않다. 북부지괴와 남부지괴는 중한랜드에, 중부지괴는 남중랜드에 속했었던 것으로 알려졌기 때문이다. 결국 한반도는 2개의 중한랜드와 1개의 남중랜드가 결합된 땅덩어리인 것이다. 규모는 작지만 한반도가 지질적·지형적으로 매우 복잡한 구조를 갖게 된 이유가 여기에 있다.

구분			비고
3지괴	11지체구조		
한반도	북부지괴*	두만강대	
		관모육괴	한반도에서 가장 오래된 땅 (27억 살의 화강편마암)
		마천령대	
		낭림육괴**	
		평남분지	
	중부지괴*	임진강대	2랜드의 충돌지대 (충돌의 근거인 부가대 존재)
		경기육괴**	남한에서 가장 오래된 땅 (25억 살의 혼성암)
		충청분지	옥천대(옥천지향사, 옥천조산대)로 불리던 곳
	남부지괴*	태백산분지	
		영남육괴**	
		경상분지	

주: * 북부지괴와 남부지괴는 중한랜드에, 중부지괴는 남중랜드에 속한다.
　　** 낭림육괴, 경기육괴, 영남육괴는 전통적 개념에서 한반도의 기반을 이루는 3개의 육괴다. 이 개념에서는 관모육괴
　　　와 마천령대는 낭림육괴에 포함된다.
자료: 최덕근(2014), 저자 수정.

　한반도를 구성하는 3개의 지괴는 다시 11개의 하위 개념으로 나눌 수 있는데, 북부지괴에는 두만강대, 관모육괴, 마천령대, 낭림육괴, 평남분지가, 중부지괴에는 임진강대, 경기육괴, 충청분지, 그리고 남부지괴에는 태백산분지, 영남육괴, 경상분지가 각각 포함된다. 이들은 중생대 이전 각각 다른 시기에 다양한 성인으로 만들어진 독립적인 땅덩어리였었다.

　여기에서 주목할 만한 곳은 태백산분지와 충청분지, 임진강대다. 태백산분지와 충청분지는 전통적으로 옥천대(옥천지향사, 옥천조산대)로 불리던 곳이다(최덕근, 2014). 옥천지향사는 1926년 야마나리(Ymmanari)가 명명한 것으로 이후 1953년 고바야시는 이를 옥천조산대로 바꿔 불렀다.

　임진강대는 한반도 형성 과정에서 중한랜드와 남중랜드가 충돌한 현장으로 알려졌다. 페름기 말에서 트라이아스기에 걸쳐 일어난 두 랜드의 충돌은 남중랜드가 중한랜드

● 그림 2-1. 한반도 지체구조

중국

두만강대

관모육괴

마천령대

낭림육괴

서해

평남분지

임진강대

동해

경기육괴

태백산분지

북부지괴

중부지괴

충청분지

영남육괴

경상분지

남부지괴

자료: 최덕근(2014).

아래로 섭입한 양상을 보였는데 여기에서 바로 만입쐐기모델 개념이 나왔다. 임진강대와 경기육괴를 형성하는 일부 암석들은 이러한 섭입 과정에서 남중랜드에 쌓여 있던 퇴적물이 중한랜드에 달라붙어 만들어진 부가대(附加帶)인 것으로 알려져 있다(최덕근, 2014). 이 당시 충돌 현상을 우리는 송림조산운동이라 부른다.

(2) 한반도 탄생

지구상에서 땅의 윤곽을 결정짓는 것은 이를 둘러싼 물(해양과 호수)이다. 한반도라고 하는 하나의 땅덩어리도 이를 둘러싼 동해, 남해, 황해 등 3개의 해양에 의해 특징지어진다. 따라서 바다의 형성 메커니즘은 육지 발달을 이해하는 데 필수적 요건이 된다. 특히 한반도의 경우 동해는 더 그렇다.

남해와 황해는 모두 대륙붕에 발달한 얕은 바다로 지형학적으로 엄밀히 말하자면 바다라기보다 육지의 연장부이다. 육지와 바다를 구분하는 기준은 바닷물이 아니라 기반암이기 때문이다. 이 두 바다의 지질은 대륙지각(화강암질암석)으로 되어 있다. 상대적으로 훨씬 깊은 수심의 동해는 대륙과 해양의 중간적 성격을 띤다. 동해는 크게 다시 울릉분지, 일본분지, 야마토분지로 나뉘는데, 동해안으로부터 울릉분지까지는 주로 화강암질, 울릉분지를 넘어 동해 북부의 일본분지까지는 해양지각(현무암질 암석)으로 되어 있다. 울릉분지는 대륙지각과 해양지각의 중간에 해당되는 것이다(최덕근, 2014).

동해의 수심은 남해와 황해에 비해 깊고 거대한 배호분지(背弧盆地) 형태를 하고 있는데, 이는 동해의 생성 과정과 관련이 있다. 동해는 신생대 제3기 마이오세 중엽에 현재의 일본열도가 떨어져 나가면서 만들어졌다. 한반도의 현재 모습은 바로 이 동해가 만들어진 시기에 완성되었다고 할 수 있다.

(3) 한반도의 나이

중생대 초기인 약 1억 8000만 년 전(박수진·손일, 2005a) 한반도를 구성하는 몇 개의 땅 조각들이 충돌해 한반도의 윤곽을 갖춘 이후, 신생대 제3기 약 2000만 년 전(최덕근, 2014) 일본열도가 떨어져 나가고 동해가 형성됨으로써 현재의 한반도 모습이 최종적으로 완성되었다는 것이 현재까지의 정설이다. 따라서 한반도를 구성하는 여러 조각의 땅덩어리들이 만들어진 시기는 이보다 훨씬 오래전이고 현재까지 밝혀진 바로는 선캄브리아 이언으로 거슬러 올라가는 것으로 알려져 있다.

한반도 지체구조를 구성하는 11개 조각 중에서 가장 오래된 땅은 18억 살 이상 된 육괴다. 관모육괴를 구성하는 화강편마암은 약 27억 살로 밝혀졌고, 경기육괴에 속한 인천 대이작도에서는 25억 살 된 토날라이트질 혼성암(migmatite)이 발견되었다. 이는 화강암류가 혼성암화(migmatitization) 작용을 받아 생성된 것이다(Cho et al., 2008; 김지인 외, 2019에서 간접 인용). 혼성암은 변성암과 화성암이 복합된 것을 말한다.

대이작도가 속한 이작도의 기반암은 토날라이트질 편마암, 각섬암, 알칼리화강암으

● **사진 2-1. 선캄브리아기 암석으로 된 백령도(인천시 옹진군, 2009.9)**
백령도의 대부분은 약 10억 년 전 퇴적된 사암이 한반도가 형성되는 과정에서 변성된 규암층으로 되어 있다.

● 사진 2-2. 25억 살의 혼성암(인천 옹진군 자월면 이작리 대이작도 작은풀안해수욕장, 2019.6)

로 구성되어 있다. 토날라이트질 편마암은 녹회색을 띠며 중립-조립으로서 편마상 혹은 엽리상 조직이 있다. 각섬암은 반려암-섬록암 조성으로서 최대 수 m 크기의 블록으로 토날라이트질 편마암 내에 산재한다. 이는 청녹-암청색을 띠며 엽리상의 세립-중립질이고 드물게 조립질이다. 알칼리화강암은 담홍색의 엽리상 중립질로서 토날라이트질 편마암을 관입하는 암맥 혹은 독립된 암체로 나타나며 각섬암을 포획한다. 토날라이트질 편마암과 각섬암의 블록과 포획암은 국부적으로 부분 용융에 의한 혼성암화 작용을 받았다. 이 기반암들로는 트라이아스기 섬록암, 화강암과 페그마타이트 등이 빈번하게 관입되어 있다(조등룡 외, 2019).

　한반도는 화성암, 퇴적암, 변성암이 각각 30%씩 고르게 분포한다. 이 중 가장 오래된 암석은 육괴를 구성하는 변성암이다. 육괴 사이의 분지, 조산대 등은 이보다 훨씬 젊은 화성암, 퇴적암으로 구성되었다.

● 사진 2-3. 태백산 분지의 부정합층(강원도 영월군 김삿갓면 와석리 김삿갓계곡, 2019.3)
부정합층을 경계로 그 아래로는 20억 살, 그 위는 5억 살의 바위가 각각 존재한다.

　지체구조를 나타낸 지도에서는 젊은 화성암·퇴적암과 오래된 변성암이 수평적으로도 만나는 것으로 표시되지만 사실은 엄밀히 말하면 이 두 지층은 수직적 관계에 놓여 있는 경우가 많다. 태백산분지에 속하는 강원도 영월 김삿갓 계곡에서는 20억 살의 변성암(편암과 화강편마암) 위에 5억 살의 퇴적변성암(장산규암)이 관찰된다(조홍섭, 2018). 20억 살 위에 바로 5억 살의 바위가 놓였다는 것은 15억 년이라는 세월이 사라졌다는 이야기이다. 이는 그동안 꾸준히 퇴적작용 없이 침식이 일어났기 때문인데 이를 지형학에서는 부정합이라고 한다. 남부지괴의 하나인 태백산분지와 경상분지는 영남육괴를 바탕으로 각각 고생대의 해성-육성 퇴적층과 백악기의 육성 퇴적층이 쌓인 곳이다(최덕근, 2014).

2) 화강암 관입과 경상누층군 형성(중생대)

(1) 조산운동과 화강암 관입

한반도 지형발달사에서 가장 큰 영향을 준 구조운동은 총 3회에 걸쳐 일어난 조산운동이다. 중생대 초기(트라이아스기)에 송림조산운동, 중기(쥐라기)에 대보조산운동, 그리고 말기(백악기)에 불국사조산운동이 일어났다. 이 중 한반도 지체구조에 가장 큰 영향을 준 것은 대보조산운동이었고 이로써 대보화강암이 관입되었다. 화강암은 한반도의 30%를 차지하는 암석으로 그 대부분은 대보화강암이다. 불국사조산운동 때는 불국사화강암이 관입되었다. 송림과 대보는 각각 황북 북서부의 송림시, 평남 대동군 대보면의 대보 탄전으로부터 유래한 명칭이다.

(2) 경상분지 발달과 경상누층군 형성

대보조산운동과 불국사조산운동이 일어난 시기의 사이에 구조분지로 알려진 경상분지와 호수가 형성되었다. 이 호수에 중생대 백악기 지층들이 9km의 두께로 쌓여 남한 면적의 1/4을 차지하는 경상누층군이 만들어졌다. 이 층은 이전에 경상계로 불렸던 지층으로서 하부 신동층군(新洞層群), 중부 하양층군(河陽層群), 상부 유천층군(楡川層群) 등 세 층으로 다시 구분된다. 퇴적암류와 화산쇄설암류가 혼재되어 있는 유천층군은 한반도 남부 다도해 지역에 폭넓게 분포하는 지층이다. 대표적인 섬 여행지 중 하나인 전남 여수의 사도, 경남 통영의 욕지도 등은 모두 유천층군을 기반으로 하고 있다. 불국사화강암은 경상누층군을 뚫고 관입된 것이다.

경상누층군과 비슷한 시기에 만들어진 것이 격포리층이다. 이는 단층작용에 의해 형성된 격포분지, 그리고 여기에 만들어진 거대한 호수에 퇴적물이 쌓여 발달한 지층이다[(사)한국지구과학회, 2009]. 격포리층이 나타나는 전라북도 부안군 격포해안 일대의 채석강, 적벽강은 우리나라의 대표적인 해안 지형 관광지이다.

(3) 화강암의 심층풍화 진행

한반도는 백악기부터 신생대 3기까지 오랜 기간 동안 고온다습한 기후 환경 아래 놓이게 된다. 이 같은 기후 환경 아래 화강암류를 중심으로 강력한 화학적 심층풍화가 진행되어 두꺼운 풍화층과 핵석이 만들어진다. 이러한 지형형성환경은 제4기 간빙기에도

● 사진 2-4. 대보화강암 채석장(경기도 포천시 포천아트밸리, 2014.8)

● 사진 2-5. 유천층군 지질의 해안경관(경남 통영시 욕지도 펠리컨바위, 2019.1)

● 사진 2-6. 백악기 말 화산활동의 증거 페퍼라이트(전북 부안군 적벽강 해안, 2012.2)
페퍼라이트 아래쪽은 셰일층이고 위쪽은 유문암질 주상절리가 관찰된다.

● 사진 2-7. 유문암질 주상절리 해안(전북 부안군 적벽강 해안, 2012.2)
주상절리와 관련해 해식애가 형성되어 있다. 그러나 오랜 기간 풍화작용이 진행되어 주상절리의 윤곽이 뚜렷하지 않다.

● 사진 2-8. 신생대 3기 화산지형 양남 주상절리(경북 경주시 양남면 읍천리, 2014.1)
일반인들에게는 그 모양 때문에 '부채바위'로 알려졌다. 주상절리 규모와 형태 면에서 학술적·관광적 가치가 높은 것으로 인정되어 경주시는 '주상절리 테마공원' 조성과 세계자연유산 등재를 추진하고 있다. 이곳 지질은 어일현무암으로 알려져 있다.

이어진 것으로 보고 있다.

(4) 화산활동

백악기 말부터 신생대 3기 초에 걸쳐 남부지방을 중심으로 격렬한 화산활동이 있었다. 이때 발달한 화산지형은 오랜 시간 동안 침식되어 그 흔적만 국지적으로 관찰된다. 전북 부안 적벽강 해안에서 관찰되는 페퍼라이트(peperite), 유문암질 주상절리 등은 이 시기의 화산활동으로 만들어진 지형들이다. 페퍼라이트는 물기가 많고 덜 굳은 상태의 퇴적물과 뜨거운 용암이 섞이면서 새롭게 만들어진 일종의 퇴적암이다. 적벽강의 페퍼라이트 생성 시기는 약 8300만 년 전으로 알려졌다[(사)한국지구과학회, 2009].

3) 한반도 지형 골격 형성(신생대 제3기~제4기)

(1) 동해의 형성과 경동성요곡운동

한반도 지형의 골격을 이루는 산맥구조는 동해의 형성과 밀접한 관계가 있다. 원래 일본열도는 한반도에 붙어 있었으나 신생대 제3기 중엽(약 2500만 년 전)부터 떨어져 나가기 시작했고 그 자리에 동해가 만들어졌다. 이 과정에서 나타난 것이 바로 경동성 요

● 사진 2-9. 융기에 의해 만들어진 태백산맥(강원도 강릉시 왕산면 안반데기마을, 2016.5)
산맥 정상부를 따라 평탄면이 이어져 있다. 사진은 고위평탄면을 이용한 안반데기 마을 고랭지 채소 경작지 경관
이다.

곡운동이다. 이러한 일련의 구조운동과 관련해 태백산맥과 함경산맥을 잇는 한반도 주산맥(1차 산맥)이 탄생되었다.

　동해와 한반도 주산맥이 만들어지는 데 결정적인 역할을 한 것 중 하나는 한반도 주산맥 동쪽에 자리했던 대규모 단층이었다. 이 단층선을 중심으로 동쪽은 함몰되어 동해가 되었고 서쪽은 융기해 현재의 주산맥이 형성되었다(정창희, 1997). 최근에는 설악산이 동해의 생성과 밀접히 연계되어 있음을 보여주는, '약 2200만 년'이라는 헬륨 연대를 얻었다는 발표가 있었다(조문섭, 2009.3.13). 아시아 대륙에 붙어 있던 일본 땅이 분리되며 동해가 열릴 때 태백산맥이 융기했다는 학계의 오래된 주장이 과학적으로 처음 증명된 것이다.

　변종민(2011)은 수치지형발달모델을 이용해 태백산맥의 융기 시점이 동해가 본격적으로 형성되는 시기에 집중되었다는 것을 이론적으로 증명했다. 그리고 연구자는 이때 만들어진 산맥은 현재 소멸기에 진입한 것으로 덧붙이고 있다.

그러나 경동성요곡운동이 한반도에 국한된 것은 아니라는 연구들이 나오면서 이 개념을 더 확장해 사용해야 한다는 주장들이 있어 주목된다(Shin and Sandiford, 2012; 신재열·황상일, 2014). 연구자들은 한반도 동해안을 따라 나타나는 신생대 융기산악지형은 동아시아 대륙 연변부를 따라 북쪽으로 러시아 남부지역[시호테알린(Sikhote-Alin) 산맥]에 이르는 대지형의 한 부분이며, 그 전체 모습이 서태평양 섭입대의 형태와 분포 특성과 매우 유사하다는 점을 들어, 한반도 동해안의 융기운동은 태평양판의 섭입 활동에 따른 상부맨틀 내 소규모 맨틀 대류의 영향력과 밀접히 연관되었을 것으로 설명하고 있다.

(2) 화산활동

3기 말부터는 한반도에 화산활동이 다시 시작되었고 이는 제4기 플라이스토세(pleistocene epoch)를 거쳐 현세까지 이어지면서 화산체, 용암동굴, 용암대지 등 다양한 화산지형을 만들었다. 이러한 화산활동은 한반도 지형기복에 미시적인 변화를 주었다.

(3) 풍화작용

중생대 백악기부터 화강암의 심층풍화가 시작되었고 이는 신생대 3기까지 집중적으로 이어졌고 제4기 간빙기에도 간헐적으로 진행되었다. 이 과정에서 두꺼운 풍화층과 핵석이 형성됨으로써 한반도 풍화미지형 형성의 기초를 마련했다.

4) 주빙하기후 경험과 지표 변화(신생대 제4기)

한반도는 3기에 대지형의 골격이 만들어진 다음 4기 이래 안정기를 거치면서 기존의 지형기복들은 끊임없이 침식되면서 변형되기 시작했다. 한반도의 이른바 2차 산맥은 이 과정에서 차별침식으로 만들어졌다(권혁재, 2000). 이때 차별침식에 1차적으로 영향을 준 것이 이전에 형성된 랴오둥 방향과 중국 방향의 구조선이다.

4기 플라이스토세에는 전 지구적으로 빙하기가 찾아왔고 한반도도 이에 영향을 받아 빙하·주빙하성 지형이 발달한다.

(1) 주빙하기후 경험(플라이스토세)

한반도 지형발달사에서 대표적인 지리적 사건 중 하나는 제4기 플라이스토세에 전 지구적으로 찾아온 빙하기후이다. 중생대 말기부터 온난한 기후가 지속되었던 한반도 는 이때 빙하 또는 주빙하기후를 경험한다. 이러한 기후변화로 인해 한반도 지형발달은 극적인 전환점을 맞게 되었다.

빙하기 때는 백두산을 중심으로 한 일부 지역에 빙하지형이 발달했고 한반도 곳곳에 서는 주빙하지형이 만들어졌다. 지표면에서는 활발한 기계적 풍화작용과 동결·융해의 반복 작용에 의해 애추, 구조토 등이 발달했다. 중생대 이후 신생대 3기까지 오랜 기간 에 걸쳐 만들어진 화강암 풍화층은 이 같은 주빙하 환경 아래 점차 삭박되었고, 이로써 풍화층 내부에 존재하던 다양한 핵석들이 지표로 노출·이동되어 토르, 암괴류 등 다양 한 유형의 풍화지형이 발달했다.

그리고 빙기와 간빙기가 교대로 나타나는 기후변화와 함께 해수면 승강운동이 반복 되었고 그 결과 하안단구, 해안단구 등이 형성되었다.

● 사진 2-10. 주빙하 환경하에서 기계적풍화에 의해 만들어진 애추지형(경남 밀양시 천황산, 2008.5)

● 사진 2-11. 주빙하 환경하에서 지표로 노출된 핵석(강원도 강릉시 사천진해수욕장, 2008.3)

(2) 온난다습한 환경하에서의 지형발달(현세)

최후빙기인 뷔름 빙기가 끝난 약 1만 년 전부터 지금에 이르는 지질시대를 현세 혹은 후빙기라고 한다. 백악기 이후 지금까지 한반도 지반은 안정된 상태를 유지해 오고 있다. 그리고 한반도 기후는 현세에 들어와 온난다습한 상태를 유지하고 있다. 후빙기 이후 기후가 온난해지면서 한반도 해수면은 전체적으로 상승했고 이후 지금까지 이어지고 있다.

● 사진 2-12. 현세의 역동적인 지형발달 메커니즘을 보여주는 대이작도 풀등(인천 옹진군, 2019.6)
풀등은 썰물 때는 드러나고 밀물 때는 잠기는 전형적인 간조 사주섬이다.

지금은 과거 기후 환경을 반영하는 다양한 화석지형이 존재하는 가운데, 안정된 지반 환경과 온난다습한 기후 환경을 반영하는 각종 풍화·침식·운반·퇴적지형들이 발달

● 표 2-2. 시대별 한반도 지형발달 주요 이벤트

(단위: 100만 년 전)

시대			구조 환경	기후 환경	주요 지형형성 이벤트	시작 연대
신생대	4기	현세	화산활동	온난습윤	2차 산맥 형성	0.01
		플라이스토세	화산활동	한랭습윤 (빙하·주빙하기후)	• 해수면변동 • 빙하·주빙하작용	2
	3기		• 화산활동 • 경동성요곡운동 • 화산활동	고온다습	• 1차 산맥 형성 • 지반융기 • 동해형성	63
중생대	백악기		• 화산활동 • 불국사조산운동 • 경상누층군 (경상분지)	고온다습	• 불국사화강암 관입 • 한국방향구조선 발달	135
	쥐라기		대보조산운동		• 대보화강암 관입 • 랴오둥·중국방향구조선 발달	181
	트라이아스기		• 대동누층군 • 송림조산운동		• 지괴(낭림, 경기, 영남 등)충돌 • 현재의 한반도 형태 형성	230
고생대			• 평안누층군 • 조선누층군(석회암)			600
선캄브리아이언*			퇴적변성암(편마암, 편암)			46억 년

주: * 고생대 캄브리아기 이전의 시대이다. 선캄브리아기 혹은 선캄브리아 누대(시대)라고도 하며 시생대, 원생대로 나눈다. 이에 대해 고생대~신생대는 현생 이언이라고 한다.

자료: 권혁재(1999; 2000), 박수진·손일(2005a), 정창희(1997), (사)한국지구과학회(1995), 양승영(2001) 참고, 저자 재구성.

● 표 2-3. 경상누층군의 구분

	구분	
경상누층군	유천층군	화산암군
	하양층군	진동층
		함안층
		신라역암
		칠곡층
	신동층군	진주층
		하산동층
		낙동층

하고 있다.

풍화의 경우 계절별로 보면 여름은 화학적풍화, 겨울은 기계적풍화가 우세하다. 겨울철 고지대에서는 국지적으로 주빙하지형도 발달한다. 현세는 빙하기의 관점에서 보면 다음에 오게 될 빙하기와의 사이에 존재하는 일종의 간빙기라고도 할 수 있다. 따라서 지표면에서 다양한 풍화·침식·퇴적지형이 발달하는 가운데 지하에서는 화학적 심층풍화도 지속된다고 볼 수 있다.

현실적으로 가장 명쾌하게 우리 눈에 띄는 지형형성 메커니즘은 침식작용과 퇴적작용이다. 특히 하천이나 해안 지역에서의 유수작용은 그 어느 것보다 빠르고 명쾌해 지형학자들의 관심을 끌기에 충분하다. 아울러 이 지역들은 학생이나 일반인들이 '역동적인 자연'을 이해하는 데 최적의 장소가 된다.

2. 한반도의 지형 특징

1) 일반성과 특수성

한반도는 지리적으로 동아시아를 구성하는 한 부분으로서 동아시아 전체의 일반적 지형 특성이 나타나면서도 다른 지역들과는 차별화된 특수성도 있다.

첫째, 동아시아는 지구 규모의 판운동과 관련해 복잡한 지질구조적 특성을 보이지만, 대륙 규모에서 보면 북동-남서 방향의 지형 구조와 연결성이 나타난다. 한반도는 이러한 대륙 규모의 지형 특성을 따르면서도, 이와는 직각으로 교차하는 북북서-남남동 방향(낭림산맥과 태백산맥)의 지형연결성이 특징적으로 나타난다. 이러한 특징은 동아시아의 지체구조와 지형발달의 중간 지점에 위치하고 있는 한반도의 위치적 특성 때문에 나타나는 현상이다.

둘째, 한반도는 동아시아에서 지형 형태가 가장 다양하게 나타나는 지역 중 한 곳이다. 평균 고도는 높지 않지만, 인접한 지역에 비해 상대적으로 높은 경사도와 복잡한 지형 분포를 보인다. 한반도의 평균 고도는 약 448m로 동아시아 평균 910m보다 낮지만, 평균 경사도는 5.7°로 동아시아 전체 평균 3.9°보다 높다.

셋째, 상대적으로 높은 경사도와 복잡한 지형적인 특성은 한반도 북동부 러시아의 시호테알린산맥에서 양쯔강 이남으로 연결되고 있다. 일본을 포함한 이 지역들은 한반도와 유사한 지형적 특성을 보이는 한편 차이점도 나타난다. 즉 한반도는 산지와 퇴적평지의 경계가 자연스럽게 이어지는 반면, 다른 지역은 산지와 퇴적평지가 뚜렷하게 구분되는 특징을 보인다. 이것은 한반도가 비교적 완만한 지반운동특성과 더불어 하천에 의해 만들어진 퇴적평야의 규모가 상대적으로 작기 때문인 것으로 추정된다(박수진, 2014).

2) 대지형 구분

지형기복은 보통 산지와 평야로 크게 구분하고 그 사이에 구릉의 개념을 넣기도 한다. 그런데 문제는 이들을 구분하는 기준이 명쾌하지 않아 연구자들에 따라 다양한 기준을 사용하고 있다는 것이다. 일반적으로 산지의 기준으로 해발고도 300m를 사용하는 것에는 큰 이견이 없는 것 같다. 지형학적으로 산지를 구분하는 기준 지표인 고도, 경사, 기복량 등을 적용시켜 한반도 지형을 조사한 결과에서도 우리나라 산지의 기준은 큰 틀에서 이 기준과 거의 일치하는 것으로 나타났다. 그런데 비산지, 즉 구릉이나 평야의 개념으로 이야기하면 좀 복잡해진다. 탁한명·김성환(2017)은 그동안 진행된 연구를 바탕으로 한국의 지형을 크게 산지와 비산지로 나누고 비산지에 구릉과 평야를 포함시키는 분류 방법을 제안한다. 이 분류법의 가장 큰 특징 중 하나는 구릉지를 경사도에 따라 산지성 구릉과 잔구성 구릉으로 나누고 있다는 점이다. 그동안 상당히 모호하게 적용했던 구릉지 개념을 더 구체적으로 접근할 수 있는 근거를 제시했다는 점에서 주목할 만하다.

● 표 2-4. 한반도 기복 구분

구분			비중(%)		기준		특징
					경사(도)	고도(m)	
산지			49			300~	
비산지	구릉	산지성 구릉	21	32	10°~	50~	• 산지 산록부에 위치 • 산지 침식 과정에서 형성
		잔구성 구릉	11		5~9°		산지성 구릉의 연변, 침식 평야와 이어진 잔구의 연속체
	평야	침식 평야	12	19	~4°	~49	• 파랑상 구릉 형태 • 토양층과 풍화층 존재
		퇴적 평야	7		~2°		대하천 중하류의 곡저평야, 범람원, 삼각주, 간석지, 간척지

비중(%) 51 은 비산지 전체 합계

자료: 탁한명·김성환(2017), 저자 수정.

제3장

풍화지형

1. 풍화작용과 풍화지형

암석이 풍화작용을 받으면 붕괴되어 풍화물질이 된다. 풍화물질이 유수, 바람, 빙하, 파랑 등에 의해 다른 곳으로 운반·퇴적되면서 지표면의 기복은 변형되며, 이러한 풍화물질은 기본적으로 토양의 재료가 된다.

온대기후에 속한 한국의 경우 여름철에는 주로 화학적풍화가, 겨울철에는 기계적풍화가 우세하게 진행되며 계절과 관계없이 생물 풍화도 진행된다. 고산지대에서는 상대적으로 기계적풍화가 더욱 우세해 국지적으로 주빙하성 지형도 관찰되는 것으로 보고되고 있다. 현재의 한국 기후 환경에서 1년 동안 진행되는 화강암의 화학적풍화량은 약 31.31g/m²(박수진, 1993)이며, 이 암석들의 풍화는 대부분 여름에 국한되어 진행되는 것으로 알려져 있다. 그러나 한국 곳곳에서는 현재와 같은 온대기후 조건 아래 발달하기 어려운 지형들, 즉 열대기후 지형과 주빙하기후 지형들이 공존하는 경우를 종종 관찰할 수 있다. 이 지형들은 과거 기후와 관련된 화석지형으로 취급하고 있다.

풍화작용은 기후와 암석의 구조적 특징, 시간의 장단 등 다양한 요인에 의해 지표상에서 차별적으로 진행되는 것이 보통이다. 이 같은 차별풍화는 차별침식으로 이어지고 결국 지표면은 다양한 형태의 지형발달을 유도하게 된다. 또한 풍화작용 자체가 직접적으로 지형발달에 결정적인 영향을 주는 경우가 있는데, 이렇게 형성된 지형을 풍화지형 또는 풍화 미지형이라고 해서 일반 지형과는 구분한다. 이 풍화 미지형들은 대부분 화

● 사진 3-1. 화학적풍화가 진행된 해안단구 퇴적물(강원도 강릉시 정동진해안단구, 1998.7, 좌)
퇴적된 원력이 지중에서 화학적풍화가 극단적으로 진행된 뒤 지표로 노출된 것이다.

● 사진 3-2. 생물 풍화(서울 불암산 불암사 주변, 1988.5, 우)
나무뿌리의 성장은 쐐기 작용을 일으켜 암석을 풍화시킨다.

강암과 관련된 것이다.

2. 화강암 풍화와 지형발달

1) 화강암 분포

화강암은 단일 암석으로는 한국에서 가장 넓은 면적을 차지한다. 이 화강암들은 대부분 중생대에 지하 깊은 곳에서 형성된 암석으로, 크게 쥐라기 말에 관입한 대보화강암과 뒤를 이어 백악기에 관입한 불국사화강암, 이렇게 두 가지 유형으로 구분된다.

대보화강암은 남한에서는 옥천대를 따라 띠 모양으로 분포하나 북한에서는 불규칙하게 분포한다. 이 대보화강암들은 화강섬록암을 비롯해 흑운모 화강암, 석영섬록암, 반상화강섬록암 등으로 구성된다. 불국사화강암은 경상분지, 월악산, 속리산, 월출산, 설악산 등지에 분포한다.

2) 화강암 지형의 발달

한반도의 지형발달, 특히 평탄화작용에 큰 영향을 준 것은 화강암류의 암석이다. 한반도가 요곡운동으로 경동 지형이 만들어지면서, 융기량이 큰 내륙지역에서는 화강암 분포가 지형의 높고 낮음에 큰 영향을 주었다. 화강암 지역에는 완경사의 평탄지나 침식분지, 그리고 고도 분포가 거의 동일한 구릉 지형이 넓게 분포하는 데 반해, 변성암이나 퇴적암 지역은 기복이 큰 산지가 발달했다.

(1) 화강암 풍화와 삭박에 의한 지형발달

중위도에 위치한 한국은 화강암 대부분이 제3기와 제4기 간빙기의 온난기후에서 심층풍화를 받은 것으로 추정된다. 기후 조건이 같으면 화강암은 다른 암석에 비해 지하에서 쉽게 화학적풍화가 진행되고 두꺼운 풍화층이 형성된다. 현재 관찰되는 풍화층의 두께는, 완경사 지역의 경우 5~30m, 남부 지방의 일부 침식분지에서는 70여 m(장재훈, 2002) 정도인 것으로 알려져 있다. 지하 깊은 곳의 화강암 풍화층이 오랜 기간의 침식과 삭박으로 지표상에 드러나는 과정에서 크게 두 종류의 지형이 발달하는 것

● **사진 3-3. 화학적 심층풍화가 극단적으로 진행된 기반암(강원도 강릉시, 2000.8, 좌)**
기반암은 새프롤라이트(saprolite)화되어 암석으로서의 특징을 상실하고 있다. 이 풍화층들이 삭박되면 지중의 핵석이나 기반암은 지표면 위로 드러난다.
● **사진 3-4. 대보화강암 산지의 암석돔과 토르(경기도 양주시 오봉산, 2006.10, 우)**
풍화층이 제거되고 기반암이 지면 위로 노출된 지형이다.

으로 알려져 있다.

첫째, 화학적 심층풍화물질이 제거되면서 저기복의 평탄 지형과 침식분지가 발달한다.

둘째, 풍화기반암이 지면 위로 드러나면서 돔(dome) 형태의 암봉이나 석산이 발달한다.

이러한 현재의 한반도 지형 형성에 직접적인 영향을 준 것은 제3기 중엽 이후에 진행된 경동성 요곡운동이었으며, 이어지는 제4기 빙기 때의 주빙하기후 환경은 2차적으로 영향을 준 것으로 알려져 있다.

(2) 대보조산운동과 요곡운동의 역할

한반도는 시생대 이후 여러 차례 지각변동을 받았는데 그중 한반도 지형발달에 큰 영향을 준 것은 중생대 중엽의 대보조산운동이다. 대보조산운동으로 한국 주요부의 지층 구조와 지질 구조의 기본 특성이 완성되었다.

그러나 현재 이 조산운동은 현재의 지형기복에 직접 반영되어 있지는 않다. 왜냐하면 당시 형성된 기복들은 오랫동안의 풍화와 침식으로 대부분 평탄화되었기 때문이다. 한반도는 대보조산운동 이후 장기간의 풍화와 침식으로 제3기 중엽에 이르러서는 대부분의 지역이 평탄화되었던 것으로 알려져 있다. 즉 제3기 중엽 이후의 경동성 요곡운동이 시작되면서 융기 이전의 평탄 지형은 파괴되고 새로운 평탄면을 형성하는 지형형성작용이 진행되었던 것이다.

이 같은 이론에 근거하면, 한반도에는 시기를 달리하는 2개의 평탄면, 즉 고위평탄면과 저위평탄면이 존재한다. 고위평탄면은 한반도가 경동성 융기운동을 하기 이전에 형성된 평탄면이 융기 이후 파괴되는 과정에서 남은 지형이며, 저위평탄면은 융기운동 이후에 평탄면이 파괴되는 과정에서 새롭게 형성된 것이다. 그러나 반드시 고위평탄면이 저위평탄면보다 해발고도가 높은 것은 아니다. 예를 들면 고위평탄면인 남한산성(450~500m)보다 저위평탄면인 하진부(540~700m)의 해발고도가 높다. 이러한 오해를 없애기 위해 김상호(2016)는 고위평탄면을 고기삭박면, 저위평탄면을 신기삭박면이라고 부를 것을 제안하기도 했다.

이러한 이론이 제기되면서 풀어야 할 과제 중 하나는, 한반도가 경동성 융기운동을 하기 이전에는 어떤 지형형성작용에 의해 지형이 평탄화되었는가 하는 것이다. 현재까지 연구된 바로는 산정부 평탄지형에 하천성 퇴적물이 존재하지 않는다는 점을 들어, 하천과는 직접적인 관계가 없으며 기본적으로 기반암층의 심층풍화와 삭박에 의해 지형이 평탄화되었다고 추정(장재훈, 2002)하고 있는 정도이다.

3) 화강암 지형 연구 동향

한국 화강암의 암괴(巖塊) 풍화지형에 대해 처음으로 언급한 사람은 라우텐자흐(라우텐자흐, 1998)이다. 그리고 그의 연구를 토대로 헤르베르트 빌헬미(Herbert Wilhelmy)는 세계의 다른 기후 지역의 화강암 풍화지형과 비교 연구를 시도했다.

최근 한국 화강암지형 연구자들의 주된 관심사 중 하나는 현재 존재하는 각종 지형이 과연 어떤 기후 환경에서 형성되었는가 하는 점이다. 대보화강암이 관입된 것이 중

● 사진 3-5. 비슬산 고위평탄면(대구시 달성군, 2019.4)
해발고도 1000m가 넘는 이곳은 매년 봄이 되면 다른 지역보다 조금 늦은 시기에 진달래가 만개하고 이 시기에 '비슬산 참꽃문화제'가 열린다.

생대 쥐라기 말이므로, 결국 이러한 관점에서 보면 쥐라기 이후의 한국은 어떤 기후 환경을 경험해 왔고 그러한 환경이 화강암 지형발달에 어떤 영향을 주었는지를 추정해 보는 것이 주요 논의 대상이 되고 있다.

한국의 화강암 지형을 논할 때 그 근간이 되는 것은 고기후 환경이다. 다소 부분적으로 이견이 있기는 하지만 지금까지 연구된 결과들은 대체로 다음과 같이 요약된다.

우선, 중생대 쥐라기 말에 관입된 대보화강암은 이어지는 중생대 백악기와 신생대 3기를 거치면서 고온다습한 열대기후 환경을 경험하게 되었고, 이때 한국의 화강암 기본 지형이 형성되었다. 백악기가 7100만 년, 신생대 3기가 6000만 년이므로 결국 1억 3000만 년 동안 이러한 지형형성작용을 받은 셈이다. 물론 백악기에 다시 관입한 불국사화강암도 같은 경험을 하게 되고, 그 뒤 신생대 제4기에 한랭건조한 빙하·주빙하기후를 경험한다. 이 당시에는 주로 기계적풍화가 우세하게 작용했는데 당시 기온은 지금보다 7~9℃ 정도 낮았던 것으로 알려져 있다. 학자들에 따라서는 제4기 간빙기에 역시 고온다습한 기후 환경을 경험했고, 이것이 한국의 화강암 풍화에 적지 않은 영향을 준 것으로 보는 견해도 있다.

김도정(1972)은 지금의 한국(남한)의 기후는 뷔델의 지형체계 구분에 따르면 아열대 면상침식 지역(Subtropische Flachenspulzone)에 해당한다고 보았다.

3. 화강암 풍화층

1) 화강암 풍화층

(1) 고온다습한 환경에서의 화학적풍화

한국에서 화강암 풍화층은 다른 암석 지역에서 보기 어려운 두꺼운 층으로 발달해 있으며, 침식·운반 과정을 통해 활발한 지형형성작용을 유도하고 토양 형성에도 중요한 요소로 작용한다. 이 화강암 풍화층들은 한국의 지형환경을 결정하는 주요인 중 하나로서, 특히 풍화층에서의 사면물질 이동은 지형발달에 직접적인 영향을 주고 있다.

전 국토의 30% 이상이 화강암을 기반암으로 하는 한국은 두께 10m 이상의 두꺼운 화강암 풍화층과 적색토가 널리 분포한다. 이런 현상은 현재의 기후 환경에서는 설명하기 어려운데, 많은 연구자들은 이들이 과거 습윤아열대성기후 환경에서 형성된 것으로 결론을 내리고 있다.

(2) 지열수작용에 의한 화강암 풍화

두꺼운 풍화층의 해석에는 기후적 요인과 함께 단층이나 구조선의 간섭에 따른 지열수작용(hydrothermal factor)도 고려해야 한다는 견해도 있어 많은 논의가 있어야 할 것으로 생각된다.

세계적으로도 화강암 심층풍화층이 현재 혹은 과거의 고온다습한 열대환경에 국한되지 않고, 오히려 기후적 분포 양상보다는 구조적 분포에서 그 패턴이 가시화되는 것으로 알려져 있다(김영래, 2007). 즉 심층풍화층은 해양판과 대륙판의 충돌대 대륙 가장자리에 주로 분포하는데 이 지대는 구조운동이 활발한 곳으로서 구조운동에 동반되어 지열수가 유입되었고 이에 따라 강한 지중풍화가 일어났다는 것이다. 이 같은 화강암 풍화의 열수기원에

● 사진 3-6. 화강암 풍화층(인천 강화군 화도면 동막리 해안, 2014.4)
기반암은 불국사화강암이다. 가운데 수평절리를 경계로 서로 다른 풍화양상을 보인다. 상부 핵석 주변으로는 구상풍화현상이 뚜렷하고 하부 핵석에는 박리 현상이 잘 나타난다.

대한 논의는 오래전부터 있었으나 국내외적으로 그 연구 사례는 많지 않아 앞으로 다양한 입장에서의 연구가 필요하다.

영주-봉화 분지의 구릉대 연구(김영래, 2007)에서는 열수작용이 이 지역의 화강암 풍화에 큰 영향을 준 것으로 보고되었다. 즉 영주-봉화 분지의 구릉에 나타나는 두꺼운 심층풍화층은 비교적 짧은 기간 동안 형성된 것으로서 이는 기후 환경으로만 설명할 수 없고, 열수작용과 같은 강한 풍화환경을 제공할 수 있는 다른 조건의 간섭이 필요함을 설명했다. 고성 화강암 적색 풍화층 연구(김영래, 2011)에서는, 열수변성의 대표 광물인 할로이사이트(halloysite)가 발견되고, 화학적풍화율이 한반도의 일반적 화강암풍화층의 60~70%보다 훨씬 높은 97% 정도라는 점을 들어, 이곳 적색 풍화층은 지열수에 의한

열수변성 가능성이 매우 높은 것으로 추정되었다.

(3) 풍화층에 기록된 과거의 기후

화강암 풍화층에서 발견되는 특이한 현상 중 하나는 1차 점토광물과 2차 점토광물이 모두 높은 비율로 분포한다는 것이다. 즉 같은 풍화층 속에 화학적풍화로 형성된 카올리나이트(kaolinite) 중심의 2차 점토광물과, 물리적풍화로 형성된 일라이트(ilite), 석영, 사장석 등 1차 점토광물이 함께 존재하는 것이다. 이러한 현상은 한국에 현존하는 화강암 풍화층이 두 가지 유형의 기후 환경을 모두 경험했다는 것을 의미하는데, 제4기 간빙기(특히 가장 길고 온화했던 민델-리스 간빙기)의 고온다습한 환경과 빙기의 한랭습윤한 환경이었을 것으로 추정(오경섭, 1989)하고 있다. 화강암 풍화층 속에 나타나는 결빙포행(結氷匍行, frost creep)을 주빙하기후의 증거로 제시한 연구도 있다. 대관령 지역에서는 지표 아래 5~6m, 청주 지역에서는 10m 이상의 두께에서 결빙구조(권순식, 2003a)가 나타나는데, 이것이 최후빙기 이후의 고환경에서 형성된 증거라는 것이다. 현재의 한국 환경에서는 결빙 현상이 지표면 수십 cm 아래에서 관찰된다. 5~10m 아래의 결빙구조는, 과거 제4기(주로 최후 빙기 이후)에 20m 이상 진전되었던 풍화층 내의 결빙구조가 융기-침식과정으로 삭박된 결과이다(권순식, 2003a). 그러나 화학적풍화가 진행된 시기에 대해서는 제3기까지 거슬러 올라간다는 견해도 많아 이에 대해서는 연구가 더 진행되어야 할 것이다.

(4) 기계적풍화에 의한 풍화층 발달에 대한 논의

최근 연구(김영래, 2005)에서는 한반도의 두꺼운 풍화층에 기본적인 영향을 준 것은 화학적 심층풍화가 아니라 심층결빙과 관련된 기계적풍화였다는 새로운 이론이 제기되어 쟁점이 되고 있다. 이 견해에 따르면, 한반도의 두꺼운 풍화층은 화학적풍화에 의해 주도된 심층풍화층(saprolite)이 아니라, 동파작용 중심의 기계적풍화가 주도적으로 형성한 풍화층(periglacial regolith)이라는 것이다. 만일 화학적풍화가 풍화층 발달을 주도했다면 풍화전선대는 단단한 괴상 기반암상 위에 미립물질이 주축을 이루는 풍화상이 선명하게 대조되는 모습으로 나타나야 하는데 실제로는 그렇지 않다는 것이다. 즉 한국 풍화층의 풍화전선대에서는 기반암이 기계적으로 쪼개지거나 갈라져 쇄설성 물질화되는 모습이 두드러진다는 점을 그 증거로 연구자는 들고 있다. 이에 대해서는 앞으로 많은 연구와 토의가 있어야 할 것이다.

2) 구상풍화와 핵석

화강암 풍화층 내에서는 다양한 형태의 핵석이 존재하는데 이 두꺼운 풍화층들과 핵석의 존재는 토르의 심층풍화 기원설을 뒷받침하는 주요한 요소 중 하나이다. 한국 산지 곳곳에서는 직경 5m 내외의 핵석이 존재하는 두께 10m 내외의 풍화층이 발견되는데, 이는 한국 산지에 발달한 토르의 심층풍화 기원의 가능성을 보여주는 하나의 지표가 된다.

규모가 크고 구형도(球形度)가 높은 핵석들은 대체로 화강암 풍화대가 두껍게 발달된 곳에서 발견된다. 풍화층 하부로 갈수록 핵석의 규모는 커지고 지표 가까이 갈수록 구형도는 높아지는 것이 보통이다. 영동 해안 구릉 지역의 경우 산출된 핵석들은 대체로 규모가 크고 구형도가 높은 데다 일부 지역에서는 거대한 둥근 핵석들이 지표에서

● **사진 3-7. 심층풍화층의 제거로 노출된 핵석(강원도 속초시, 2006.5)**
마치 토르처럼 보이지만 암괴 아래 잘록한 부분은 기반암이 아닌 풍화층이므로 이 암괴는 핵석에 해당한다. 영랑호 주변에는 다양한 크기의 핵석이 관찰되는데 이들은 자연스럽게 조경의 재료로 이용된다.

● 사진 3-8. 거대 핵석이 노출되어 형성된 토르(강원도 속초시, 2011.8)
영랑호 리조트 내에 있는 '범바위'로, 속초 8경에 속한다.

그리 깊지 않은 풍화대에 들어 있다. 이것은 이곳 삭박지형이 오래되었고 상당히 두꺼운 풍화층이 삭박되었음을 의미한다. 속초 영랑호 주변 암석구릉에는 직경 2~6m의 거대한 둥근 핵석들이 존재하는데 이는 40m 이상의 두꺼운 풍화층이 삭박된 결과이다. 장재훈(1996)은 이 풍화층들의 삭박은 제3기에 이루어졌으며 이 과정에서 속초와 강릉을 잇는 영동 해안 지역의 삭박 구릉지가 형성된 것으로 추정했다.

3) 비화강암 지역에서의 구상풍화와 핵석

구상풍화와 핵석이 화강암 지역의 전유물만은 아니다. 비화강암 지역의 구상풍화는 주로 암맥과 관련된 변성작용에서 기인하는 것으로, 내인성(內因性) 핵석(최무웅, 1988)과 구상구조(spheroidal structure)에 의한 구상풍화 현상(이윤진, 1995)이 보고된 바 있다. 내인성 핵석이란 암맥 내에 발달하는 핵석을 설명하면서 이는 지질 조건이 중요한 변수로 작용했다는 의미에서 사용한 용어이다.

그리고 역암 산지에서는 역암이 풍화되면서 자연스럽게 둥근 핵석이 형성된다. 이들은 화강암 산지에서 절리를 따라 심층풍화가 진행되어 발달하는 핵석과는 근본적으로 다른 형태이다.

(1) 변성작용과 관련된 구상풍화

인천광역시 작약도 지형 연구(이윤진, 1995)에서는 구상구조와 관련된 구상풍화 현상이 보고되었다. 구상풍화는 절리와 관련된 심층풍화에 의해 형성되는 것이 보통인데, 작약도의 경우, 절리 발달보다는 암맥에 의해 분리된 기반암상에 발달하거나 대규모 암맥이 관입된 기반암상에 구상풍화 현상이 나타나고 있는 것이 특징이다. 암석 특성으로 보면, 구상구조와 관련된 구상풍화 현상은 암맥의 관입으로 접촉변성을 받은 편마암에서만 발달하며, 같은 장소에서도 퇴적변성암이나 화성암에서는 전혀 발견되지 않는다. 이는 구상풍화 현상이 특정 암석과 밀접한 관련이 있음을 암시한다. 구상구조와 관련된 구상풍화는, 우리가 알고 있는 '절리를 따른 심층풍화에 의해 형성된 핵석'이 아니며, 암맥의 관입과 관련된 기반암의 변성작용과 밀접한 관련이 있는 것으로 추정된다.

(2) 역암에서의 구상풍화

크고 작은 역들로 구성된 역암산지에서는 심층풍화가 진행되면서 원래의 역암 구조를 따라 구상풍화가 진행되어 원형도가 매우 높은 핵석이 형성된다. 이러한 현상은 전북 무주

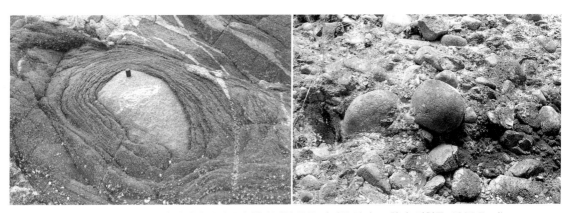

● 사진 3-9. 구상구조와 관련된 구상풍화 현상(인천 동구 만석동 작약도, 촬영: 신현종, 1995.7, 좌)
화강암 핵석과는 달리 핵석 주변으로 풍화되지 않은 구상구조가 관찰된다.

● 사진 3-10. 역암 핵석(전북 무주군 적상면, 1999.3, 우)
절리와는 관계없이 역암 자체가 심층풍화되는 과정에서 일종의 핵석이 형성되었다.

● 사진 3-11. 조면안산암 풍화층과 핵석(제주 서귀포시 가파도, 2017.2)

군 적상면의 적상산 일대에서 잘 관찰된다. 이곳은 신라층군, 능주층군 등의 퇴적암으로 되어 있다.

(3) 화산암에서의 풍화층과 핵석

드물게는 화산암에서도 심층풍화, 구상풍화가 관찰된다. 경북 포항 달전리 주상절리지대에서는 땅속에서 풍화된 주상절리 모양의 핵석이 노출되어 있고 그 아래쪽 사면에는 둥근 현무암질 핵석이 암괴류 형태로 쌓여 있기도 하다. 제주 가파도 서쪽 해안에는 현무암질 조면안산암 풍화층과 핵석이 노출되어 있다(권동희, 2017).

4. 저기복 침식면과 침식분지

1) 저기복 침식면

저기복 침식면이란 저위평탄면 혹은 저위삭박면으로 불리던 지형을 말한다. 이 지형은 대부분 구릉화된 평탄면과 충적지에 협화적(協和的)으로 접하는 개석지와 침식평지로 이루어져 있다. 이 저기복 침식면들은 근본적으로 심층풍화물질이 삭박되어 만들어진 지형이다. 풍화층이 제거되고 깊은 곳에 있던 단단한 기반암과 핵석들이 노출된 경우 다양한 규모의 암산(巖山)이 주요 경관을 이룬다. 그리고 여전히 아직 제거되지 않은 풍화층을 발견할 수 있는데, 영동 해안 지역에서는 두께 15~20m의 풍화층이 관찰되며 여기에는 아직 노출되지 않은 직경 1~5m의 거대한 둥근 핵석이 존재하고 있다.

● 사진 3-12. 춘천분지에서 관찰되는 저기복 침식면(강원도 춘천시, 2003.7)

● 사진 3-13. 해안분지(강원도 양구군 해안면, 2006.6)
화강암 풍화층이 삭박되어 만들어진 대표적 침식분지이다.

화강암 풍화층이 넓게 분포하는 곳은 다른 암질 지역에 비해 풍화층이 넓게 삭박된 평
야나 분지가 발달한 것으로 알려져 있다. 한국 중부 이남지방에 넓게 분포하는 저기복 침
식지는 일부 지역을 제외한 대부분이 지중풍화를 깊게 받은 대보화강암 지역에 발달되어
있는데, 호남평야, 나주평야, 내포평야, 경기평야 등 남한의 주요 평야, 충주, 원주, 춘천
등의 내륙분지(오경섭, 1989)가 그 좋은 예이다. 저기복 침식면은 깊게 풍화된 화강암의 차
별적인 침식으로 발달했으며, 그 형성 과정에서 하천은 직접적인 작용을 하지 않은 것으
로 추정된다. 화강암 지역의 경우 다른 암질에 비해 최고점의 고도가 낮고 기복량도 가장
낮게 나타나고 있으며 경사도도 낮은 것(김창환, 1992)으로 알려져 있다.

2) 침식분지

(1) 개념과 분포

분지는 그 성인에 따라 구조 현상, 특히 단층 현상에 의해 발달하는 구조성 분지, 하천의 침식작용에 의한 침식분지 등으로 구분한다.

한반도의 지형은 오랜 기간 동안 침식작용을 받아온 결과로 큰 하천의 중·상류 산지 곳곳에 크고 작은 침식분지들이 형성되어 있다. 북한 지역의 회령·강계·희천·영변·태천·구성·영원·성천·덕천 분지와 남한 지역의 서울·춘천·홍천·원주·충주·제천·구례·거창·남원·곡성·안동·상주·대구·김천·광주·청주·해안·금산·초계 분지 등이 그 대표적인 예이다.

● 사진 3-14. 초계분지의 완사면 지형(경남 합천군 초계면, 2019.4)
초계분지는 황강의 작은 지류 상류부에 발달한 전형적인 폐쇄형 분지이다. 사진은 이 분지를 둘러싼 완경사면의 한 부분을 찍은 것이다. 우리나라 침식분지들은 대부분 풍화물질이 삭박되면서 만들어진 지형의 특성을 반영해 배후산지로부터 이러한 완경사면이 분지 중앙으로 이어진다.

(2) 성인

남한에는 화강암 분포와 관련된 분지지형이 90여 개 이상 분포하는 것으로 알려져 있는데 많은 연구자들은 이 분지들 대부분이 차별침식에 의해 형성되었다는 데 의견을 같이한다. 그러나 침식분지라고 해서 하천 등이 직접 침식작용에 관여해 분지가 발달한 것은 아니라는 것이 일반적인 견해이다. 즉 차별침식의 조건으로 심층풍화에 의해 차별 풍화가 진행되었으며 이러한 조건이 차별침식으로 이어져 분지가 발달했다는 것이다. 분지를 관통하는 하천이라도 이 하천이 직접 분지 형성이나 수평적 확대에 영향을 주지는 않았으며, 단지 화학적풍화물의 삭박을 유도하는 침식기준면의 역할을 한 것으로 보는 정도이다.

(3) 암석과의 관계

한국에 분포하는 분지 대부분은 상대적으로 화학적풍화와 침식에 약한 화강암이 각종 편암, 편마암으로 둘러싸인 곳에 발달한 침식분지이다. 이 침식분지들은 대부분 해발고도가 높은 동부 내륙지역, 즉 태백산맥 서사면, 소백산맥 주변 등지에 분포한다. 이 지역은 융기량이 크고 화강암과 각종 편마암, 편암들이 복잡하게 분포하고 있어 암질의 차이가 지형의 높고 낮음에 큰 영향을 준다. 그러나 모든 침식분지가 화강암 지역에 국한돼 발달하는 것은 아니다. 분지와 산지가 모두 편마암질인 경우(구례 산동분지), 분지와 산지 일부가 화강암인 경우(거창분지, 가조분지, 남원분지), 분지와 산지가 모두 화강암인 경우(원주분지) 등 다양하다.

(4) 규모

분지의 규모는 암질과 밀접한 관련이 있다. 분지에서 암질을 논할 때 그 주가 되는 것은 화강암과 편마암이다. 두 암석을 상대적으로 비교하면, 화강암지대에서는 큰 분지(원주, 대전, 청주-청원, 충주 등)가, 편마암지대에서는 작은 분지(공주, 괴산 등)가 발달한다. 이는 근본적으로 두 암석의 풍화 양상이 다르기 때문(김영래, 2005)인 것으로 설명할 수 있다. 즉 화강암지대에서는 습포 효과에 의해 풍화층의 두께가 달라지는데, 습포 효과가 높은 곳에서는 일정 두께 이상의 풍화층이 형성되면 심층풍화 성향을 보인다. 반면 화강암에 비해 물리적·화학적으로 약한 편마암은 습포 효과의 높고 낮음에 관계없이 일정 두께까지는 쉽게 풍화되지만, 화강암처럼 깊이 풍화되지는 않는다.

그러나 같은 화강암이라도 그 유형에 따라 침식분지의 규모는 달라진다. 대보강강 암은 저반상(底盤狀)이며 삭박의 정도가 크기 때문에 분지 면적이 400km²에 달하기도 하지만, 불국사화강암체는 저반 또는 암주상(巖株狀)으로 삭박의 정도가 낮아 암체의 정상부인 큐폴라(Cupola, 종상의 소규모 돔형 관입암체) 부분만이 노출되어 분지 면적이 11~50km² 또는 10km² 이하(문현숙, 1981)인 것으로 조사되었다.

(5) 연구 사례

강원도 양구의 해안분지는 한국의 대표적인 침식분지로서, 분지 내에는 암주(stock) 상의 화강암이 분포하고 그 주위에 변성암류가 분포한다. 해안분지는 이 지질학적 차별 침식들에 의해 형성된 것이다.

가조분지(조화룡·장호·이종남, 1987)는 ① 편마암 지역에 대보화강암 관입, 경상누층 군 퇴적, ② 분지 중앙으로 불국사화강암이 관입하면서 기존 암석이 열접촉 변질, ③ 침 식에 약한 화강암과 침식에 대한 저항성이 강화된 열접촉 변성암 간의 차별 침식 진행 등의 단계를 거치면서 형성된 것으로 보고되었다. 분지 형태를 갖추게 된 것은 신생대 제3기 말경으로 보고 있다.

안계분지 연구(박병수·손명원, 1997)에서는 분지가 심층풍화와 개석에 의해 형성된 것 으로 설명한다. 즉 제3기나 제4기의 간빙기 때 온난다습한 기후에서 구조적 요인(지질 경연 차이와 지질구조선)에 의한 차별적 심층풍화로 풍화층이 만들어지고 이후 우세(雨洗) 에 의해 에치플레인(etchplain)이 개석되면서 형성되었으며, 분지 내에 존재하는 해발고 도 80~100m의 구릉지는 개석 과정에서 남은 잔유물이라는 것이다. 아울러 구릉지에 하천퇴적물이 없는 것이, 하천이 아닌 우세에 의한 개석이 풍화물질을 제거했다는 증거 라는 점을 제시하고 있다.

최용승(1998)은 해운대 대천분지 연구에서, 분지 내에 발달하는 미지형의 분포를 통해 침식분지의 형성 과정을 구체적으로 설명했다. 대천분지는 배후산지로부터 산지 및 구릉지−애추 및 암괴−선상−곡저평야 순서로 미지형들이 분포한다. 연구자는 이 미지형들이 ① 최종간빙기 고해수면 형성 이전까지 육상침식영력에 따른 차별침식으 로 침식분지 형성, ② 리스빙기 동안 배후산지로부터 암설공급으로 선상지 발달, ③ 최종 빙기 동안 솔리플럭션(Solifluction)에 의해 애추와 암괴류 발달, ④ 후빙기 고해수면 상 승으로 곡저평야 발달 등 총 4단계를 거치면서 형성되었다고 보고했다.

강원도 양구의 해안분지와 함께 분지의 윤곽이 뚜렷하게 관찰되는 전형적인 분지는 경상남도 합천의 초계분지이다. 행정구역상으로 초계면과 적중면에 속해 있어 초계·적중 분지로 불리기도 한다. 초계분지는 동서 방향 지름 8km, 남북 방향 지름 5km인 타원형의 거대한 접시형 분지이다. 주변산지의 최고점은 해발 662m이고 최저점은 유역분지 물이 배수되는 산내천과 24번 국도가 만나는 적중교로서 약 100m이다. 이곳은 주변 산지와 분지 바닥이 모두 경상누층군의 퇴적암으로 구성되었고 암밀도 조사와 중력탐사의 결과 파쇄대가 600m 깊이까지 광범하게 관측되어 있는 것으로 보고되었다. 이를 근거로 운석 충돌에 의한 분지형성 가능성이 제기되어 왔지만 뚜렷한 연구 결과는 아직 나와 있지 않다(강대균, 2015).

5. 토르

1) 개념

토르(tor)는 '똑바로 서 있는 석탑(石塔)'이라는 뜻의 켈트(celt)어에서 기인된, 영국 콘월(Cornwall) 지방의 지방어이다. 토르 연구 초기에는 성인적 입장에서 개념을 정리하려는 경향이 강했고, 이 시기에는 심층풍화를 받은 핵석이 노출되어 현재의 지표에 존재하는 것을 토르라고 정의했다. 토르를 기후변동과 관련된 다윤회 풍화 역사의 증거물로 본 것이다. 이러한 상황에서는 어떤 암체가 '토르인가 아닌가' 하는 것이 주요한 연구 주제였다.

그러나 그 뒤 다양한 성인에 의해 다양한 형태의 토르가 발달한다는 연구가 나오면서부터 성인과 관계없이 토르를 형태와 구조적인 특징으로 정의하려는 경향이 짙어졌다. 센트럴 오스트레일리아(Central Australia)에서는 스몰 보른하르트(small bornhardt)를 토르라고 부르고 있다. 이는 보른하르트를 대기복 지형, 토르를 중간기복 지형으로 보는 관점이다(Fairbridge, 1968). 결국 보른하르트를 포함하는 모든 화강암 잔유물에 토르라는 말을 사용하게 되었고, 더 나아가 비화강암의 암석 잔유암체까지 포함하는 폭넓은 의미로 사용하고 있다. 따라서 최근에는 '어떻게 만들어진 토르인가' 하는 것이 주요한 연구 주제가 되었다.

● 사진 3-15. 전형적인 탑형 토르(경기도 양주시 불곡산, 2017.4)
불곡산 능선에 발달한 것으로 현지에서는 '3단바위'로 불린다.

● 사진 3-16. 토르 유사 지형-관매도 꽁돌(전남 진도군 조도면 관매도리, 2019.5)
기반암과 암괴의 암질이 다르므로 전형적인 토르라고 할 수 없다. 토르상에 타포니가 발달한 것으로 보아 이 상태로 고정된 지 오래된 것으로 추측된다.

　토르는 '차별풍화에 의해 형성된, 독립성이 강한 암괴미지형(巖塊微地形)'으로 정의할 수 있다. 이 정의에 따르면 한국 산간지대에서 흔히 일컫는 '흔들바위', '해골바위' 등은 대부분 토르에 해당된다. 영어에서 'rocking stone', 'balanced rock', 'logan stones', 'logging stones', 'cheese wrings' 등으로 표현되는 바위들은 모두 이와 관련이 깊은 것들이다.

　그러나 야외에서 관찰되는 경관 중 그것이 토르인지 아닌지를 판별하기가 쉽지 않은 경우가 종종 있다. 이때의 판단 기준은 토르와 그 토르가 존재하는 기반암과의 관계이다. 풍화지형은 다른 지형과 달리 그 개념상 '제자리(in situ, 인사이투)'에서 형성된 것을 전제로 하므로 토르와 그 기반의 암석이 동질이어야 한다는 조건이 붙는다. 이러한 개념을 이해하는 데 가장 적절한 경관이 전남 진도 관매도 해안에 발달한 꽁돌이다. 꽁돌은 외견상 설악산 흔들바위와 비슷하지만, 전형적인 토르라고 할 수 없다. 왜냐하면 토르와 기반암의 성질이 서로 다르기 때문이다. 기반암은 중생대 능주층군으로 불리는 퇴적암이고 꽁돌은 화산쇄설성응회암이다. 주변 배후산지가 응회암으로 되어 있는 것으로 보아 이 꽁돌은 주변 산지로부터 퇴적암의 파식대상으로 굴러떨어져 내린 후 고정된 것으로 판단된다. 빙하지대의 지표가 되는 표석(erratic boulder)은 이런 개념을 바탕으로 연구되기 시작했다.

2) 성인

토르의 성인은 1단계 발달이론과 2단계 발달이론으로 크게 나뉜다. 전자는 지상에서의 1회적인 지형형성작용, 후자는 지하-지상으로 이어지는 2회 이상의 지형형성작용으로 토르가 발달하는 경우이다.

(1) 1단계 발달이론

1단계 발달이론은 지상풍화(sub-aerial weathering)를 강조한 것이다. 이 이론에서는 주빙하작용, 페디플래네이션(pediplanation), 나마(gnamma)에 의한 수직붕괴작용, 바람에 의한 풍화작용 등을 주요한 토르 발달 요인으로 본다.

① 주빙하작용

주빙하기후에서 동결작용(凍結作用)이나 동결파쇄작용에 의해 사면이 후퇴되면서 기반암의 약한 부분을 따라 차별적인 풍화가 일어나면 그 앞쪽에 토르가 발달하게 된다. 또한, 침식기준면과 관계없이 주빙하작용에 의해 산지가 평탄화되는 작용, 즉 크리오플래네이션(cryoplanation)에 의해 토르가 형성되기도 한다. 동결에 의한 풍화작용과 솔리플럭션 등에 의한 물질 이동이 동시에 일어나 절벽이 후퇴되고 산정부에 넓은 크리오플래네이션 테라스(cryoplanation terrace)가 형성될 때, 저항성이 있는 암괴가 평탄면상에 우뚝 솟는데 이것이 바로 토르인 것이다.

② 페디플래네이션

건조기후 지역의 침식종말 지형인 페디플레인(pediplain) 형성 과정에서 페디먼트(pediment)가 발달하고 사면후퇴로 인셀베르그(inselberg)가 발달하는데, 이것의 규모가 축소되고 해체되는 과정에서 토르가 형성되기도 한다. 페디플레인상에 존재하는 이 토르들은 '스카이라인 토르(skyline tor)'라고 부른다.

● 사진 3-17. 1단계 발달이론과 관련된 토르(전북 대둔산 동심바위, 1991.1, 좌)
기계적풍화에 의해 각진 토르가 형성되었다. 주변에는 풍화쇄설물들이 1m 내외의 두께로 지중에 쌓여 있다.

● 사진 3-18. 2단계 발달이론과 관련된 토르(부산 금정산, 1987.4, 우)
화학적 심층풍화를 받은 핵석이 지표에 노출된 전형적인 탑형 토르이다.

③ 나마에 의한 수직붕괴작용

현재 반건조기후에서 수직붕괴를 일으키는 가장 주요한 인자인 나마가 발달하면서 그 부산물로 토르가 형성된다. 나마는 반대로 토르를 파괴시키는 메커니즘으로 작용하기도 한다. 나마는 연구 초기에 '화학적풍화'라는 성인을 강조해 '솔루션 팬(solution pan)'으로 불렀다.

④ 바람에 의한 풍화작용과 기타

바람의 풍화작용과 박리 현상으로도 토르가 발달한다. 이러한 경우 토르의 암괴는 원력(圓礫)의 형태를 띠어 심층풍화에 의한 둥근 핵석 기원의 토르와 구분이 어려운 경우도 있다.

그러나 이러한 다양한 1단계 토르 발달이론 중에 가장 널리 받아들여지고 있는 것은 '주빙하작용 이론'이다. 토르 주변에 존재하는 각력의 클리터(clitter), 암괴원 등의 쇄설물질은 주빙하작용에 의해 토르가 만들어졌다는 증거가 된다.

(2) 2단계 발달이론

2단계 발달이론은 지중풍화, 즉 심층풍화를 강조한 개념으로서, 심층풍화(1단계)에 의해 형성된 핵석이 지표로 노출(2단계)되어 토르가 형성된다고 보는 입장이다.

① 지중풍화에 의한 핵석의 발달(1단계)

지하수의 침투로 지중의 기반암이 풍화를 받게 되는데, 이때 절리가 조밀하게 발달한 부분은 쉽게 풍화되지만, 반대로 절리 간격이 넓은 단단한 암석 부분은 풍화에 대한 저항성이 강해 핵석으로 남는다. 그 뒤 여러 작용에 의해 풍화물질이 제거되면 핵석만이 기반암상에 노출되어 토르가 된다.

● 사진 3-19. 절리와 토르의 발달(서울 북한산, 1982.1)
땅속에서 절리를 따라 화학적풍화가 진행되어 핵석이 만들어졌고, 이 핵석들이 노출되어 사진과 같은 토르를 만들었다.

② 삭박에 의한 핵석의 노출(2단계)

심층풍화에 의해 형성된 핵석이 노출되는 과정은 크게 기후변화적인 측면과 구조적인 측면으로 설명이 가능하다.

첫째, 기후변화적 관점은 심층풍화가 일어났던 시기의 기후와 핵석이 노출된 시기의 기후가 근본적으로 달랐다고 하는 것이다. 즉 심층풍화가 제3기 말의 고온다습한 기후에서 일어났으며, 그 후 제4기 플라이스토세 주빙하 기간 동안 솔리플럭션 등과 같은 작용에 의해 풍화물질이 제거되고 핵석이 노출되었다고 볼 수 있다.

둘째, 구조적 관점은 현재의 기후에서 심층풍화로 핵석이 발달했고, 이 핵석들은 지역적 기준면의 융기에 의한 회춘, 단층운동, 식생파괴와 이에 따른 침식작용의 활발한 부활로 노출되었다고 하는 것이다.

기반암 위에 놓인 토르 블럭은 전형적인 핵석이다.

 이러한 관점에서 본다면 현재 온대지방의 토르는 기후변화, 열대지방의 토르는 구조적 변화와 관련해 발달한 토르로 보는 것이 타당할 것이다. 심층풍화는 빙하 지역을 제외한 거의 모든 지역에서 진행되는 것으로 그 풍화전선(風化前線)은 열대지방에서 제일 깊으며, 제3기에 고온다습했던 지역 역시 현재의 기후 환경과 관계없이 풍화층이 두껍게 나타난다.

 토르 주변에 존재하는 점토질의 화강암 풍화층, 미발굴 상태의 핵석 등은 화학적 심층풍화와 노출이라는 단계를 거쳐 토르가 형성되었다는 증거가 된다. 그리고 심층풍화에 의해 토르가 형성된 것인지 아닌지는 토르와 그 주변 암석과의 경계선을 관찰해 보면 알 수 있다. 즉 심층풍화에 의한 토르일 경우, 주변에 암벽의 후퇴에 의한 붕괴물이 존재하지 않기 때문에 그 경계선이 뚜렷하게 나타난다.

(3) 종합

 현재 가장 널리 받아들여지는 토르의 성인은 1단계 발달이론의 하나인 '주빙하작용 이론'과 2단계 발달이론인 '심층풍화 이론'이다. 전자는 팔레오 아크틱 토르(Paleo-arctic tor),

후자는 팔레오 트로피칼 토르(Paleo-tropical tor)에 해당되며(장호, 1983a), 각각을 주빙하형 토르, 사바나형 토르라고 부른다.

그러나 같은 지역의 토르라도 그 성인은 한 가지 이론으로만 설명되지 않는 경우가 있으며, 성인이 서로 다른 토르가 한 지역에 공존하기도 한다. 케인(Caine, 1967)은 태즈메이니아(Tasmania) 연구에서 같은 지역에서도 정상부에는 심층풍화에 의한 사바나형 토르가, 계곡에는 주빙하형 토르가 존재한다는 연구 결과를 보고한 바 있다.

3) 관찰과 해석

한국에서 토르라는 용어가 사용된 것은 최근이지만, 이 지형들에 대한 관찰은 오래 전부터 있었다. 일찍이 라우텐자흐(1998)는 암설사면 위에 솟아 있는 '큰 감자 모양'의 '둥근 표석 더미'가 화학적 풍화작용과 관계있다는 사실을 언급했다. 한국에서의 토르 연구는 구조지형학적 연구에서 시작되었으나 최근에는 기후지형학적 관점에서 연구가 진행되고 있다.

(1) 한국 산지에 발달한 토르의 특징
한국 산지에 발달하는 토르들은 대략 다음과 같은 특징이 있다.

① 대부분 능선을 포함한 산 정상부에 집중적으로 분포한다.
② 토르의 원마도는 대부분 아원력 내지 원력으로 둥근 형태를 하고 있고, 이는 특히 화강암 산지에서 뚜렷하다. 변성암이나 화산암 등 비화강암 산지에서는 아각력 또는 각력 형태가 일부 관찰된다.
③ 토르와 주변 기반암과의 경계선이 뚜렷하다.
④ 토르의 기반암과 하단부에서는 차별풍화가 관찰된다.
⑤ 토르 주변에는 클리터와 같은 각력 쇄설물은 거의 존재하지 않으며, 대부분 풍화토로 피복되어 있고 이는 화강암 산지에서 특히 뚜렷하다. 비화강암 산지의 경우 부분적으로 미약한 아각력 풍화물질이 관찰된다.
⑥ 수 m~수십 m의 두꺼운 풍화층이 존재하고 핵석이 관찰된다.

● 사진 3-21. 산능선부에 발달한 토르(경기도 의정부시 사패산, 2008.4)
현지에서는 사과바위, 얹힌바위 등으로 불린다.

(2) 토르의 성인과 형성 시기

① 토르의 성인

토르의 발달 위치, 원마도, 토르와 주변 암석과의 경계, 기반암과 하단부의 차별풍화, 토르 주변의 풍화물질, 두꺼운 지하풍화층과 핵석의 존재 등의 특징들은, 한국 화강암 산지의 토르들이 기본적으로 화학적 지하풍화와 밀접히 관련된 사바나형 토르라는 것을 보여준다. 토르의 위치 면에서, 산정부는 원래 지하수면이 가장 깊었던 곳으로서 이곳에 토르가 존재하는 것은 심층풍화에 의해 토르가 만들어졌다는 것을 의미하며, 원마도 면에서 둥근 토르는 화학적풍화에 따른 핵석 기원의 증거가 된다(Linton, 1955). 심층풍화에 의한 토르일 경우, 주변에 암벽의 후퇴에 의한 붕괴물이 존재하지 않기 때문에 그 경계선이 뚜렷하게 나타난다(Jahn, 1962).

다수의 연구(장호, 1983a; 전영권·손명원, 2004 외)에서도 대부분의 토르가 '심층풍화에 따른 핵석형성-핵석노출'이라는 과정을 거쳐 형성되었다는 결론을 내리고 있다. 예외적으로 토르의 형태가 둥글지 않고 각진 형태로 되어 있는 것은 주빙하기후 환경 자체에 의해 형성되었을 가능성(장호, 1983a)도 있으나 그 비중은 크지 않다.

② 풍화 시기

핵석이 형성된 심층풍화의 시기를 추정하는 대표적인 증거로 제시되는 것은 토르 주변에 존재하는 적색토(강영복·박종원, 2000) 혹은 열대흑색토(tirs solils)(장호, 1983a)와 풍화층의 깊이이다.

강영복·박종원(2000)은 고위단구면에 발달한 고적색토를 관찰해 카올리나이트(kaolinite)가 포함된 이 적색토들은 적어도 제4기 민델-리스 간빙기 이전의 온난한 기후 환경에서 만들어진 것으로 보고한 바 있다. 고온다습한 환경에서는 화학적풍화에 의해 카올리나이트 등 2차 점토광물이, 한랭습윤한 환경에서는 물리적풍화에 의해 석영과 장석 등 1차 점토광물이 우세하게 만들어진다. 그러나 화강암 풍화층에 포함된 카올리나이트가 제4기 민델-리스 간빙기에 형성된 것이라는 해석(오경섭, 1989)도 있다.

풍화층의 깊이는 심층풍화의 시기를 추정할 수 있는 가장 좋은 단서 중 하나이다. 현재 우리나라에서 관찰되는 풍화층의 두께는 수십 m에 달한다. 이러한 풍화층의 깊이는 현재와 같은 온대기후가 아닌, 더욱 고온다습한 과거 기후 환경의 산물로 간주된다. 그 시기로는 제3기와 제4기 간빙기가 언급되고 있으나, 제3기에 형성되었을 가능성이 높다. 실험(Tardy, 1969)에 따르면 4기 간빙기 동안만으로는 수십 m의 풍화층이 형성되기 어려우며 온대습윤기후에서 1m의 심층풍화층이 형성되는 데 약 10만 년이 요구되는 것으로 알려져 있다(강영복, 1986). 반트 호프(Van't Hoff's)의 법칙에 따르면 온도가 10℃ 상승함에 따라 화학적풍화 속도는 2~3배 증가한다고 한다(尾留川正平 外, 1973).

③ 핵석의 노출 시기

핵석이 노출되어 토르가 만들어진 시기는 제4기 주빙하기후 환경이라고 보는 데는 큰 이견이 없는 것 같다. 성영배(2002)는 우주기원 방사성핵종을 이용한 연대 측정을 통해 만어산 산정에 발달한 토르의 경우, 적어도 마지막 빙하기인 6만 5000년 전에 지표에 노출되었다는 것을 구체적으로 밝혔다. 그리고 토르의 표면이 비정상적인 침식경로를 겪었으며 50~60cm 정도의 표면이 여러 번 떨어져 나간 것으로 설명하고 있다.

● 사진 3-22. 입상붕괴와 관련된 방아섬 남근바위(전남 진도군 조도면 관매도리, 2019.5)
화산쇄설성응회암의 입상붕괴에 의해 만들어진 토르다. 같은 쇄설성암석이라도 토르 상단부는 하단부에 비해 자
갈 성분이 더 많이 포함되어 있어 토르가 붕괴되지 않도록 하는 역할을 하고 있다. 이는 건조 지역에서 주로 관찰
되는 '버섯바위' 형성 메커니즘과 유사하다고 할 수 있다.

(3) 토르발달에 영향을 주는 요소

입상붕괴(粒狀崩壞, granular disintegration)는 토르와 관련된 풍화현상 중 플레이킹 (flaking) 등과 함께 특히 토르의 형태를 결정짓는 주요 인자의 하나이다. 한국의 경우 전형적인 원력형 토르 주변에는 예외 없이 입상붕괴로부터 기인된 다량의 그리트(grit, 풍화의 결과로 만들어진 작은 모래 입자)가 존재한다. 토르 내에서 입상붕괴 현상이 나타날 경우 그 부분은 차별풍화가 진행되면서 토르의 형태를 변화시키고 파괴하는 데 영향을 준다.

입상붕괴는 주로 결정질 암석인 화강암에서 잘 나타나지만 이와 유사한 성질의 화산 쇄설성 응회암에서도 드물게 관찰된다. 전라남도 관매도 방아섬의 남근바위는 바로 응 회암의 입상붕괴와 관련해 만들어진 전형적인 토르이다(박철웅, 2009).

● 사진 3-23. 주상절리에 의해 발달한 토르(전남 화순군 무등산 서석대, 2006.6)

퇴적암이나 화산암과 같은 비화강암 지역에서는 암석의 특징을 반영한 독특한 형태의 토르도 관찰된다. 무등산은 중생대 화산암 산지로서 산지 전체는 부드럽게 풍화되어 있고 곳곳에 주상절리와 관련해 독특한 형태의 성곽형 토르가 발달해 있다.

6. 보른하르트

1) 일반적 특징

(1) 개념과 성인

보른하르트(Bornhardt)는 평탄면상에 존재하는 거대한 돔 형태의 노암(露巖)을 말한다. 노암의 경사는 하부로 갈수록 급하며 사면 아래에는 암석이 집적되어 있지 않은 것이 보통이다. 암석돔, 돔형 인셀베르그(domed inselberg)라고도 하며, 박리를 강조할 때는 박리돔, 화강암을 강조할 때는 화강암돔이라는 말도 쓴다.

발달 성인으로는 몇 가지 이론이 제기되고 있으나 현재 가장 널리 받아들여지고 있는 것은 심층풍화 기원설이다. 이는 앞에서 언급한 토르의 2단계 발달 이론에 해당하는 것이다. 즉 심층풍화 시 절리 밀도 차에 의해 차별풍화가 일어나고, 저항성이 강한 암괴들은 핵석으로 남게 되는데, 특히 규모가 크고 돔 형태를 갖는 독립된 암괴를 보른하르트라고 한다. 돔 형태가 된 것은 하중제거에 따른 박리현상과 깊은 관련이 있다.

미국 조지아주의 스톤 마운틴(Stone Mts.), 오스트레일리아 대륙 중앙의 울루루 바위[Ulruru, 과거에는 '에어스록(Ayers Rock)'이라고 불렀다]. 브라질 리우데자네이루 해안의 슈가로프(Sugar loaf) 등은 전형적인 보른하르트이다.

(2) 돔형 인셀베르그와 인셀베르그의 관계

보른하르트를 돔형 인셀베르그라고는 하지만 근본적으로 전통적인 개념으로서의 인셀베르그[inselberg, 도상구릉(島狀丘陵)과 같은 뜻]와는 다르므로 용어 사용에 주의가 필요하다. 보른하르트를 돔형 인셀베르그라고 부르게 된 것은 다음과 같은 이유 때문이다.

독일의 지질학자 프리드리히 보른하르트(Friedrich Bornhardt)는 동아프리카 사바나 지역의 평탄면에 돌출해 있는 고립구(孤立丘)를 해면(海面)에 떠 있는 섬과 같다는 의미에서 인셀베르그로 명명해 사용했다. 그 뒤 이 용어는 '평탄지에 돌출한 고립구'의 의미로서 보편적으로 사용되었고, 형태적으로 크게 2개의 유형으로 분류되었다.

첫째, 아프리카 사바나 혹은 오스트레일리아 반건조 지역의 평원에 발달한 돔상(狀)

의 나암(裸巖)구조이다. 암체의 하부에는 암석 등의 퇴적물이 빈약하므로 경사급면점 (nick point)이 뚜렷하게 나타나는 것이 특징이다.

둘째, 페디플레인의 형성 과정에서 존재하는 고립구이다. 이는 페디먼트의 확대, 즉 산지 사면의 후퇴와 관련해, 산지가 축소되어 발달한 고립구로서 경사급변점이 나타나기는 하지만 고립구, 즉 인셀베르그 사면 자체가 요(凹)형이므로 그렇게 뚜렷하지는 않다.

그러나 이와 같은 형태적인 차이는 결국 성인적인 차이에서 기인되는 것으로 생각되어 이 둘을 구분해 사용하자는 의견이 제기되었다. 즉 윌리스(Willis, 1936)는 전자에 해당되는 돔형 인셀베르그를 보른하르트로 명명해 사용하는 것을 제안했고, 이는 지형학자들 사이에 상당히 받아들여지고 있다. 보른하르트는 인셀베르그를 명명한 사람의 이름인 보른하르트를 기념한 것이다.

2) 관찰과 해석: 화강암 돔과의 관계

한국에서는 보른하르트라는 말보다 화강암이 강조된 화강암 돔(granite dome)이라

● 사진 3-24. 보른하르트의 일종인 화강암돔(서울 북한산 인수봉, 2009.8)

● 사진 3-25. 비화강암 산지의 보른하르트(전북 군산시 옥도면 선유도 망주봉, 2019.6)
기반암은 화산암의 일종인 유문암질로 되어 있다.

는 용어가 많이 쓰인다. 그러나 비화강암 산지에서도 보른하르트 지형이 발달하므로 화강암돔은 보른하르트의 한 유형으로 보는 것이 합리적일 것이다. 전북 군산 선유도의 랜드마크인 망주봉은 유문암을 기반으로 하는 전형적인 비화강암 산지의 보른하르트이다.

라우텐자흐(1998)는 이 지형들을 '둥근 암석 돔', '원추형 구'(원문에서는 'sugar loaf'로 표기하고 있다)로 표현했다. 이 암석 돔들은 고도 500m까지 매끄러운 사면을 형성하는데, 기후적 요인으로 인해 겨울이 온화한 동해안 지역 일부를 제외하고는 북동부 지방에서는 관찰되지 않는다. 이 암석 돔들은 고도한계를 갖는데, 금강산에서는 800m, 묘향산에서는 1000m 정도이다. 지질 면에서는 조립 또는 중립의 입자가 있는 화강암에서 나타나나, 반암, 규암, 역암과 각력암 같은 지층이 없는 다른 암석들에서도 관찰된다. 반면 세립의 화강암, 뚜렷한 지층의 암석들과 편마암, 운모편암 등에서는 암석 돔이 존재하지 않는다.

대보화강암지대인 서울의 북한산, 도봉산, 불암산 일대의 화강암 돔은 열대기후 지역의 박리 돔(exfoliation dome)과 유사한 것으로 지적되고 있다. 김도정(1972)은 백운대와 인수봉 등의 화강암 돔을 브라질 리우데자네이루의 슈가로프와 유사한 지형으로 보고, 이 지형들이 현재의 기후에서는 만들어질 수 없는 것으로, 고온습윤했던 제3기 또는 백악기 이후부터 약 1억 3000만 년 이상의 장구한 기간 동안 형성된 것으로 추정했다.

열대 지역에서는 화강암 돔이 평원상에 존재하는 데 비해 한국의 경우 백운대, 인수봉과 같이 대부분 산지에 위치하는 것은 한국 기후 조건상 풍화의 강도가 열대기후 지역에 비해 훨씬 약하기 때문(김도정, 1972)인 것으로 해석하기도 한다.

7. S자형 암벽면

1) 일반적 특징

(1) 개념

S자형 암벽면은 'flared slope'를 번역한 말로, 그 경사가 완만한 S자형 곡선(Smooth sigmoidal curves)을 나타낸다고 해 장호(1983b)가 붙인 명칭이다. '플레어화된 지형'으로 직역되기도 하는데 이는 '나팔꽃 모양으로 벌어진 모양의 사면'을 뜻한다. 일반적으로 "단단한 암석으로 이루어진 잔유암체(토르, 보른하르트 등)에서 상부의 완만한 볼록 사면과 강한 대조를 이루면서 하부에 발달한 급경사의 오목 사면(추미양, 1984) 또는 만곡된 수직의 암벽면"으로 정의된다. 오스트레일리아의 'Wave rock'은 세계적으로 알려진 대표적인 사례이다.

(2) 성인

S자형 암벽면의 성인은 크게 지중(심층)풍화와 지상풍화로 구분된다.

① 지중풍화

지중풍화에 의한 형성과정은 다음과
같다.

제1단계: 잔유암체의 상부사면에서 흘
러내리는 물이 기저부의 기반암 속으로
침투해 지중풍화를 일으킨다. 이에 따라
점차적으로 풍화기저면(풍화전선, weath-
ering front)이 저하된다.

제2단계: 삭박기준면(base-level)의 하
강으로 풍화물질이 제거되어 풍화기저면
이 S자형 사면 형태로 노출된다.

S자형 암벽면은 보통 타포니(tafoni)와
횡적 연결관계를 가지면서 나타나기도 하
고 타포니 내부에서 관찰되기도 한다. 이
러한 특징은 타포니를 지중풍화기원으로
설명하는 증거로 채택되기도 한다.

● 사진 3-26. S자형 암벽면(강원도 속초시 영
랑호 범바위, 2006.5)

② 지상풍화

지상풍화를 일으키는 인자로는 파랑, 바람, 유수, 염분 등이 제기되어 왔다. 이 중 염
분의 결정작용으로 일어나는 염풍화(salt weathering)의 경우는 주로 반건조 기후에서
일어나며 이는 타포니 발달 메커니즘과 유사한 것으로 알려져 있다. 그 증거로 지목되
는 것이 주변에서 관찰되는 '신선한 암분(rock meal)'의 존재이다. 풍화작용의 산물인 암
분이 신선한 상태로 존재한다는 것은 풍화작용이 현재에도 지속적으로 이루어지고 있
다는 의미이기 때문이다.

2) 관찰과 해석

우리나라의 경우 S자형 암벽면 자체의 연구보다는 타포니 등 다른 풍화지형의 메커
니즘을 밝히는 증거자료로서 활용하는 경향이 많다. 강진 덕룡산과 거창 위천분지의 풍

● 그림 3-1. S자형 암벽면의 발달 단계

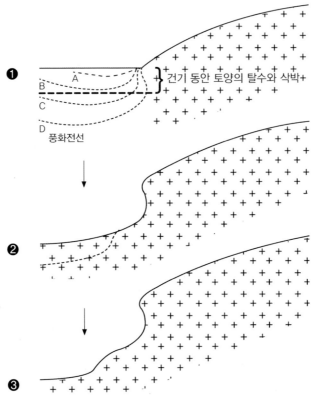

① 건기 동안 토양의 탈수와 삭박

A
B
C
D 풍화전선

①에서 A→D 순서로 풍화가 진행되면서 풍화전선이 깊어진다. 건기 동안 탈수 작용이 일어나 풍화물질이 제거된다. 이러한 작용이 반복되면 **②**→**③** 순서로 S자형 암벽면이 발달한다.
자료: Twidale(1982).

화혈 연구(장호, 1983b), 덕숭산 타포니 연구(추미양, 1984)에서는 S자형 암벽면을 지중풍화의 산물로 전제하고 주변의 타포니들이 이들과 관련해 지중에서 형성되었음을 밝혔다. 최성길(1985)은 진도 해안의 쇼어플랫폼(shore platform) 형성과 구 풍화기저면의 관계가 매우 밀접함을 설명하면서 그 증거로 배후사면에 발달한 S자형 암벽면과 풍화혈 등을 제시했다. 즉 현재 쇼어플랫폼 배후사면의 S자형 암벽면과 풍화혈(벌집형 타포니, 나마 등)은 지중풍화에 의해 형성된 것으로서 해안의 제작용에 의해 현재의 수준으로 노출·변형되고 있으며 그 과정에서 쇼어플랫폼이 형성된다고 보았다.

한편, 박희두(2004)는 속리산 경업대 주변에서 높이 15m, 수평 길이 10m 정도의 S자형 암벽면을 관찰하고, 이들이 1차적으로 지중풍화에 의해 형성되었지만 지표상에 노출된 후에도 지속적으로 지상풍화를 받고 있는 것으로 설명했다.

8. 타포니

1) 일반적 특징

(1) 개념

타포니는 암괴(巖塊)의 측면에 동굴 형태로 발달한 풍화혈(hollows)을 말한다. 직경이나 깊이는 수 cm~수 m로 다양하며 형태는 타원체 또는 구형에 가깝다. 코르시카(Corsica)섬에서 이러한 미지형을 '구멍투성이'라는 뜻의 타포네라(Tafonera)로 부르는데서 기인된 것으로 펭크(Penck, 1894)가 처음 사용했다.

타포니의 형성작용을 동굴풍화라고도 표현하는데 이는 대부분의 타포니가 동굴 형태로 발달하기 때문이다. 일반적인 타포니와는 달리 마치 벌집처럼 규모가 작고 밀집된 형태로 존재하는 것은 벌집풍화(벌집형 타포니, honeycomb weathering) 혹은 알베올리 풍화(Alveolar wethering)라고 해서 구분한다. 수치상으로는 직경 10cm 이상이며 개별적으로 나타나는 것을 타포니, 10cm 미만이면서 한곳에 집중적으로 나타나는 것을 벌집풍화라고 정의하기도 한다(장호, 1983b). 드물기는 하지만 벌집풍화가 결합되어 타포니로 성장하는 경우도 있다.

(2) 성인

타포니 연구 초기에는 성인으로서 염풍화가 강조되었으나 지금은 다양한 성인이 인정되고 있다. 타포니는 어떤 성인이든 기본적으로 입상붕괴나 플레이킹 현상에 따라 발달하고 그 규모가 확대된다.

① 풍화의 위치와 시기

풍화가 일어나는 위치와 시기에 따라서는 지상풍화, 지면수준풍화, 지중풍화로 구분(장호, 1983b)된다. 지면수준풍화와 유사하지만 그 장소가 해안가라는 점을 강조하는

● 사진 3-27. 타포니(강원도 고성군 죽왕면 문암진리 백도항, 2013.6)

수면층풍화(water layer weathering)의 개념이 제안되어 있기도 하다. 수면층풍화란 해수에 의해 건습이 반복됨에 따라 암석의 표면에서 진행되는 모든 풍화과정을 지칭하는 것이다. 이 작용의 영향 범위는 파랑의 비말(飛沫)이 도달하는 곳으로부터 암석이 영구적으로 젖은 상태에 있는 영구포화수준(permanent saturation level)의 사이이다. 이 작용 중 일부는 용식(solution) 혹은 염작용(salt action)과도 관련되어 있지만 결정적인 요인은 스플리팅(splitting)과 플레이킹 형태로 붕괴되는 건습교대작용(최성길, 1985에서 재인용)이다.

② 암석 조건

암석적으로 타포니는 화강암류와 같은 결정질(結晶質) 암석에서 전형적으로 발달하지만 석회암이나 사암, 결정편암, 화산암 등 다양한 암석에서도 관찰된다. 고의장(1984)은 제주도의 산방산(조면암), 용머리해안(응회암 및 조면암), 성산 일출봉(조면암), 울릉도의 남양동 통구미 투구봉(조면암질 집괴암) 등에 발달한 타포니를, 전영권(2005)은 독도(화산각력암)의 타포니를 보고한 바 있다. 최성길(1985)은 진도 해안의 응회암 원력(圓

● 사진 3-28. 벌집형 타포니(전남 신안군 자은도 백길해수욕장, 2019.7)

礫) 표면에서 벌집형 타포니를 관찰했다. 안면도 조구널섬에는 화산력암, 변산반도 모항에는 유문암질 응회암과 관련해 타포니가 발달해 있다(박경, 2009). 암석의 특성상 쪼개짐과 깨짐이 잘 나타나는 이암 등 미립질 암석의 경우에는 타포니 성장이 제한되는 것으로 알려졌다(탁한명, 2015).

③ 기후 조건

기후적으로는 열대와 아열대 지역에서 전형적으로 발달하는 것으로 보고되었으나 한국과 같은 습윤 지역에서도 다수 발견된다.

④ 구조적 조건

최근 외국에서는 타포니를 포함한 풍화혈의 성인으로 암석의 미세구조(microstructure)에 주목하는 연구가 이루어지고 있다. 이는 같은 화강암 내에서도 왜 특정 부분에 타포니나 나마가 집중적으로 밀도 있게 발달하는가에 대한 의문을 풀기 위한 아이디어이다. 이는 같은 암석이라도 구성 광물의 성질과 밀도, 배열 등이 아주 미세하게 차이가 있고 이것이 기본적으로 차별풍화를 일으킨다는 개념이다. 전남 신안군 자은도 백길해변에서는 이런 메커니즘으로 설명이 가능한 벌집풍화 밀집지대가 관찰된다.

2) 관찰과 해석

한국에서 타포니를 연구하기 시작한 초기에는, 분포적 특징(초기에는 해안가의 타포니가 주로 연구되었다) 등에 근거해 염풍화로 그 과정을 설명·정의하고자 했다. 그러나 그 뒤 다양한 지역, 다양한 장소에서 타포니가 발견된다는 연구들이 나오면서 타포니의 다성인적 해석이 일반적으로 받아들여졌다. 풍화의 위치적 측면에서는 연구 초기에 주로 지중풍화를 강조해 현재의 타포니를 화석지형으로 취급했는데 지금은 오히려 지상풍화를 강조하고 있는 추세이다.

(1) 성인

① 화석지형으로서의 지중풍화기원 타포니

초기 타포니 연구에서는 대부분 타포니를 지중풍화의 산물로 보는 경향이 강했다. 서울 부근의 타포니 연구(김혜자, 1982)에서 연구자는 타포니를 근본적으로 지중풍화의 산물로 보고 현재의 타포니는 미약하게 발달하거나 발달이 중단된 것으로 보고했다. 장호(1983b)는 남서부 지방에 발달한 타포니들이 4기 간빙기 동안 지중에서 만들어진 다음 빙기 동안 주빙하환경 아래에서 풍화물질이 제거되어 지상으로 노출된 것으로 보았다. 그리고 노출된 타포니는 성장 속도가 느려지거나 화석화되는 것으로 판단했다. 추미양(1984)도 덕숭산에 발달한 타포니를 지중풍화 기원의 화석 타포니로 추정하고, 이들 타포니는 노출 과정에서 소규모 확대되기는 했으나 완전히 노출된 후에는 변형되거나 파괴된 것으로 판단했다. 연구자가 제시한 증거의 하나는 타포니와 횡적 연결관계인 S자형 암벽면이다. 이러한 주장의 근거는 S자형 암벽과 타포니 등이 거의 수평에 가깝게 일정한 존(zone)을 이루면서 나타날 경우, 이는 과거 지중풍화지대를 지시한다고 본 트위데일과 본(Twidale and Bourne, 1975)의 개념이었다.

② 현재 활발히 발달하고 있는 타포니

1990년대에 들어와서는 타포니가 현재의 기후 환경에서 활발하게 형성되고 있다는 것이 밝혀졌다. 이케다 히로시(池田碩, 1990)는 동해안의 주문진 해안에 발달한 타포니의 실험 연구에서, 현재의 기후에서 1년에 약 1mm씩 타포니가 성장한다는 연구 결과를 발표한 바 있다. 그리고 내륙에 위치한 덕숭산에서도 같은 실험 결과가 나왔다고 보고했다. 이는 1980년대에 언급되었던 '화석 타포니' 개념과는 상반되는 것이다. 이케다는 이러한 연구 결과를 근거로 해, 타포니는 과거의 기후산물만이 아니며 현세(Recent)의 기후에서도 충분히 형성될 수 있다고 주장했다.

③ 복합적 성인

고군산군도 타포니 연구(박동원, 1980)에서는 이 타포니들이 지중풍화에 의해 형성된 것이며, 현재의 해수와 비말 등에 의해 변형·확대되고 있다고 해석했다. 최성길(1985)도 진도 해안 지역에서 발견되는 타포니(벌집형 타포니)는 1차적으로 지중풍화에 의해 형성되었지만, 지표에 노출된 뒤 현재의 기후 환경에서 확대·변형되고 있다고 보았다. 그리고 그러한 지상풍화 메커니즘을 수면층풍화로 설명하면서 이 풍화작용들은 주변 지형, 즉 쇼어플랫폼을 평탄화하는 강력한 지형형성작용이라는 것을 강조했다.

(2) 타포니와 관련된 지형요소들

① 기반암

전라북도 진안의 마이산에는 지상풍화에 의해 발달한 특이한 형태의 타포니가 존재한다. 이곳은 경상누층군에 속한 역암 산지로, 겨울철에 햇빛을 많이 받는 남사면, 그중에서도 50~60° 이상의 급경사면에 다양한 형태의 타포니가 집중적으로 형성되어 있다. 이 타포니들은 주야간의 심한 온도 변화와 관련된 활발한 빙정의 쐐기작용에 의해 원력들이 빠져나와 형성된 것으로 설명되고 있다. 성효현(1982)은 마이산 타포니의 성인은 상당히 복합적이지만 특히 화학적풍화보다는 기계적풍화가 탁월하게 작용한 것으로 보았다. 그리고 그 시기는 과거 어느 특정 기후 환경에서 발달하기 시작해 현재까지 이어지고 있는 것으로 보았다. 이케다 히로시(2002)는 타포니가 왕성하게 발달한 시기를 구체적으로 동결 융해작용이 활발했던 뷔름 빙기와 그 뒤로 이어지는 한랭기였을 것으

● 사진 3-29. 역암 산지의 타포니(전북 진안군 마이산, 2017.5)

● 사진 3-30. 화산각력암에 발달한 타포니(경북 울릉군 독도 동도, 2008.5)

로 추정했다.

독도의 타포니 연구(전영권, 2005; 황상일·박경근·윤순옥, 2009)에서는 타포니의 발달 성인으로 염풍화가 강조되었다. 전영권(2005)은 서도의 탕건봉과 동도의 악어바위 일대를 중심으로 타포니가 잘 발달해 있음을 관찰하고, 특히 탕건봉 타포니의 경우, 상부는 주상절리로 되어 있고 하부에 타포니가 형성되어 있어 그 성인을 해수와 관련되어 있는 것으로 추정했다. 연구자는 각력암이라고 하는 독특한 암석구조 때문에 일단 염풍화에 의해 역들이 기반암으로부터 빠져나온 다음 그 자리에 타포니가 성장한다고 설명했다. 이는 마이산의 타포니 형성 메커니즘과 유사한 개념이다. 황상일·박경근·윤순옥 (2009)도 기반암에 따른 차별적인 염풍화를 강조했다. 즉 풍화에 대한 적응력이 약한 응회암류는 비교적 큰 규모의 타포니가, 조면암 부분은 규모가 작고 밀집된 벌집형 타포니가 발달하고 있으며, 토양이나 식생으로 피복된 부분은 노출된 부분보다 상대적으로 타포니 발달이 미약하다는 점을 밝혔다.

기반암이 퇴적암이고 여기에 풍화에 약한 이질 암석이 포획되어 있는 경우, 이질암석 부분은 차별풍화를 받게 되어 타포니가 만들어지기도 한다.

② 쇼어플랫폼

진도 녹진리 해안의 쇼어플랫폼 연구(최성길, 1985)에서 연구자는 타포니, 나마 등이 1차적으로 지중풍화에 의해 형성되었으며 이후 지표면으로 노출된 다음에는 이들이 수면층풍화에 의해 확장되고 있다고 했다. 그리고 이러한 과정을 통해 쇼어플랫폼이 점차 저하되고 평탄화된다는 결론을 내렸다.

③ 토르

타포니는 토르와 관련되어 발달한 경우가 많은데 이 경우 대부분 화강암 토르에서 관찰된다. 토르에서 타포니가 발달한 부분은 다른 부위보다 풍화가 더욱 진전되어 있는 것이 일반적이며, 위치 면에서는 토르의 하부, 특히 토르의 암괴(block)와 기반암이 접하는 경계부, 그리고 암괴의 천장부에 집중적으로 발달해 있다. 이 타포니들은 토르의 형태를 변형하거나 파괴시키는 작용을 한다.

9. 나마

1) 일반적 특징

(1) 개념

나마는 평탄한 암석면(巖石面)이나 토르, 보른하르트 혹은 인셀베르그 등의 암체(巖體) 상부 평탄면에 형성된 풍화혈이다. 우리말로는 풍화호(weather pits 또는 weathering pits), 바위 가마솥(장호, 1983b; 박희두, 2004), 평저형 풍화혈(최성길, 1985) 등으로 표현되기도 하는데 일반화되어 있지는 않다. 전남 강진에서는 나마가 분포하는 바위를 '가마솥바위'라고 한다(장호, 1983b).

일반적으로 사용되는 용어인 나마는 본래 오스트레일리아 원주민인 아보리진 언어에서 '구멍'을 의미하는 것이었으며, 오스트레일리아 애들레이드 대학교 트위데일 교수(Twidale and Corbin, 1963)의 연구를 계기로 학술 용어로 정착된 말이다.

평면 형태는 원형에 가깝지만 단면 형태는 접시형(shallow pan), 반구형(hemispherical

● 사진 3-31. 플레이트형 나마(서울 북한산, 1983.6)

● 그림 3-2. 나마의 형태

플레이트형

디시형

① 접시형　　　② 반구형　　　③ 안락의자형

자료: 김주환·권동희(1990a).

pit), 안락의자형(armchair-shaped hollow) 등 세 가지 유형으로 분류된다. 접시형은 다시 플레이트(plate)형과 디시(dish)형으로 나뉜다. 한편 그 평면 형태와 관계없이 돌출된 굴뚝 모양의 기반암상에 존재하는 나마는 폰트(fonts)형 나마로 부르기도 한다.

(2) 성인

연구 초기에는 소규모 절리나 요지(凹地)에 물이 고이고 이 정체된 물의 화학적 풍화작용으로 나마가 점차 확장되는 것으로 설명되었다. 그리고 이를 성인적 관점에서 솔루션 팬(solution pans) 혹은 솔루션 핏(solution pits)이라 불렀다. 팬(pan)의 내부에 부착되어 있는 조류(藻類, algae)는 이들이 생화학적인 용해작용과 밀접하게 관련되어 있다는 것을 보여주는 좋은 지표가 되기도 한다. 구멍의 직경과 깊이가 수 mm~수 cm의 소규모 마마자국(pockmark) 형태를 한 것은 솔루션 핏, 규모가 수십 cm~수 m 정도로 확대된 것은 솔루션 팬으로 구분하기도 한다.

최근에는 한랭 지역의 동결·융해의 반복에 의한 물리적풍화가 강조되는 나마, 그리고 반건조 지역에서의 식생 침입에 의한 생물풍화에 의해 형성되는 나마의 사례도 보고되고 있다. 반건조 지역에서는 식물체의 뿌리 성장에 의한 물리적풍화와 함께 식물체로부터 분비되는 유기산이나 부식산에 의한 화학적풍화가 중요한 요인이 되는 것으로 보고 있다.

나마는 다양한 기후에서 발달하지만 오스트레일리아 반건조기후 지역에서 다수 발견되고 있고, 한국에서도 여러 지역에서 관찰되고 있다.

● 사진 3-32. 유수의 작용이 강조되는 안락의자형 나마(충북 속리산 문장대, 1983.7)

● 사진 3-33. 폰트형 나마(부산시 금정구 금정산 금샘)

2) 관찰과 해석

한국의 경우 나마는 대부분 화강암 산지에서 발달하지만 드물게는 화산암(무등산, 군산 선유도), 퇴적암(울산 슬도) 등에서도 관찰된다. 위치 면에서는 산지사면이나 정상 기반암에도 발달되어 있고 해안의 파식대와 쇼어플랫폼(형태적으로는 '파식대'와 유사하지만 성인보다 형태적 의미를 강조하는 개념이다), 하천 계곡의 높은 하상면에도 존재한다. 설악산 울산바위 정상부, 속리산 문장대, 지리산 제석봉, 월출산 구정봉, 삼척 쉰움산의 쉰우물 등은 모두 산 정상부 평탄면에 발달한 경우이며, 인천광역시 송도 아암도 해안공원 일대와 강원도 양양 죽도 해안, 울산 슬도 해안의 나마는 쇼어플랫폼상에 발달한 경우이다. 특별한 형태의 나마도 있다. 부산 금정산에는 현지에서 금샘이라고 불리는 약 2m 높이의 암석기둥 꼭대기에 발달한 나마를 관찰할 수 있다. 외국에서는 그 모양 때문에 폰트(Fonts, 세례반)라는 명칭으로 소개되기도 한다(Twidale and Romani, 2005). 아암도 해안공원에서도 소규모 폰트형 나마가 관찰된다.

(1) 지상풍화

① 기계적풍화

한국의 경우 해발고도가 높은 곳에서는 주로 기계적풍화에 의해 나마가 형성되는 것으로 알려져 있다. 소황병산(1300m) 정상의 토르상에 존재하는 나마 연구(기근도, 2002a)에서는 나마가 물의 결빙·융해에 따른 기계적풍화에 의해 빠르게 성장하는 것으로 조사되었다. 화양 계곡의 풍화혈 연구(박희두, 2002)에서는 겨울철의 동결·융해와 갈수기의 점토를 중심으로 하는 미립물질의 건습작용 반복으로 입상붕괴가 일어나고 이것이 나마를 성장시킨다고 보았다. 연구자는 현 하상과 가까운 곳의 나마는 홍수기 때 일시적인 마식작용이 나마 성장에 영향을 준 것으로 설명한다.

② 기계적풍화와 화학적풍화의 복합적 작용

지리산지 주능선부 남사면에 발달한 나마 연구(장호, 1983a)에서는 절리를 따라 침투한 수분의 화학적 풍화작용과 동결융해작용이 복합적으로 작용해 나마를 변형시키는 것으로 설명하고 있다. 연구자는 그 증거로 나마 내부에 존재하는 신선한 풍화 입자

● 사진 3-34. 염정작용에 의해 성장하는 쇼어플랫폼상의 나마(인천 송도 아암도 해안공원, 2006.5)
아암도의 경우 나마가 발달한 기반암은 밀물 시에 모두 잠겼다 썰물 시에 드러난다. 이 과정에서 나마에 고여 있
던 소금물이 증발하면서 염정에 의한 풍화작용이 일어난다.

(grus)를 제시했다. 조기만·좌용주(2005)도 익산 미륵산 정상부 해발 400m 지점에 위치
한 토르 상부에서 나마군을 관찰했는데, 바닥에 대부분 암분이 존재하며, 이는 현재 나
마가 계속 성장하고 있는 증거라고 보았다.

인천의 아암도 파식대상에 발달한 나마의 경우, 물의 용식작용과 함께 염분의 결정
작용이 나마 발달에 주요한 역할을 한다. 이곳은 밀물 때는 해수 침수가 일어나고 썰물
때는 고인 물이 증발하면서 염분의 결정작용이 주기적으로 반복되는 곳이다.

남해 금산 정상부의 나마 연구(황상일 외, 2011)에서는 현재에도 나마는 형성되고 성
장·확대된다는 점을 강조하고 있다. 아울러 그 성인으로는 풍화에 민감하게 반응하는
사장석이 검출되고, 점토광물이 전혀 나타나지 않은 점을 들어 화학적풍화보다는 기반
암의 동결과 융해와 같은 물리적 풍화작용이 우세하게 작용하는 것으로 판단했다. 특히
연구자는 산지방향보다 해안방향에서 나마 분포 밀도가 높은 점을 들어 바다로부터 공
급되는 염분과 수증기가 중요한 풍화작용을 일으킨 것으로 보았다. 금산 정상부의 나마
형성 속도는 평균 0.04mm/y로 측정되었다. 초기에는 0.05mm/y를 보이다 시간이 지

날수록 발달 속도가 느려져 마지막 시기에는 0.03mm/y로 나타났는데 이는 나마의 성장 속도가 시간이 지남에 따라 깊이가 깊어지면서 일사나 바람에 노출되기 어려워졌기 때문인 것으로 분석했다.

③ 생물풍화

1차적으로 형성된 나마에 퇴적물이 쌓이고 이를 기반으로 식생이 서식하기 시작하면 생물풍화가 강화되어 나마는 더욱 확장된다. 이러한 생물풍화의 여건을 충족시킬 수 있는 대표적인 곳은 인천 송도 아암도 해안공원처럼 조간대상에 형성된 나마들이다. 전

● 사진 3-35. 생물풍화가 진행되는 나마(인천 송도 아암도 해안공원, 2019.8)

형적인 갯벌해안인 이곳은 조석에 따라 주기적으로 물과 함께 소량의 퇴적물이 지속적으로 공급되어 식생이 자라는 데 적합한 여건이 만들어지는 것이다.

(2) 지중풍화와 지상풍화의 복합작용

다수의 연구자들(장호, 1983b; 박희두, 2004; 최성길, 1985)은 1차적으로 지중풍화에 의해 만들어진 나마가 2차적으로 지상풍화에 의해 확대 혹은 변형된다고 보았다. 장호(1983b)는 특히 직경이 큰 나마는 작은 나마보다 더 먼저 지상으로 노출된 것으로 판단했다. 이는 트위데일과 코빈(Twidale and Corbin, 1963)이 오스트레일리아 에어(Eyre)반도의 나마 연구에서 발달 정도에 따라 직경 90cm 이상의 것과 이하의 것으로 나누고, 이 둘은 대기로 노출된 시기가 다르기 때문이라고 본 연구에 근거한 것이다(장호, 1983b에서 재인용). 최성길(1985)은 쇼어플랫폼상에 존재하는 나마(연구자는 '평저형 풍화혈'로 표현했다)에 주목하면서, 이 나마는 원래 지중풍화에 의해 만들어졌으나 지표에 노출된 뒤에는 수면층풍화에 의해 확장·변형되면서 쇼어플랫폼을 평탄화하고 저하시키는 작용을 한다고 설명했다. 그리고 이러한 나마의 확장·변형에는 벌집형 타포니의 성장이 주요한 역할을 한다는 점을 부언하고 있다.

(3) 수중 풍화

울산 슬도해안에 가면 독특한 나마가 관찰된다. 이곳 기반암은 화강암이 탁월한 울산 일대와는 달리 국지적으로 퇴적암으로 되어 있는데, 여기에 아주 특별한 형태의 나마가 벌집 형태로 군집을 이루고 있다. 그러나 이곳의 나마는 사실상 타포니와의 구분이 애매한 경우가 많아 보통 폭넓은 개념으로 풍화혈로 불린다.

문제는 이 풍화혈이 어떻게 형성되었는가 하는 것인데 지금으로서는 수중 생물에 의한 풍화 가설이 가장 설득력 있게 받아들여지고 있다. 부산대 홍성윤 교수는 이곳 풍화혈을 천공성 돌맛조개(lithophaga)가 파놓은 것으로 설명한다(≪경향신문≫, 2006.4.14). 이런 해석의 근거는 물속에도 똑같은 형태의 구멍들이 무수히 뚫려 있다는 점인데 문제는 이 일대에는 실제 돌맛조개가 서식하지 않는다는 것이다.

앞으로 더 연구해 보아야 할 과제이지만 이곳 기반암은 신생대 제3기(최원학·김정환·기원서, 2003)에 만들어진 것이고 이후 수차례 지각변동으로 융기와 침강을 반복해 지금에 이르렀음을 감안하면 생물학적 풍화 주장이 전혀 근거가 없는 것은 아닌 것으로 생각

● 사진 3-36. 슬도의 풍화혈(울산시 동구, 2014.1)

된다. 결국 1차적으로 수중풍화로 만들어진 풍화혈들이 현재는 2차적인 수면층풍화에 의해 확장·결합되면서 그 크기를 키워가는 중인 것으로 보아도 큰 무리는 없을 것 같다.

현재의 슬도가 위치하는 지역의 지층은 모래, 자갈, 점토 등이 섞여 굳어진 방어진층(최원학·김정환·기원서, 2003)으로 명명되어 있다. 이 암석층이 만들어진 신생대 3기는 지질시대로 보면 상당히 젊은 시기에 해당되므로 암석층은 아직 덜 굳은 상태이고 조개들이 구멍을 파기가 수월했을 것이라는 해석도 가능하다. 돌에 구멍을 내는 조개를 통틀어 석공조개라고 하는데 이 조개의 생활 모습을 유심히 관찰한 한 기계공학자가 터널식 굴착기를 고안한 것으로 알려져 있다(≪울산제일일보≫, 2009.11.30).

10. 그루브

1) 일반적 특징

(1) 개념

그루브(grooves)는 토르 혹은 보른하르트(돔형 인셀베르그) 등의 암벽면(巖壁面)을 따라 수직으로 발달한 밭고랑 형태의 풍화 미지형(Fairbridge, 1968)이다. 플루트(flut), 플루팅스(flutings)라고도 하며 카르스트지형의 카렌과 비슷하다고 해서 그라니트카렌 (granitkarren), 그 모양이 릴류와 유사해 그라니트릴렌(granitrillen)이라고도 한다. 비교적 완경사면에 발달한 것은 러늘(runnels) 혹은 거터(gutters), 급사면에 발달한 것은 그루브 혹은 플루팅스로 구분해 사용하는 경우도 있으나 한국에서는 포괄적 의미로 그루브라는 용어가 보편적으로 쓰인다. 풍화구(風化溝)로 번역되어 사용된 경우도 있으나 일반화되어 있지는 않다. 그루브가 극단적으로 발달하면 서로 다른 그루브는 결합되면서 암석면은 평탄화되는데, 이때 침식에 강한 부분이 돌출되어 잔존하는 것을 플루팅 코어(fluting core)라고 한다. 플루팅 코어는 그루브의 존재 여부를 밝히는 증거인 셈이다.

● 사진 3-37. 토르에 발달한 그루브(서울 북한산 문수봉 연꽃바위, 1988.10)

● 사진 3-38. 보론하르트 암벽면에 발달한 그루브(경기도 양주시 사패산, 2006.6)

그루브라는 용어는 좁은 의미에서는 빙식구(氷蝕溝)를 의미하기도 하므로 혼동하지 않도록 주의가 필요하다. 빙식구는 빙하작용에 의해 기반암의 표면에 형성된 구상(溝狀)의 요(凹)지로서 찰흔보다 깊이와 폭이 큰 것을 말하는데, 깊이는 폭의 1/2~1/5 정도가 되는 것이 보통이다. 빙식구는 플루트(flutes)라고도 하며, 이러한 빙식구들이 빙하유동 방향을 따라 평행하게 열을 지어 존재하는 것을 플루팅(fluting) 또는 플루티드 서페이스(fluted surface)라고 부른다.

(2) 성인

강수량이 많은 지역에서 유수의 침식과 물리적·화학적풍화가 복합되어 발달하며 생화학적인 측면에서는 지의류(地衣類)의 영향도 적지 않은 것으로 알려져 있다. 그루브 내에 이끼가 부착되어 있는 경우가 있는데 이는 현재 그루브가 형성되고 있음을 의미한다. 이끼를 걷어내면 그 암석표면은 매우 신선해 이끼가 없는 암석면과는 확실히 구분된다. 그루브의 단면은 U자형을 이루는 것이 보통이다. 기후적으로는 열대습윤기후에서 전형적으로 발달하는 것으로 알려져 있고, 한랭건조한 지역의 것은 기후변화와 관련된 유물 지형(Twidale, 1982)으로 취급하기도 한다.

2) 관찰과 해석

라우텐자흐(1998)는 화강암의 '둥근 돔'에 최대 경사 방향으로 최대 50cm 깊이의 '우곡'을 발견하고, 이를 용식작용과 관계 있는 것으로 언급했다. 현재까지 그루브가 보고된 대표적인 곳은 북한산, 속리산, 경주 남산, 부산 금정산, 속리산, 불암산이다. 주로 화강암질의 토르나 보른하르트 등의 암벽에서 관찰된다. 그루브는 암벽 정상부에 발달한 나마와 연결되어 있는 경우가 있는데, 이 나마들은 그루브에 지속적으로 물을 공급해 주는 역할을 하는 것으로 보인다.

● 사진 3-39. 상부 나마와 연결되어 발달한 그루브(속리산 문장대, 1987.5)
사진의 위쪽 평탄한 곳에 〈사진 3-32〉의 나마가 발달해 있고, 이 나마에 고여 있던 물들이 흘러내리면서 그루브가 발달하고 있다.

● 사진 3-40. 플루팅 코어(서울 불암산, 1991.6)
그루브가 극단적으로 성장하면 최종적으로는 그루브와 그루브 사이에 플루팅 코어라고 하는 작은 돌기 부분이 남는다.

11. 박리

1) 일반적 특징

(1) 개념

박리(Exfoliation)는 암괴의 표면과 거의 평행하게 만곡된 박리면이 형성되고, 그곳으로부터 판상(板狀)의 암편이 떨어져 나오는 현상을 말한다. 조립결정암석(組立結晶巖石)의 표면으로부터 결정입자가 개별적으로 떨어져 나오는 현상은 입상박리(粒狀剝離)라고 해서 구분하기도 한다. 그러나 단순히 박리 현상이라는 것은 전자를 의미하는 것이 보통이다. 보통 대규모의 박리는 판상절리로 부르기도 한다. 암괴에 다수의 동심원상(同心圓狀)의 풍화절리(風化節理)가 발달한 양파구조(onion structure)는 소규모 박리의 좋은 예이다.

시팅(sheeting)으로 불리는 대규모 박리에 의해 거대한 암체표면으로부터 두께 수십 cm~수 m의 암편이 이탈되어 박리 돔이 형성되기도 한다. 미국의 요세미티국립공원 내

● 사진 3-41. 대규모 박리현상인 판상절리(인천시 강화군 석모도 , 2011.8, 좌)
보문사 경내 산 중턱에서 관찰되는 지형으로 '눈썹바위'로 많이 알려져 있다. 암벽면에는 마애관음보살상이 조각되어 있다.

● 사진 3-42. 판상절리를 이용한 보문사 석실(인천시 강화군 석모도, 2011.8, 우)
보문사 눈썹바위 아래쪽에 형성된 천연동굴을 이용해 만든 석굴사원이다.

● 사진 3-43. 핵석에서 관찰되는 박리 현상(인천시 강화군 후포항, 2017.10)

에 존재하는 암봉군(巖峰郡)이나 오스트레일리아의 울루루바위, 올가산(Mt. Olga) 등이 대표적인 예이다.

(2) 성인

박리의 성인은 크게 세 가지로 나뉜다. 첫째, 마그마로부터 심성암체가 고화(固化)될 때 형성된 유리구조(流理構造)나 냉각·수축에 의해 형성된 절리와 관계된다. 둘째, 암체를 덮고 있던 암층이 삭박 제거되고, 암체가 지표에 노출되는 과정에서 표면의 압력이 감소됨에 따라 암체표층부가 팽창해 형성된 절리를 따라 나타난다. 셋째, 암체가 지표에 노출된 뒤 낮과 밤의 가열·냉각으로 팽창·수축을 반복해 동심원의 절리가 형성되고, 이 박리절리(exfoliation joint)를 따라 암편이 벗겨져 나온다. 지표면의 암석이 가열·냉각될 때, 암석은 열전도율이 낮으므로 가열 효과는 표층에 집중된다. 따라서 가열로 팽창하는 표층은 압력을 받으며 압력이 일정한 한계를 넘으면 암석 표면이 붕괴된다. 그리고 대부분의 화성암과 변성암은 비열이 서로 다른 광물 입자로 구성되어 있기 때문

● 사진 3-44. 박리 현상과 박리 돔(서울 불암산, 1983.7)
불암산은 박리 현상이 진행되어 산 자체가 하나의 암석 돔을 이루고 있다.

● 사진 3-45. 플레이킹(서울 북한산, 1991.7, 좌)
기반암의 표면이 마치 고기 비늘처럼 벗겨지고 있다.

● 사진 3-46. 대규모의 플레이킹(부산 금정산, 1985.7, 우)
금정산 산릉선에 노출된 핵석에서 떨어진 암편으로, 마치 가마솥의 누룽지처럼 암석의 껍질이 벗겨졌다. 사진의 암편은 두께 1cm 내외, 최대 폭 50cm 정도이다.

● 사진 3-47. 박리에 의해 형성된 토르(서울 북한산, 1982.6, 좌)
거대한 박리 껍질은 그 자체가 하나의 토르가 되기도 한다.
● 사진 3-48. 매스무브먼트 형태로 이동되는 사면풍화물질 (충북 보은군, 1998.8, 우)

에 암석이 가열·팽창될 경우 구성광물 사이에도 내적 압력이 발생한다. 이 압력이 어떤 임계를 넘어서면 암석의 표면은 양파 껍질 형태로 벗겨진다.

박리와 유사한 개념으로 플레이킹이 있다. 이는 넓은 의미로 박리와 같은 뜻으로 사용하기도 하지만, 박리의 한 종류로서 비교적 소규모의 형태를 지칭하기도 한다. 그 성인은 열작용, 염분의 결정작용, 동결작용(frost action), 화학적풍화 등 다양하나 가장 유력한 것은 수화작용과 같은 화학적풍화로 알려져 있다.

2) 관찰과 해석

박리는 토르와의 관계에서는 양면성을 지닌다. 즉 박리가 대규모인 경우에는 그 과정 때문에 토르가 형성되기도 하고, 규모가 작은 경우에는 토르를 파괴하거나 변형시키는 역할을 한다. 플레이킹은 대부분 화강암질 토르에서 관찰되며, 토르의 풍화를 촉진시킴과 동시에 토르를 원력화(圓礫化)하는 요인이다. 한국 산지에 발달한 전형적인 둥근 토르에서는 예외 없이 플레이킹이 존재한다. 플레이킹은 토르에 전체적으로 존재하지만, 암괴 하단부와 기반암부에 많이 발달해 있다. 이 플레이킹들이 나타나는 부분은 풍화가 상당히 진전되어 있으며 토르 기반암 주변에는 다량의 그리트(grit)가 존재한다.

12. 풍화물질의 제거와 지형발달

1) 풍화물질의 이동과 사면발달

풍화작용에 의해 만들어진 사면물질은 특별한 외부 매개체 없이 단순한 매스 무브먼트(mass movement) 형태로 흘러내리고 이로써 특이한 지형경관이 만들어진다. 이러한 현상은 하천 등이 영향을 주지 않는 산지 상부사면을 발달시키는 데 주요한 역할을 한다.

한국에서는 이른 봄 토양이 녹으면 짧은 기간 동안 솔리플럭션(느린 속도의 매스무브먼트) 현상이 나타난다. 이는 사면경사가 2° 정도인 곳에서도 일어나는데, 그 이동 최고속도는 연간 수 m 정도(권혁재, 1999)인 것으로 알려져 있다. 한국의 경우, 과거 빙기 때는 이러한 솔리플럭션이 비교적 활발했었고 이 때문에 형성된 녹설층(麓屑層)이 산지사면 곳곳에서 발견된다. 이 녹설층들은 각력(角礫)의 조립물질과 점토 등 미립물질이 뒤섞여 있는 것이 보통이다. 한국 장마철에 잘 발생하는 산사태는 토석류(土石流, 빠른 속도의 매스무브먼트)에 해당한다.

2) 지하수에 의한 풍화물질 제거와 풍화동굴 형성

지하에서 절리를 따라 형성된 풍화물질이 지하수에 의해 제거되면 크고 작은 동굴지형이 발달한다. 한국 화강암 산지에 존재하는 동굴들은 이렇게 만들어진 것이 대부분이다. 특히 화강암 풍화동굴은 절리 규모가 큰 경우에 잘 형성된다.

(1) 호암사 백인굴

대표적인 화강암 풍화동굴로 알려진 곳은 의정부 호암사에 있는 백인굴이다. 이 동굴은 산등성이에 돌출된 보른하르트성 암반 내부에 형성되어 있다. 암반 정상과 계곡저의 비고는 80m 정도로서 그 중간인 40m 지점에 동굴이 존재한다. 상·하 2개의 동굴로

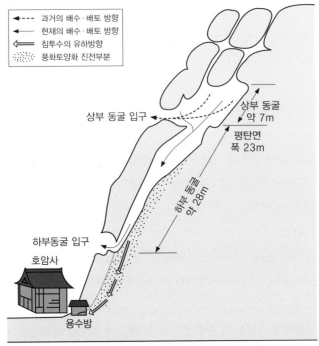

● 그림 3-3. 호암사 백인굴의 단면

과거의 배수·배토 방향
현재의 배수·배토 방향
침투수의 유하방향
풍화토양화 진전부분

상부 동굴 입구
상부 동굴 약 7m
평탄면 폭 23m
하부 동굴 약 28m
하부동굴 입구
호암사
용수방

자료: 이케다 히로시(2002)에서 재인용.

구성되어 있는데 이들은 내부에서 거의 수직으로 연결되어 있다. 길이는 상부동굴 2m, 하부동굴 28m 정도이다. 지금도 동굴 아래쪽으로는 지하수가 계속 흐르고 있어 동굴은 점차 확대될 것으로 보인다(이케다 히로시, 2002). 하부동굴 아래 용수방은 지하수가 솟아 나오는 곳으로서 호암사의 생활용수로 쓰인다.

(2) 포천 옹장굴

옹장굴은 한탄강 소지류 계곡의 용암호(lava lake)에 발달한 풍화동굴이다. 수평동굴로서 폭 2m, 높이 1m, 총길이 1000m에 달한다. 용암호는 신생대 제4기 화산활동으로 한탄강 본류를 따라 흘러내리던 용암이 한탄강 지류로 역류하면서 오목한 지형에 용암이 모여 만들어진 것이다.

용암호의 기반암은 대보화강암으로서 옹장굴은 화강암과 현무암 용암층 사이에 발달했다. 동굴 천정은 현무암이고 바닥은 화강암인 것이다. 이 동굴은 성질이 다른 두 암

● 사진 3-49. 백인굴의 상부동굴 입구(경기도 의정부시 호암사, 2015.11, 좌)
수십 명이 동시에 들어갈 수 있을 정도의 규모이다. 동굴 내부로 들어가면 동굴 바닥에는 하부 동굴로 이어지는
수직동굴이 존재한다.

● 사진 3-50. 옹장굴(경기도 포천시, 2014.10, 우)
옹장굴은 몇 개의 동굴 입구가 존재하는데 사진은 그중 하나이다. 천정 부분은 현무암이고 아래 부분은 화강암
으로 되어 있다.

석 사이의 약한 틈으로 지하수가 흐르면서 풍화와 침식을 일으켜 발달한 것이다(우경식, 2004). 동굴 바닥과 벽에는 화강암 풍화층인 새프롤라이트가 존재하고 동굴 천정을 구성하는 현무암 부분에는 클링커(clinker)도 관찰된다.

옹장굴의 형성 메커니즘은 세계적으로도 특이한 사례로 꼽히고 있다. 동굴 입구는 크고 작은 곳이 여러 곳에 나 있는데 그중 가장 큰 동굴 입구에는 현지 주민이 건물을 짓고 동굴을 천연 냉장고로 이용하고 있다.

제4장
토양

1. 토양분류

1) 세계의 토양분류체계

토양은 기본적으로 암석, 기후, 지형, 생물(식생) 등의 조건에 의해 결정되고, 같은 조건이라도 어느 정도 시간이 지났는지에 따라 새로운 토양형이 만들어진다. 이 과정에서 인간의 간섭 활동도 주요한 역할을 한다. 따라서 세계에 분포하는 토양을 구분하는 것은 그리 간단하지가 않으므로 국가별 혹은 기관별로 목적에 따라 독자적인 분류체계가 있는 것이 보통이다.

현재의 세계 토양분류에서 기초를 이룬 것은 러시아(구소련)의 분류체계이며 미국(구분류체계와 신분류체계) 등 여러 나라의 토양분류도 이의 영향을 많이 받았다. 현재 지리학 분야에서 널리 사용되는 것은 미국의 신분류체계이다. 우리나라의 경우도 공식적으로는 미국의 신분류체계를 도입해 사용하고 있지만, 현장에서는 여전히 과거 구소련과 미국의 구분류체계와 관련된 용어를 쓰는 경향이 있다.

(1) 러시아(구소련)의 분류체계

1880년대 바실리 도쿠차예프(Vasily Dokuchaev)가 제안한 분류체계로서 지금의 세계 토양분류체계에 기초적인 자료를 제공해 주었다. 우리가 사용해 온 포드졸, 체르노

젬, 라테라이트 등의 토양분류 개념은 이로부터 비롯된 것이다.

(2) 미국의 구분류체계

도쿠차예프 토양의 성대성에 바탕을 두고 커티스 마벗(Curtis Marbut) 등이 1927년 제안한 것이다. 이는 토양단면의 형태를 결정한 생성인자의 영향을 기준으로 해 분류한 것으로서 1949년 개정을 거쳐 25년간 미국은 물론이고 세계 여러 나라에서 사용되었다.

(3) 미국의 신분류체계

미국 농무성토양국(USDA)은 1975년 새로운 '미국토양분류체계(Soil Taxonomy)'를 발표했다. 이는 토양 단면에 나타난 형태를 위주로 분류하는 형태적 분류체계로서 이 분류에서는 모두 12개의 기본 토양형으로 구분된다. 미국의 분류체계이지만 지금은 전 세계적으로 확산되어 지리학 분야에서도 가장 널리 사용하고 있다.

토양 구분에서 기준이 되는 것은 토양 층위로서 주 토층(master horizones)과 종속층위(subordinate horizon)로 구분된다. 주 토층은 대문자를 사용해 O층(유기물), A층(유기물 혹은 용탈층), E층(용탈층), B층(집적층), C층(풍화층), D층 혹은 R층(기반암) 등으로 구분한다. 그리고 주 토층을 세분한 종속층위는 주 토층 대문자 기호 옆에 소문자 기호를 붙여 사용하는데, 집적된 물질에 따라 소문자로 h(유기물), s(산화물), t(점토) 등이 사용된다. 12개 기본 토양형(목)은 다음과 같다.

① 엔티솔(Entisols): 최근에 발달하기 시작한 토양이다. 토층은 AC 혹은 AR로 표현되며 사초가 자라기 시작하는 해안사구가 이에 해당된다.

② 겔리솔(Gellisols): 영구동토층이 나타나는 한대기후의 토양이다.

③ 안디솔(Andisols): 화산회토이다.

④ 히스토솔(Histosols): 두꺼운 유기물층(O층)이 나타나는 습지토양이다.

⑤ 인셉티솔(Inceptisols): 미약하게 B층이 발달하기 시작한 토양이다.

⑥ 스포도솔(Spodosols): 모래(석영)로 된 풍화층이 존재하는 습윤 삼림지대(특히 냉대 침엽수림)에서 발달한 토양이다. 토층은 Bs, Bhs 혹은 회백색의 E(용탈층)로 표현되며 전통적으로 '포드졸'로 불린 토양이 이에 속한다.

⑦ 버티솔(Vertisols): 건기와 우기가 교대되는 지역에서 팽창성 점토와 관련되어 발

달한 토양이다. 토층 특색은 AC이다.

⑧ 아리디솔(Aridisols): 건조한 관목지대의 토양이다.

⑨ 몰리솔(Mollisols): 반습윤 기후지역의 토양이다. 토층 특색은 두껍고 검은색을 띠는 A층이 있다는 점이다. 전통적으로 '체르노젬'으로 알려진 토양이 이에 속한다.

⑩ 알피솔(Alfisols): 습윤 삼림지대의 토양으로서 미약하게 풍화와 용탈이 진행된 토양이다. 약산성의 점토질이며 토층 특색은 Bt이다.

⑪ 울티솔(Ultisols): 습윤 열대 내지 아열대 삼림기후의 토양이다. 알피솔이 더욱 풍화되고 용탈이 진행된 토양이며 토층 특색은 강산성의 점토가 풍부한 B층이다.

⑫ 옥시솔(Oxisols): 습윤 열대 삼림기후의 토양이다. 울티솔이 더욱 풍화되고 산화된 토양으로서 토층 특색은 철과 알루미늄 산화물이 풍부한 적색의 B층이다. 전통적으로 '라테라이트'로 알려진 토양이 이에 속한다.

(3) 세계토양자원분류기준(WRB: World Reference Base for Soil Resource)

국제연합식량농업기구(FAO)가 발의하고 국제토양학회, 국제토양자원·정보센터가 1998년에 공동으로 마련한 토양분류체계이다. 이 토양형은 각국의 독자적인 분류체계를 대체하는 것이 아니라, 개별 국가가 분류한 고차분류단위 토양들을 서로 비교할 수 있도록 기준을 마련한 것이다. 이 분류법에서는 세계의 토양을 크게 30개 표준토양군(Reference Soil Groups)으로 분류하고 그 아래 세부 토양을 두었다. 토양군 명칭은 기존의 미국 구분류와 신분류 용어인 포드솔, 안도솔, 히스토솔, 버티솔 등을 그대로 사용하기도 했지만 새롭게 부여된 용어도 많다.

2) 한국의 토양분류체계

과거 한국의 토양분류체계는 미국의 구분류법을 따랐다. 그러나 토양 형태와 환경과의 관련성을 중시하는 성대성(成帶性) 이론에 근거한 이 분류법이 정밀 토양도 작성 등에 부적합한 점이 지적됨에 따라 1990년대 이후부터는 미국의 신분류법을 적용하고 있다.

● 표 4-1. 한국(남한)의 주요 토양형

목 (Order)	지형별 분포		비고	면적비 (%)
	주분포지	기타분포지		
인셉 티솔	• 곡간지[1] • 산악지	• 하해혼성평탄지[2] • 하성평탄지 • 구릉지	• 침식·퇴적작용이 활발해 토양형성환경의 변화가 심한 지역 • B층이 미약하게 발달	74.7
엔티솔	• 산악지 • 하성평탄지 • 하해혼성평탄지[2]	• 선상지 • 산록경사지 • 곡간지	• 주로 침식이 활발한 태백산맥, 소백산맥의 쇄설성 사면퇴적물지대(암석, 자갈지대) • B층은 존재하지 않음	15.1
울티솔	구릉지	• 곡간지 • 산록경사지	• 산성암 분포와 관련 • 지표 염기포화도 35% 이하(강산성 점토질 토양)	4.99
알피솔	• 홍적대지[3] • 하성평탄지 • 하해혼성평탄지	용암류 대지	• 중성암·염기성암이 우세한 구릉지 • 지표 염기포화도 35% 이상(약산성 점토질 토양)	3.67
안디솔	산록경사지	곡간지	• 제4기 화산암이 분출한 도서지역(제주도 및 울릉도) • 제3기 화산암이 분출한 내륙지역(경기도와 강원도 북부, 태백산맥, 소백산맥 등) • 이동성 퇴적물이 화산암을 덮고 있는 경우가 많아 실제 안디솔 분포면적은 좁음	1.5
몰리솔	곡간지	하해혼성평탄지	• 소백산맥 이북의 강원도 남부지역 곡간지 • 유기물과 영양염류 집적	0.09
히스 토솔	하해혼성평탄지		• 남해안, 제주도 해안지역 • 유기물 집적	0.01

주: 1) 곡간지(谷間地): 2개의 고지 사이에 형성된 긴 저지. 하천이나 빙하 등에 의해 발달하며 주로 경사지이지만 특수한 경우 평탄지도 존재한다.
  2) 하해혼성평탄지(河海混成平坦地): 하천과 해수의 작용이 혼합되어 만들어진 퇴적평탄지이다.
  3) 홍적대지(洪積臺地, diluvial upland): 플라이스토세 지층으로 구성된 평탄한 대지이다. '홍적'은 '홍적세(플라이스토세)'에서 비롯된 것이다. 현재 우리나라의 경우 '홍적세'라는 용어는 '플라이스토세'로 대체되었으나 홍적대지를 대체할 수 있는 용어는 없는 실정이다. 이 개념에는 하성단구, 해성단구, 개석선상지, 개석삼각주, 화산쇄설성 대지 등의 개념이 모두 포함된다.
자료: 국토해양부 국토지리정보원(2007; 2008) 참고, 저자 수정.

2. 한국의 토양

1) 신분류법에 따른 토양 특성

신분류법에 따르면 세계적으로 분포하는 12개 토양 목(Order) 중 한국(남한)에는 인셉티솔, 엔티솔, 울티솔, 알피솔, 안디솔, 몰리솔, 히스토솔 등 모두 7개의 목이 발달한다. 이 중 가장 넓은 면적을 차지하는 토양은 토양층 분화가 뚜렷하지 않은 인셉티솔이다. 이 같은 특징은 한국의 자연환경을 반영하는 것이다.

일반적으로 지구 위도적 차원에서의 한국 기후 특성은 알피솔과 울티솔 발달에 적합한 것으로 알려져 있다. 그러나 지형적 특성과 국지적 기후 특성은 토층 분화를 방해하고 있어, 알피솔과 울티솔의 분포 면적은 매우 적고 상대적으로 인셉티솔이나 엔티솔 비중이 크게 나타난다(국토해양부 국토지리정보원, 2008).

우리나라는 산지가 많은 지형적 특성상 평탄지보다는 경사지가 많이 분포하기 때문에 점토광물의 수직적 이동보다는 사면을 따라 수평이동하는 경우가 더 많다. 이는 토층 분화에 불리한 조건이 된다. 기후적 측면에서는 여름 집중 강수에 따른 표토층의 유실과 퇴적 반복, 고온다습한 여름기후로 인한 토층의 유기물 축적 억제, 겨울철 결빙현상 등 역시 모두 토층의 분화를 방해하는 요인들이다.

2) 일반적인 토양 특성

신분류법이 도입되기는 했지만 지리학계에서는 이에 따른 구체적인 토양조사가 활발히 이루어지지 않고 있는 등 여러 요인 때문에 여전히 전통적인 개념이 많이 사용되고 있다.

(1) 자연환경과 토양 특성
토양의 특색은 주로 암석, 기후 및 식생, 지형 조건에 따라 결정된다.

① 암석 조건
토양의 재료를 제공하는 것은 암석이므로 토양의 성질은 근본적으로 암석과 밀접한 관련이 있다. 한국에는 조정질(粗晶質) 화강암이 널리 분포한다. 따라서 한국의 일반적인 밭 토양은 석영 모래가 섞인 사질 토양으로서 배수가 양호하지만, 척박하고 산성을 띠는 경향이 있다. 편마암으로 된 지역에서는 점토질 토양이 발달해 있는데 이는 미정질(微晶質)의 암석 특성을 반영한 것이다. 편마암 산지를 흔히 토산(土山)으로 부르는 것도 이와 관련이 있다. 강원 남부와 충북 북부에 주로 분포하는 조선누층군의 석회암 지역에는 테라로사라고 하는 붉은색 점토질 토양이 우세하다. 제주도와 울릉도와 같은 화산암 지역에서는 화산회토가 발달한다.

② 기후·식생 조건

한국의 대표적인 토양은 갈색삼림토(갈색토)이다. 이는 여름 기온이 높고 강수량이 풍부한 곳에서 활엽수림과 관련해 형성되는 토양으로서 중부지방과 남부지방에 걸쳐 폭넓게 분포한다. 북부 개마고원 일대에는 기온이 낮고 유기물이 풍부한 환경을 반영해 포드졸 토양이 발달해 있다. 지리학 분야에서 가장 많은 연구가 진행된 것은 적색토인데, 이는 우리나라의 기후가 과거 고온다습했을 때 형성된 고토양(권혁재, 1996)인 것으로 알려져 있다.

③ 지형 조건

하천 양안 범람원에는 하천의 퇴적작용에 의해 충적토양이 발달해 있다. 모래, 실트, 점토 등으로 구성되어 있으나 위치에 따라 그 구성비는 달라진다. 예를 들면, 자연제방 상에는 모래, 점토, 실트 비율이 고른 양토(壤土, loam)가 많으며, 배후습지에는 점토가 주성분인 식토(埴土)가 주를 이룬다. 자연제방에 퇴적된 양토는 배수와 보수력이 좋고 비옥해 채소 재배에 많이 이용된다. 배수가 불량한 배후습지의 식토는 벼농사에 적합하다. 간척 사업이 이루어진 남해안과 서해안 일대에는 염류토(鹽類土)가 존재한다. 이는 각종 염기가 풍부해 염분만 제거하면 매우 비옥한 토양이 된다.

(2) 주요 토양

① 적색토

적색토는 우리가 보통 황토라고 부르는 것이다. 전형적인 적색토의 두께는 1~1.5m(권

고창 일대 구릉지에서 흔히 볼 수 있는 노두이다. 이 일대는 구릉지를 개간해 수박 등을 재배한다.

혁재, 1999)로서, 표토는 적황색, 심토(心土)는 적색 또는 적황색을 띤다. 적색토는 남한 전체를 통해 해발 150m 이하의 경사가 완만한 구릉지의 두꺼운 풍화층 위에 발달되어 있다.

적색토는 주로 편마암이 풍화되어 만들어지며 점토질 성분이 많은 것이 특징이다. 화강암 지역에서는 상대적으로 적색토 발달이 미약한데, 화강암 지역에서 적색토가 발달한 곳은, 화학적 풍화작용이 최종 단계에 이르러 양토를 생성할 수 있는 지역, 즉 사면의 경사가 극히 완만하고 고도가 낮은 지역들로 국한된다. 단 기후가 온화한 남해안에서는 사면의 경사가 보통인 곳에서도 적색토가 나타난다. 화강편마암이 풍화된 적색토는 토층의 구분이 뚜렷하지 않은 것이 특징이다. 유기물과 염기 함량이 극히 적은 반면 규산, 산화철, 산화알루미늄이 풍부하다.

이러한 특징이 있는 적색토는 고온다습한 기후 환경에서 만들어지는 토양으로 인정된다. 한국의 적색토가 현재의 고온다습한 여름 기후에서 만들어진 것인지 아니면 과거 지금보다 더 고온다습한 기후 환경에서 만들어진 것인지에 대해서는 학자들 간에 의견 차이가 있지만, 현재로서는 신생대 3기까지 소급되는 아열대성 습윤기후 환경에서 생성된 '고토양'으로 해석하는 견해가 우세하다.

② 황색의 암설토양

한반도의 일반적인 화강암 지역에서의 대표적인 토양은 황색의 암설(巖屑)토양이다. 이 토양은 한반도 북단에서는 해발고도 약 400m까지, 남부지방에서는 800m 이상에까지 나타나며, 분포 경사의 한계는 50°까지이다. 이 토양들이 분포하는 지역의 특징은 화강암이 10m 깊이까지 화학적으로 풍화되어 있고, 풍화층 내부에는 핵석들이 존재한다는 것이다. 라우텐자흐는 이들을 감자 형태의 풍화잔재물로 표현했다(라우텐자흐, 1998).

③ 테라로사

전통적으로 석회암 지역의 테라로사는 간대토양으로 인정되었지만 최근에는 이를 고토양으로 설명하기도 한다. 이는 과거 고온다습한 기후에서 만들어진 성대토양(권혁재, 1999)으로 보는 관점이다.

● 사진 4-2. 테라로사(강원도 영월군 서면, 2006.6)
선암마을 가는 길의 도로변에서 관찰된다. 주위에는 시멘트 원료인 석회석 채굴광산이 있다.

3) 고토양

(1) 토양에 의한 고기후 복원

토양은 과거의 기후를 복원하는 데 주요한 단서가 된다. 우리나라 곳곳에서 발견되는 적색토는 습윤아열대 지역에서 형성되는 성대성 토양인 적색토와 유사한 것으로 인정되고 있다(강영복, 1973; 강영복, 1978). 토양교질물의 화학적 특성을 보면 각지의 적색토가 매우 유사한 특성을 보이는데, 이는 같은 환경에서 풍화와 토양 생성 과정을 거친 결과로 설명된다. 한반도 중부·남부·서부의 구릉지, 산록면, 그리고 고위단구 등의 평탄면 지형에 존재하는 적색토는 제3기 초 또는 제3기 전반에 형성된 것이며, 이들은 현재의 기후에서 대부분 갈색토화작용을 받고 있는 것(강영복, 1987)으로 알려져 있다.

김제, 정읍 일대 뢰스상 적황색토 연구(박동원, 1985)에서는 유기물 함량의 변화를 중요한 고토양 존재의 지표로 사용했다. 연구자는 유기물 함량이 표층에서 1.62%인데 약 1m 깊이로 들어가면 이는 0.2% 이하로 빈약해진다는 점을 강조했다.

오경섭(1989)은 화강암풍화층에 물리적풍화의 결과인 1차 점토광물과 화학적풍화의 결과인 2차 점토광물(카올리나이트 등)이 높은 비율로 나타난다는 점을 들어, 남한에 널리 분포하는 화강암 풍화층이 화학적풍화와 물리적풍화 모두를 경험했다고 주장했다. 그리고 점토광물의 비중으로 보아 물리적풍화가 더 큰 영향을 주었을 것으로 추정했다. 아울러 유럽의 현재 환경에서 1m 풍화층이 형성되는 데 약 10만 년이 필요하다는 연구 결과를 인용해 우리나라에 현존하는 10~20m의 화강암 풍화층은 제4기 기간 동안 형성되었으며, 특히 토양층에 포함된 카올리나이트는 주로 민델-리스 간빙기에 만들어진 것으로 판단했다.

(2) 단구상의 고토양

남한강 상류 쌍천 유역의 하안단구 토양조사(강영복·박종원, 2000)에서는 고위단구면에 존재하는 고적색토가 확인되었다. 연구자들은 고위단구퇴적물을 모재로 해 발달한 이 고적색토는 점토광물의 특성과 지형면 등의 특징으로 볼 때 적어도 제4기의 민델-리스 간빙기 이전의 온난한 기후 환경에서 만들어진 것으로 판단했다. 특히, 고위단구면(장연·연풍 단구)에서 카올리나이트가 검출된 반면 그 아래쪽 황갈색을 띠는 중위단구면(태성단구)에서는 장석과 백운모가 검출된 사실을 들어 두 단구의 풍화환경이 달랐다는 점이 강조되었다. 카올리나이트는 우리나라 현재의 생물·기후 조건에서는 생성되지 않는 것이다. 이 고적색토는 현재의 기후·생물 조건에서는 보호되고 있는 것으로 알려져 있다.

(3) 뢰스와 고토양

한국지형 연구 초기, 라우텐자흐는 한국 어느 곳에서도 뢰스층을 발견할 수 없는 것으로 보고했다. 그러나 1980년대 이후 조심스럽게 뢰스에 대한 논의가 진행되어 왔다. 박동원(1985)은 김제시 봉산면 진흥리와 정읍시 감곡면 대신리 지역 해발고도 10~20m 사이의 야산에 분포하는 적황색토가 중국의 황토, 일본의 뢰스와 기원이 같은 퇴적물로부터 기인되었다는 점을 밝혔다. 그리고 이를 뢰스상(loess-like) 퇴적층으로 불렀다. 용어 사용에서 주의할 점은 중국에서는 '황토'가 뢰스와 같은 개념으로 사용되지만, 우리나라에서의 황토는 단지 색에 따른 명칭으로서 보통 화강암 풍화토를 가리킨다. 부안 지방에서는 주민들이 화강암 풍화토를 황토, 뢰스 퇴적층을 '노티' 또는 '느티'라고 해 구분하고 있다(박충선, 2006).

오경섭·김남신(1994)은 경기도 연천군 전곡리 일대에서 풍적토를 발견했으나 이는 중국으로부터 이동해 온 것이 아니며, 인근 한강이나 임진강의 범람원에서 기원한 세립물질, 그리고 빙기 당시 건조한 육지로 드러난 황해의 세립물질이 이동된 것으로 추정했다.

그러나 그 뒤로는 전반적으로 우리나라에는 전형적인 뢰스는 관찰되지 않는 것으로 알려지면서 연구의 진전이 없었다. 그러다 2000년대에 들어와 다시 뢰스에 대한 연구가 활발해졌다. 일부에서는 뢰스층의 존재 여부에 대해 회의적인 의견(이선복, 2005)도 있지만, 전반적으로 뢰스의 존재를 인정하는 추세이다. 2000년대 이후 뢰스 연구의 주요 주제 중 하나는 그 기원지에 관한 것으로서, 황토고원 기원, 황해와 주변지역 기원 등 다양한 견해가 제기되어 왔다. 박충선·윤순옥·황상일(2007)은 퇴적물 기원지 연구에 더 객관적인 방법론 도입이 필요하며 그중 하나로 희토류원소(REE: rare earth element) 활용을 제안한다.

뢰스가 퇴적된 시기는 제4기 빙기로 알려져 있다. 최종빙기 동안 아시아 중앙부에서는 카스피해에서 현재 동중국해와 황해 지역까지 여러 개의 소규모 사막으로 이루어진 건조지역, 즉 반원형 사막지대(semicircular desert zone)가 분포했다는 것도 확인되었다(윤순옥·황상일, 2009). 빙기에는 뢰스 퇴적이 우세하지만, 간빙기에는 뢰스 퇴적이 약해

지면서 상대적으로 토양생성작용이 우세해진다. 이에 따라 고토양이 우세하게 발달함으로써 현재 야외에서는 뢰스-고토양이 교대로 연속층을 이루면서 존재(박충선, 2006)하는 것이 보통이다. 한반도의 뢰스-고토양 연속층은 중국에서 기원한 것으로 추정되나, 중국 뢰스-고토양 연속층에 비해 풍화가 더 진전되어 있다는 특징이 있다.

제5장

산지지형

1. 한반도 지형기복

1) 지형기복의 특징

한반도의 평균고도는 433m로 아시아 대륙 평균의 960m보다 낮다. 평균고도를 지질시대별로 보면, 선캄브리아기 지질이 가장 높고 고생대, 중생대, 신생대(제4기 제외)로 갈수록 평균 고도가 낮아진다.

전체적으로 보면 북동부 지역은 높고 험준한 산지지형이, 남서부 지역은 구릉성 산지가 발달해 있는데 그 사이에는 저산성 산지가 폭넓게 분포한다. 위도별로 보면 북위 40° 이북에 2000m 이상의 고산이 분포하며, 그 이남은 저산성 산지로 되어 있다.

한반도에서는 대부분 풍화와 침식에 대한 저항이 큰 기반암으로 된 지역이 높고 험준한 산지나 능선을 이룬다. 그리고 상대적으로 풍화와 침식에 약한 지역은 저지, 분지, 골짜기를 이룬다. 그러나 함경산맥축, 낭림·태백산맥축은 여러 지질 분포지를 가로지르면서 가파른 지형 특색을 나타내고 있어 지질별 차별침식으로 설명이 안 되며, 지반의 융기축으로 설명이 가능하다. 소백산맥은 부분적인 융기와 지질의 차별침식이 합쳐져 이루어진 것(이금삼, 1999)으로 설명된다.

한반도의 암석은 변성암 43%, 퇴적암 19%, 화성암 38%(심성암 28%)로 되어 있다. 암석의 분포를 보면, 지표의 많은 부분을 차지하는 변성암은 선캄브리아기의 암석이다.

● 사진 5-1. 저산성 산지(충남 예산군 삽교읍, 2019.6)
구릉지들은 대부분 농경지로 개간되었거나 주거지로 이용된다.

그리고 화성암의 대부분은 대보화강암, 불국사화강암 등의 심성암이다. 땅속 깊은 곳에서 만들어진 심성암이 지표 위로 노출되어 존재하기 위해서는 지반이 오랫동안 안정된 상태로 침식을 받아 그 위의 지층이 제거되어야 한다. 이 때문에 흔히 한반도를 '오래된 안정육괴'라고 부른다.

2) 저산성 산지

한반도는 70%가 산지지형으로 구성되어 있으나 오랜 기간 동안 안정된 상태에서 침식을 받아왔기 때문에 대체로 저산성 산지로 존재한다. 남서부 평야 지역에는 차별침식에 의한 잔구성 산지가 존재한다.

산지의 특성을 정량적으로 파악하는 가장 기본적인 방법은 기복량을 측정하는 것이다. 이금삼(1999)은 고도생장곡선(원의 면적과 고도 차이, 즉 비고의 비례관계를 이용해 급변점이 나타나는 면적을 방안의 면적으로 결정하는 방법)을 통해, 한반도의 기복량 분석에 5×5km 방안이 적당함을 찾아내고 이를 토대로 기복량을 분석했다. 그 결과, 평균기복량은 486m이며, 구릉지(기복량 100~300m)와 저산성산지(기복량 300~900m)가 각각 약 23%, 70%로 둘을 합하면 약 93%를 차지하는 것으로 밝혀졌다. 평야(기복량 100m 이하)는 약 3%, 고산성산지(기복량 900m 이상)는 약 5%에 지나지 않는다.

평균 경사는 10.4°이며, 제주도가 3.92°로 가장 완만하고 경사가 가장 급한 곳은 평균 경사가 15° 이상인 압록습곡대와 옥천신지향사대로, 이곳은 한반도에서 가장 험준한 지역으로 나타났다. 이는 김옥준(1987)의 방법에 의거해 한반도 지체구조를 18개로 나누어 지형특성을 분석한 결과이다. 18개 지체구조는, 두만분지, 관모봉 지괴, 단천습곡대, 압록습곡대, 낭림지괴, 평남분지, 경기지괴, 옹진분지, 충남함몰지대, 공주함몰지대, 옥천신지향사대, 옥천구지향사대, 태백산지대, 지리산지대, 경상분지, 영동-광주함몰지, 연일분지, 제주 화산섬 등이다.

고도별 면적비는 저고도 지역의 면적비가 높고 높은 고도로 갈수록 크게 낮아진다. 이러한 특징은 한반도가 오랫동안 침식을 받은 결과 침식저지가 넓고, 고지는 침식에 강한 경암 지역이 잔구 형태로 남아 있기 때문(이금삼, 1999)으로 설명된다.

2. 산지지형

1) 지질구조선과 대지형

한반도의 주요 산맥과 하천은 지질구조선의 영향을 가장 많이 받은 지형들이다. 우리나라에서 인정되는 주요 지질구조선은 한국 방향(북북서~남남동), 랴오둥 방향(동북동~서남서), 중국 방향(북북동~남남서) 등 세 가지이다. 이 지질구조선들은 지각변동에 의해 형성된 것으로 랴오둥, 중국 방향의 구조선은 쥐라기 말의 대보조산운동과 관련이 있는 것으로 알려져 있다. 백악기 말부터 신생대 초에 있었던 불국사변동은 한국 방향과 중국 방향의 구조선을 만들었다.

2) 경동성 요곡운동과 산지지형

(1) 경동성 요곡운동과 한반도의 골격 형성

한반도 중부지방의 동서단면을 보면, 태백산맥의 동해 쪽에 치우친 동해사면은 좁고 급하며 서해사면은 넓고 완만한 특징을 보인다. 중부지방의 이와 같은 비대칭적 동서단면은 그 축이 동해 쪽에 치우쳐 있는 요곡융기(僥曲隆起)에 기인한다. 한반도는 중생대 백악기 이래 평탄화되었다가 신생대 제3기 중엽부터 융기하기 시작해 지금의 형태를 갖춘 것으로 알려져 있다.

(2) 산맥

한국의 산지지형을 대표하는 경관은 산맥이다. 한국의 산맥은 성인적 관점에서 구조 현상과 관련된 1차 산맥, 침식작용과 관련된 2차 산맥으로 구분한다.

1차 산맥은 신생대에 있었던 요곡운동과 단층 운동의 결과로 한반도가 융기하면서 만들어진 산맥이다. '동고서저' 혹은 '경동 지형'으로 불리는 한반도 지형 골격이 만들어진 것은 바로 이때이다. 한국 방향(태백산맥)과 랴오둥 방향(함경산맥)을 중심으로 한 경동 지형은 동해 쪽으로 치우친 요곡운동에 따른 결과이다. 태백산맥과 낭림산맥은 한반도의 비대칭적 요곡운동에 의해 만들어진 1차 산맥이다. 방향은 다르지만 태백산맥보다 윤곽이 뚜렷하고 높은 소백산맥(강원도 남부)도 1차 산맥으로 간주한다.

2차 산맥은 1차 산맥에서 갈라진 산맥으로서 1차 산맥 발달 이후 구조선을 따라 진행된 차별침식에 의해 만들어졌다. 2차 산맥 발달에 영향을 준 구조선은 중생대에 있었던 대보조산운동의 결과로 발달했던 랴오둥 방향, 중국 방향의 구조선이다. 이 구조선들은 지각 변동에 의해 땅속의 부분이 약해진 곳으로, 침식이 진행될 경우 이 부분은 쉽게 침식된다. 2차 산맥의 경우, 추가령구조곡을 경계로 북쪽의 랴오둥 방향 산맥과 남쪽의 중국 방향 산맥으로 구분해 온 것은 이 때문이다. 1차 산맥은 융기 중심축에 놓여 있어 연속성이 강하지만, 융기량이 적은 랴오둥·중국 방향 산맥들은 연속성이 약하다.

(3) 고원과 고위평탄면

① 고원

고원은 침식·융기 또는 화산활동의 결과로 발달한다. 개마고원, 태백산지 등에는 800~1000m 되는 곳에 고원지형이 발달해 있다. 침식·융기로 발달한 것은 고위평탄면이라고도 부른다. 화산활동에 의해 만들어진 고원은 용암분출에 의한 용암대지가 대부분이다. 북쪽에는 함경산맥과 태백산맥이 연장된 낭림산맥이 교차하면서 만들어진 교차성 경동 지형(권혁재, 1996)이 존재한다. 이 2개의 경동 지형 사이에 개마고원이 있다. 구릉성 저산지에는 산지 정상부에 소규모의 평탄면이 존재하는 경우가 많은데, 이들은 평정봉

● 사진 5-2. 진안고원(전북 진안·무주·장수군, 2008.5)
마이산 나봉암 전망대에서 바라본 경관이다. 소백산맥과 노령산맥 사이에 있으며 섬진강과 금강의 차별침식에 의해 최종적으로 남게 된 지형으로 알려져 있다.

(平頂峯)이라고 부른다. 이 평정봉들은 지형적으로 외적 방어에 유리해 산성 취락의 입지에 이용되어 왔다.

고원지형은 특히 북한 지역에서 특징적인 경관이다. 백두고원, 백무고원, 개마고원, 풍산고원, 낭림고원, 부전고원, 장진고원, 평강·철원고원 등은 대표적인 북한의 고원지형이다. 남한에서는 진안고원이 대표적이다. 진안고원은 소백~노령산맥 사이에서 섬진강과 금강의 차별침식에 의해 잔존하는 고원이다. 북한에서는 강원도 남부 횡성~원주 일대의 지역을 '영서고원'으로 칭하면서 이를 융기고원으로 소개하고 있다. 또한 남한의 학자들 중에는 대관령 일대를 '횡계고원'으로 부르는 경우도 있으나 일반화되어 있지는 않다.

② 고위평탄면과 저위평탄면

한반도가 융기하기 이전에 만들어진 평탄면들은 현재 태백산지 일대에 부분적으로 존재하는데 이를 고위평탄면이라 부른다. 고위평탄면은 오대산에서 태백산에 걸친 해발 900m 이상의 고도에 기복이 작고 사면의 경사가 완만한 곳에 널리 분포한다. 고위

● 사진 5-3. 고위평탄면을 이용한 대관령 양떼 목장(강원도 평창군, 2016.11)
대관령면 횡계리 일대는 가장 널리 알려진 고위평탄면 지형이다.

평탄면은 태백산맥의 분수계에서 서쪽으로 갈수록 점점 낮아져서 충주 부근에서는 해발 600~700m, 남한산성에서는 해발 400~500m의 고도에 분포하며, 그 면적이 협소해진다.

대하천 상류 지역에는 고위평탄면이 부분적으로 침식되어 만들어진 침식분지가 존재한다. 기반암은 대부분 화강암이면서 주변 산지는 변성암이나 기타 암석으로 되어 있는 것이 보통이다. 고위평탄면은 한반도 전체가 2윤회성 지형(권혁재, 1996)임을 보여주는 것으로 설명되어 왔다.

상대적으로 고도가 낮은 곳에는 저위평탄면이 존재하는데, 이는 고위평탄면이 해체되어 발달한 소기복의 침식 지형이다. 그러나 고위평탄면보다 저위평탄면의 고도가 반드시 낮은 것은 아니다. 즉 고위평탄면으로 알려진 남한산성(450~500m)은 저위평탄면으로 불리는 하진부(540~700m)보다 낮다. 이 같은 혼란을 줄이기 위해 김상호(1980)는 고위평탄면을 고기삭박면, 저위평탄면을 신기삭박면으로 각각 구분해 사용할 것을 주장하기도 했다.

● 사진 5-4. 이천 저위평탄면을 이용한 골프장(경기도 이천시 비에비스타CC, 2018.9)

저위평탄면은 중부 지역에서는 태백산맥 서쪽의 하진부, 여주, 이천, 충주, 김포, 그리고 동쪽 해안의 강릉-주문진 해안에서 잘 관찰되며 서해안에 인접한 남부지방의 화강암 지역에도 넓게 존재한다. 동진강 유역과 만경강 유역 사이의 분수계를 이루고 있는 김제 지방의 구릉지는 저위평탄면의 대표적인 예로 전반적인 고도가 해발 25m 내외에 불과하다.

③ 고위평탄면 개념에 대한 문제 제기

최근에는 발달사적 관점에서 '융기된 평탄지'로 정의된 기존의 고위평탄면 존재에 의문을 제기하고 이 지형들은 지질조건과 지형발달과정의 우연적 요인(contingency)과 관련해 다양한 형태로 발달했을 가능성을 보고한 연구(박수진, 2009a)가 있어 주목된다.

연구자는 이러한 관점에서 성인적 의미가 강한 고위평탄면이라는 용어 대신 형태적 의미의 고원이라는 명칭을 사용하는 것이 적절함을 강조하고, 용암고원, 화강암고원, 비화강암 고원 등 세 가지 유형으로 그 성인을 설명하고 있다.

연구자는 이러한 주장을 뒷받침하는 근거의 하나로 삼척 육백산(1241m)을 예로 들고 있다. 육백산 평탄면은 제3기에 형성되어 현재까지 남아 있는 것으로 설명되어 왔지만, 토양 내 고지자기를 분석한 결과 그 형성 시기는 73만 년 이후로 추정되었다(박수진, 2009에서 재인용)는 것이다.

이에 대해서는 앞으로 충분한 연구와 토론이 있어야 할 것으로 생각된다.

3) 암석과 산지 경관

한국의 산을 대표하는 것은 설악산, 지리산, 한라산이다. 세 산지는 해발고도가 비슷하면서 그 형태는 개성이 강해 각자 독특한 모양새를 하고 있는데, 이는 산지의 기반이 되는 암석의 특징을 반영한 결과이다.

한반도의 기반암은 선캄브리아기의 변성퇴적암인 편마암이며 중생대 이후 이를 뚫고 관입된 것이 화강암이다. 이 두 가지 암석은 한반도 지형의 기초를 이루고 있고 산지의 대표적 지질구조로 인식되고 있다.

흔히 한국의 일반적 산지 특성을 말할 때 자주 언급하는 것이 바로 화강암과 관련된 암산(돌산)과 편마암과 관련된 토산(흙산)이다. 단, 이 용어는 다소 오해의 소지가 있어 사용하는 데 신중을 기해야 한다. 산 자체가 돌 혹은 흙으로 되어 있다는 뜻이 아니라 겉으로 드러난 표피적인 경관 특징을 두고 붙인 이름이기 때문이다.

한라산은 현무암 용암이 흐르면서 발달한 것으로 완만하게 이어지는 경사면이 특징인 경관이다.

① 화강암지대의 암산

설악산은 화강암 산지의 대표적 예이다. 화강암 산지의 특징을 표현하는 단어는 심층풍화와 암석 산지이다. 태생적으로 땅속에서 형성되고 다양한 절리구조를 갖는 화강암은 상당히 깊은 곳까지 심층풍화가 진행되며 풍화되지 않은 기반암과 풍화층과의 경계가 뚜렷한 것이 특징이다. 이러한 화강암지대가 융기하거나 해수면이 저하되면 두꺼운 풍화층이 제거되고 기반암이 그대로 노출되어 암산을 이루게 된다. 일단 노출된 화강암은 편마암과는 달리 상대적으로 기계적인 풍화에는 강하고 상대적으로 화학적풍화 속도도 느려져 오랫동안 기반암이 노출된 상태를 유지하게 된다. 이것이 바로 우리가 볼 수 있는 암산인 것이다.

② 편마암지대의 토산

지리산은 편마암 산지의 대표적 예이다. 편마암은 지표의 지화학적 풍화작용에 약한 염기성 광물의 함량이 높고 수평층리와 연계된 절리밀도가 높은 편이어서 화강암과는 달리 지표상에서 쉽게 풍화된다. 또한 편마암은 화강암에 비해 기계적풍화에 약하다는 특징이 있다. 그러나 풍화가 일정한 깊이까지 진전되면 이때 생성된 많은 미립물질이 토양수의 침투를 막기 때문에 심층풍화는 일어나지 않는다. 편마암은 화강암에 비해 암석의 특성상 점토물질이 많이 함유되어 있다. 지역에 따라 다르지만 편마암 산지를 덮고 있는 풍화층과 토양의 두께는 약 0.5~2m이며 결국 그 아래에는 여전히 풍화되지 않은 기반암이 존재한다. 이러한 특징 때문에 겉으로 보기에 흙산이지만 이 산지들은 쉽게 해체되지 않고 거대한 산지로 남게 되는 것이다(강대균, 2015).

● 사진 5-5. 지리산 정령치 일대 토산 경관(전북 남원시, 2019.5)

3. 산맥의 명칭에 관한 논의

1) 논의의 초점

현재 지리학계에서 사용하는 한반도 산맥지도는 척량산맥인 태백산맥과 낭림산맥에서 여러 산맥이 서해안까지 뻗어나가고, 낭림산맥과 교차하는 함경산맥을 마천령산맥이 가로지르는 것으로 되어 있다. 그런데 수년 전 이 산맥지도가 '산경표'와 '백두대간' 지지론자들에게서 크게 비판을 받아 논란이 된 적이 있다. 주장의 핵심은 현재의 산맥지도가 '산경표의 산줄기'만큼 국토를 이해하는 데 도움을 주지 못한다는 점이다.

그러나 이러한 논쟁은 산맥과 산줄기 개념의 오해로부터 시작된 것(권혁재, 2000)이다. 지질학과 지리학에서 일반적으로 의미하는 산맥은 지반운동 또는 지질구조와 관련해 직선으로 길게 형성된 산지를 가리킨다. 이에 대해 산경표에서의 산줄기는 크고 작은 하천의 유역분지를 가르는 분수계이다.

산경표에는 큰 강(한강, 낙동강, 금강, 섬진강, 임진강, 대동강, 청천강, 압록강, 두만강 등)의 유역분지를 나누는 산줄기가 1개씩의 대간, 정간, 그리고 13개의 정맥으로 지정되어 있다. 그리고 이 산줄기들에서 뻗어나간 가지는 별도의 명칭 없이 산이름, 고개이름 등이 지명만으로 표시되어 있다.

'산경표 지지론자'들이 현행 산맥체계를 부정하는 이유 중 하나는 산맥 중에는 하천에 의해 절단된 부분이 많다는 점이다. 그러나 지형학적으로는 산맥이 하천에 의해 얼마든지 절단될 수 있다. 즉 지반이 융기하면서 산지가 만들어질 때 선행하천이 있으면 이 하천은 산맥을 가로지를 수 있게 된다. 하천에 의해 절단되어 있어도 같은 방향의 융기축에 의해 형성된 산맥은 지형학적으로 연속된 산맥으로 명명한다. 남한강이 차령산맥을 관통하는 것도 이러한 이유 때문이다. 조화룡(2003)은 북아메리카의 캐스케이드산맥과 해안산맥의 경우 그 한가운데를 가르며 콜롬비아강이 지나가고 있다는 것을 그 예로 들고 있다.

2) 산맥에 대한 비판의 근원

한국의 산맥에 대한 연구는 20세기 초 일본 지질학자 고토 분지로(1903)가 처음으로 시도했다. 그리고 1904년 야즈 쇼에이(矢津昌永, 일본), 1930년 나카무라(일본), 1945년 라우텐자흐(독일), 1976년 다테이와(일본), 1977년 김상호(한국), 1980년 권혁재(한국) 등의 연구가 이어졌다. 이러한 과정에서 한국의 산맥은 다양하게 표현되어 왔다.

결론적으로 말하자면 현재 우리 지리교과서에 실린 산맥의 개념도는 초기 연구자인 고토 분지로의 개념이 많이 반영되기는 했지만, 그 틀은 크게 달라졌으며 교육적 목적으로 극히 간략화된 것(권혁재, 2000)이다.

(1) 고토 분지로의 산맥 구분

고토 분지로는 한반도 산지에 지질학적인 체계를 부여하기 위해 단층과 습곡구조에 의해 형성된 것으로 추정되는 산맥을 다수 설정해 방향별로 이를 분류하고 이름을 붙였다. 고토 분지로는 서울-원산 간의 골짜기를 '추가령지구대'라 명명하고 이를 기준으로 한반도의 지질구조가 남북으로 구분된다고 주장했다. 그 내용을 요약하면 다음과 같다.

① 추가령지구대 이남의 차령산맥과 노령산맥은 편마암과 화강암의 기반이 고생대의 습곡운동에 의해 형성된 것들로서 침식을 받아 크게 낮아졌으며, 중국 화남지방 습곡대의 연장선에 있다.

② 추가령지구대 이북의 강남, 적유령, 묘향산맥은 고생대 또는 그보다 약간 늦게 습곡과 단층에 의해 형성된 것들로서 지질구조가 랴오둥반도와 같다.

③ 태백산맥과 여기서 갈라져 나간 소백산맥은 고생대 이후의 대단층운동에 의해 형성되어 산세가 험준하다.

(2) 불합리한 현행 산맥의 설정

태백산맥에서 뻗어 내린 차령·노령·광주산맥은 고토 분지로나 그 밖의 일본 지질학자들이 주장한 것과는 달리 단층 또는 습곡에 의해 독립적으로 형성된 것이 아니다. 이 산맥들은 줄기가 불분명하며 구간에 따라서는 지리학자들조차 지나치기 쉬울 뿐만 아니라 확인하기가 어렵다. 낭림산맥에서 뻗어 내린 산맥들도 마찬가지이다.

산맥지도는 산지의 분포를 보여주는 것인데 척량산맥 서쪽에는 이 산맥들과 관계없이 분포하는 산지가 오히려 더 많다. 지리교과서의 산맥지도는 이러한 면에서도 실제 내용을 제대로 전달하지 못하는 문제점이 있다.

3) 산맥과 백두대간의 상호보완적 활용

산맥은 지질구조, 지반운동과 같은 구조 현상과 관련해 형성된 산지이며, 분수계는 단순히 두 하천 사이에 존재하는 산줄기(권혁재, 2000)로서 그 개념이 근본적으로 다르다. 명칭의 경우에도 산맥은 성인이 같은 산지에 산맥의 이름을 각각 붙이는데, 백두대간은 성질이 다른 산맥을 단순히 연결해 놓고 산맥의 이름을 부여하고 있다. 따라서 현행 산맥도를 백두대간(산경표)의 산줄기 개념으로 대체할 수는 없다. 이러한 관점에서 보면 서로 다른 두 개념을 적절히 활용하는 것이 지리교육, 국토의 이해 차원에서 바람직하다고 할 수 있다.

4) 산맥 체계의 개선

문제점이 지적된 현행 산맥도 자체도 개선해야 할 필요가 있다. 지형학자들 사이에서는 몇 가지 개선 방안이 구체적으로 제시되고 있고, 이를 바탕으로 앞으로 더 현실적이고 합리적인 산맥체계가 만들어질 것으로 기대된다.

(1) 지세도의 활용

중·고등학교 교과서에 실린 '등뼈'와 '갈비뼈' 모양의 극히 간략화된 산맥도는 학생들에게 오히려 오해를 줄 수도 있으므로 아예 갈비뼈(중국 방향, 랴오둥 방향 산맥) 대신 하천을 그려 넣은 '지세도'(권혁재, 2000)를 활용하는 것도 대안이 될 수 있다.

(2) 성인에 의한 산맥 구분

권혁재(1996)가 구분한 1차 산맥(융기산맥)과 2차 산맥(침식산맥)의 개념을 기본으로 한 다음, 이를 다시 융기산맥, 단층산맥, 습곡산맥, 분수계형 침식산맥(하천의 분수계를 이루는 봉우리들이 대상으로 연결된 산맥), 침식면형 침식산맥(하천의 침식으로 남은 봉우리들이 대상으로 연결된 산맥) 등 5개의 산맥으로 세분화하는 방안도 제시되었다(박수진·손일, 2005a).

● 그림 5-1. 한반도의 지세도

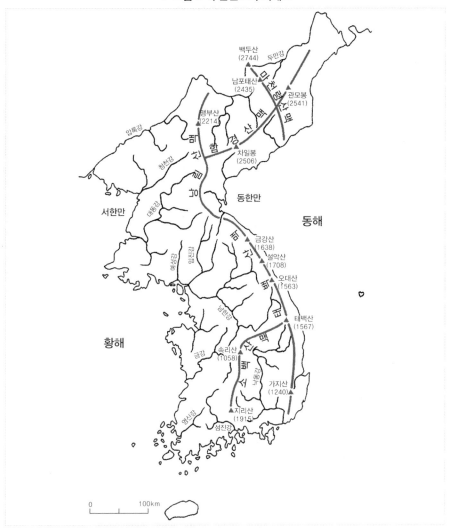

백두산
(2744)
두만강
남포태산
(2435)
관모봉
(2541)
맹부산
(2214)
압록강
청천강
차일봉
(2506)
함
경
산
맥
마
천
령
산
맥
낭
림
산
맥
서한만
대동강
동한만
동해
예성강
임진강
금강산
(1638)
설악산
(1708)
오대산
(1563)
태
백
산
맥
한강
남한강
태백산
(1567)
황해
금강
속리산
(1058)
소
백
산
맥
가지산
(1240)
지리산
(1915)
영산강
섬진강
낙동강

0   100km

자료: 권혁재(2000).

(3) 산줄기 지도

박수진·손일(2005b)은 한국의 전통적인 인식체계를 더 과학적으로 재해석해 한반도 산지 분포를 연속적으로 파악하고자 하는 목적으로 '산줄기 지도'를 만들어 제안했다. 이는 산줄기를 1차, 2차, 3차 등으로 구분하는 것으로서, 유역 면적 5000km² 이상 되는

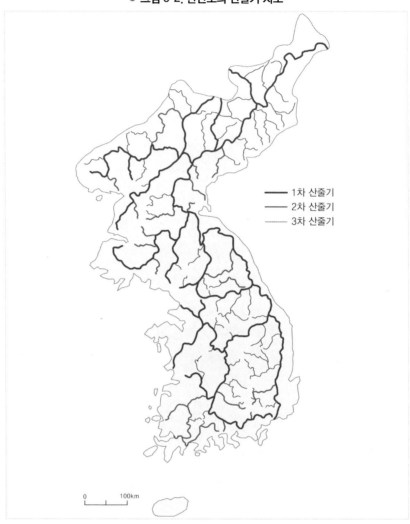

1차 산줄기
2차 산줄기
3차 산줄기

0   100km

자료: 박수진·손일(2005b) 참고, 저자 수정.

유역분지의 분수계 중에서 고도 100m 이상인 지점을 연결한 선을 1차로 규정하고, 다음 차수의 산줄기는 기준 유역 면적을 차수마다 반분해 산줄기를 그려나가는 방식을 택한 것이다.

(4) 산지차수구분법의 이용

야마다 슈지(山田周二)의 '산지차수구분법'(1999; 2001)에 의해 한국(남한)의 산지를 구분한 연구(김추홍·손일, 2010)도 주목할 만하다. 이는 산지를 기하학적인 형태와 근사한 지형으로 표현할 수 있는 정량적 방법 중 하나이다. 이 방법의 기본 원리는 폐쇄된 등고선으로 산지를 계층적으로 구분하는 것으로, 등고선이 산지 차수 간의 경계가 된다. 즉, 등고선이 하나 이상 지나는 독립 봉우리의 최저 등고선까지가 1차수 산지가 되고 이러한 1차수 산지(봉우리)가 2개 이상 포함된 산지가 2차수 산지가 된다. 2차수 산지 이상의 개념은 스트랄러의 하천차수 구분법과 같다. 결국 어떤 지역의 최대차수 산지의 최저경계는 해안선이 된다.

김추홍·손일(2010)은 이러한 산지차수에 따른 산지구분이 산지의 정량적 해석은 물론이고, 산지의 구조를 이해하는 데 도움이 되는 것으로 밝히고 있다. 산지차수는 산지의 규모와 복잡성을 반영하기 때문에 산지차수가 크면 클수록 다양한 지형경관이 나타날 가능성이 높다. 연구자는 한국(남한)의 산지 중 최고산지 차수는 5차수로서 설악·태백산지, 지리·덕유산지, 영남알프스산지 등 세 곳이 여기에 해당된다고 밝히고 있다. 이 5차수 산지들은 한반도 융기축과 관련이 있으며, 4차수와 3차수 산지는 현재 2차 산맥이라고 부르는 산지의 방향(북동-남서)과 거의 일치하는 것으로 알려졌다.

● **그림 5-3. 산지차수구분법**

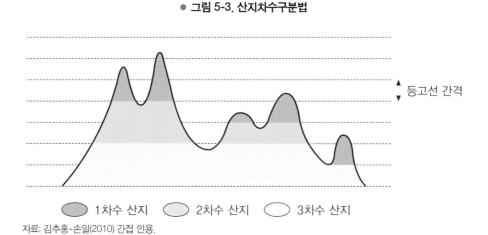

자료: 김추홍·손일(2010) 간접 인용.

제6장

하천지형

1. 하천의 특징과 하도의 형태

1) 하천의 특징

우리나라 6대 하천(길이가 4000km 이상인 압록강, 두만강, 한강, 낙동강, 대동강, 금강) 중 두만강을 제외한 하천들은 서해와 남해로 흘러든다. 서해안은 세계적으로 조차가 큰 해안으로서 특히 서해로 흘러드는 하천은 조석의 영향을 많이 받는다. 큰 강은 길이에 비해 발원지의 고도가 높기 때문에 전반적으로 구배가 급한 편이다. 그러나 국지적으로 지질구조에 따라 하상 경사의 차이가 나타나기도 한다. 남한강 상류 하천의 경우, 선캄브리아기 변성암 복합체 유역은 하상경사가 급한 반면, 조선계 석회암류로 된 유역은 상대적으로 완만(성춘자, 1995)한 것이 특징이다.

하천의 대부분, 특히 한강·낙동강·금강 등 우리나라의 대하천들은 하구까지 구릉지가 하천 양안에 인접해 있어 하곡과 하도의 길이가 비슷한 직류하천(권혁재, 1996; 1999)의 성격을 띤다. 그러나 감입곡류 구간이 많은 중상류 지역에서는 직선거리에 비해 유로연장이 길다.

한국 하천은 큰 강이라도 산지를 뚫고 나가는 구간이 많은 산지하천을 특징으로 한다. 이들은 하류까지 분지나 곡저평야를 이루는 넓은 하곡과 산줄기를 빠져나가는 협곡이 반복되고 있으며, 협곡 내부를 흐르는 유로는 심한 굴곡을 이루는 경우가 많다(조헌,

● 사진 6-1. 직류하천의 성격을 지니는 한강(경기도 가평군, 1993.5)
가평에서 춘천으로 이어지는 북한강 구간으로서 46번 국도가 이곳을 지난다.

2009). 하천의 굴곡도는 암석분포와도 밀접한 관련이 있어 퇴적암 하곡에서 가장 심하며 편마암, 화강암과 화강암질편마암 순서로 완만해진다.

산지 하천은 곡률반경의 정도와 빈도로 설명되는 곡률변화율이 자유곡류하천보다 높다. 곡률변화율이란 약 30m 거리를 기준으로 몇 도(degree) 변화했는지를 측정하고 이들을 총거리로 나눈 개념으로, 하곡길이에 대해 하도 길이의 비를 의미하는 '하천곡률도'와는 다른 개념이다. 한국 하천은 산지하천 비중이 높아 하도와 하곡이 구분되지 않는 경우가 많다. 따라서 하천은 심하게 곡류하지만, 곡률도는 1이 되는 경우가 있으므로 한국 하천은 곡률 변화율의 개념으로 파악하는 것이 적절하다(조헌, 2009).

2) 하도의 형태

(1) 곡류하천과 구하도

대하천 하류로 흘러드는 대부분의 지류는 지금은 직강공사로 직선화되었지만, 과거에는 전형적인 곡류하천이었다. 한강 하류의 중랑천, 안양천, 굴포천 등이 대표적인 예인데,

● 사진 6-2. 감입곡류와 관련된 구하도(강원도 영월군 영월읍 방절리, 2019.8)
현재 구하도에는 습지공원이 조성되어 있다.

● 사진 6-3. 자유곡류와 관련된 우각호(전북 익산시 석탄동, 2017.5)
만경강 하류 지역으로서 인공적인 직강공사가 진행되면서 만들어진 우각호이다.

● 사진 6-4. 곡류하천과 포인트바(경북 안동시 하회마을, 2019.8)

이 지류들의 하류에는 하도의 크기에 비해 상당히 넓은 범람원이 형성되어 있다. 만경강이나 동진강과 같이 해안충적평야를 관류하는 하천도 과거에는 곡류하천이었으나, 직강공사로 인해 직류하천 형태로 변했다. 직강공사는 일제강점기부터 수해를 줄이려고 제방의 축조와 함께 추진해 왔다.

  곡류하천에서 빠른 속도로 유수가 흐르면서 부딪히는 하안은 침식작용이 우세해 급사면이 형성되고 그 맞은편에는 유속이 느려지면서 퇴적작용이 우세해 모래나 자갈이 퇴적된다. 이때 전자를 공격사면, 후자를 보호사면 또는 포인트바라고 한다. 산지가 많은 우리나라에서 평탄한 포인트바 지역은 취락입지에 매우 유리한 조건이 되고 있다.

  구하도는 과거의 하천이 곡류를 하면서 잘린 부분이 남아 있는 지형으로서, 감입곡

● 사진 6-5. 토계리 구하도(충북 충주시,2019.7, 좌)
사진 아래 가운데 곡류목 절단부로 오가천이 빠져나가면서 왼쪽 토계리 구간은 구하도로 남게 되었다. 절단부에
는 팔봉폭포가 형성되어 있다.

● 사진 6-6. 원촌리 구하도(충북 영동군, 2020.1, 우)

류에 의한 것은 산간지대에, 자유곡류에 의한 것은 평야지대에 발달해 있다. 감입곡류
에 의해 만들어진 대표적인 구하도 구간으로 알려진 곳은 강원도 영월군 영월읍 방절
리, 충북 영동군 황간면 원촌리 등이다. 방절리 구하도는 남한강 상류인 서강이 흐르면
서 만들어놓은 것이다. 서강은 평창강이 흘러내려 오다가 영월에서 달리 부르는 이름이
며 이 서강은 동강과 만나 남한강이 되어 흘러간다. 원촌리 구하도는 남강의 상류인 초
강천이 흐르면서 만든 것이다. 구하도의 해발고도는 160m로서 현재 하상보다 약 10m
높은 곳에 위치한다(손일, 2011b).

　　자유곡류와 관련된 구하도들은 우리나라 서부 평야 지역을 흐르는 하천과 관련이 깊
다. 그러나 이곳은 예부터 경지 확장을 위해 개간되어 자연상태의 구하도 등을 관찰하
기 어렵다. 대표적인 자유곡류천이던 만경강의 경우 일제강점기 때 경지정리를 위해 직
강공사가 진행되면서 인공적인 유로 절단으로 구하도가 만들어진 경우도 있다. 경관이
많이 손상되었지만 구하도 윤곽은 여전히 잘 나타난다.

　　드물게 감입곡류하도에서도 인위적인 곡류절단에 의해 구하도가 만들어지는 경우가
있는데, 충주 토계리 구하도가 좋은 예이다. 1960년대 이 일대 농경지 확보를 위해 달천으
로 흘러드는 오가천 곡류하도의 곡류목을 절단했고 이로써 구하도가 형성되었다. 절단 곡

● 사진 6-7. 장천리 구하도(충북 충주시 중앙탑면, 2019.7)
하중도 분류에 의해 형성된 것으로 알려져 있다. 사진에서는 잘 보이지 않지만 남한강 본류가 사진 오른쪽으로 흐르고 있다.

류목에는 팔봉폭포가 형성되어 있다.

그 밖에 측방침식에 의한 곡류절단뿐만 아니라 하천쟁탈(태백 구문소 구하도), 하중도에 의한 하천의 분류(충주 장천리 구하도) 등에 의해서 만들어진 구하도도 존재한다(이광률, 2012).

(2) 망류하천

망류하천 구간이 나타나는 곳은 압록강이나 낙동강과 같은 대하천의 하류이다. 압록강이나 낙동강의 삼각주지대에서는 하천이 분류(分流)로 둘러싸인 많은 하중도 일대를 지나면서 망류를 하게 된다. 그러나 최근 댐과 제방을 쌓은 뒤로는 자연상태의 전형적인 망류하천은 찾아보기 어려워졌다.

(3) 천정천

우리나라의 천정천은 일반적으로 규모가 작으며 산지나 구릉지에 인접해 발달한 정

● 사진 6-8. 천정천(경기도 화성군 서산면 궁평리, 1985.12)

도이다. 그리고 비가 올 때만 흐르는 경우가 많아 전형적인 하천이라고 하기는 어렵다.

(4) 감조하천

서해로 유입하는 우리나라의 하천 중에는 수위가 매일 규칙적으로 오르내리는 감조하천이 많다. 하구 둑이 없던 과거에 금강에서는 부여 부근까지, 낙동강에서는 삼랑진까지 강물이 역류했다. 한강에서는 김포에 수중보가 건설된 이후에도 난지도 상류까지 역류 현상이 일어난다.

(5) 감입곡류하천

한반도 하천지형에서 가장 많이 논의되고 있는 것 중 하나가 감입곡류하천이다. 한강, 금강, 낙동강의 중상류에서는 전형적인 감입곡류 하도를 관찰할 수 있는데, 장재훈(2002)은 우리나라 감입곡류하천의 성인을, 자유곡류를 계승한 곡류, 지질구조(절리)를 반영해 흐르던 하천이 변형된 곡류, 하방과 측방침식이 동시에 진행되는 곡류 등 세 가지로 분류하고 있다.

① 자유곡류를 계승한 곡류

이는 요곡운동과 하방침식을 강조한 것으로 가장 전통적으로 사용해 온 개념이다. 감입곡류라는 용어도 이러한 개념에서 사용된 것이다. 즉 감입곡류하도는 전체적으로 침식을 받아 평탄해진 한반도가 요곡융기했다는 것을 보여주는 증거의 하나로 채택되어 왔다.

고바야시 데이이치(小林貞一, 1931)는 감입곡류를 통해 '태백산맥을 축으로 한 비대칭적 요곡운동'을 설명했다. 김상호(1980)는 이 요곡운동을 '현재 지형을 규정한 지각운동'이라는 뜻으로 '네오텍토닉(neotectonic)'으로 불렀다. 삼척의 오십천과 가곡천, 울진의 불영천과 왕피천, 양양의 남대천 등 동해사면을 흘러내리는 감입곡류하천들은 요곡융기의 결과로 만들어진 예로서 제시되어 왔다.

그 뒤 송언근·조화룡(1989)은 감입곡류하천의 분포적 특성을 통해 태백산맥과 함께

● 사진 6-9. 길안천 감입곡류하도(경북 청송군 안덕면 신성리, 2017.8)
청송의 대표적 관광지 중 한 곳으로 방호정 곡류하도로 알려진 곳이다.

소백산맥도 비대칭적 요곡운동의 또 다른 축이었음을 밝혔다.

② 지질구조(절리)를 반영해 흐르던 하천이 변형된 곡류

자유곡류를 계승하지 않고 지질조건을 반영해 발달한 감입곡류를 말한다. 많은 연구자들은 자유곡류의 패턴을 계승하지 않고도 지질구조와 지반융기에 의해 감입곡류가 형성됨을 강조하고 있다. 그러나 성춘자(1995)는 감입곡류에서의 절리구조 영향을 강조하면서도, 조선계 석회암류 유역에서는 유역 내 선구조나 절리구조와는 무관하게 심한 곡류하도가 만들어졌다는 것을 밝혀, 하도 발달이 그리 단순하지 않다는 것을 설명하고 있다.

이광률·윤순옥(2004)은 태백산지에서도 융기량이 많은 곳이 적은 곳보다 감입곡류의 곡류절단면이 많이 분포하고, 단층선이 지나거나 단층선이 직교하는 하천에서 곡류절단이 우세하게 나타난다고 보고했다. 이러한 개념의 곡류하도는 'fracture guided meander stream'(박희두, 1996), '단열곡류'(오경섭·양재혁·조헌, 2006) 등으로 불리고 있는데, 그 용어에 대해서는 충분한 논의가 있어야 할 것이다.

● 사진 6-10. 생육곡류하천인 황지천의 곡류절단과 구하도(강원도 태백시 구문소동, 2016.11, 좌)
사진 오른쪽에 위치한 구문소에서 현재 곡류절단이 진행되고 있다.

● 사진 6-11. 황지천의 구문소 자연교(강원도 태백시 구문소, 2016.11, 우)
황지천은 더 이상 기존 하도로 물이 흐르지 못하고 구문소 터널을 통해 하류의 철암천과 합류하고 있다.

③ 하방과 측방침식이 동시에 진행되는 곡류

자유곡류하천을 계승한 감입곡류 개념에서는 하방침식이 강조되어 유로변경이나 곡류절단은 보통 일어나지 않는다. 그러나 실제로 우리나라의 많은 감입곡류하천에서는 자유곡류하천에서 곡류절단과 유로변동 때문에 우각호나 미앤더 핵(meander core)이 형성되는 것과 유사한 현상이 보편적으로 관찰된다. 이들은 생육곡류하천으로 표현되고 있다.

경기·강원지역 연구(이광률·윤순옥, 2004)에서는 감입곡류하천에서의 곡류절단이 제4기 동안 반복적으로 나타났고, 특히 빙기와 간빙기 사이의 기후변동기에 집중적으로 진행된 것으로 보고된 바 있다.

영월 방절리의 구하도와 미앤더 핵, 그리고 태백시 구문소동의 자연교(natural bridge)는 생육곡류의 전형적인 예이다. 미앤더의 목이 절단되면 미앤더 핵이 만들어지는 것이 보통이다. 그러나 절단 과정에서 기반암의 하부가 더 강하게 침식을 받게 되면 그 부분으로 터널이 형성되면서 자연교가 만들어진다. 구문소가 그 대표적인 예이다.

2. 하천의 침식과 퇴적

1) 상류 지역의 침식지형

(1) 포트홀

포트홀(Pot hole)은 암반상(巖盤床)에 유수의 침식에 의해 발달한 원형 혹은 타원형의 구멍으로서 우리말로는 돌개구멍이라고 한다. 일반적으로 포트홀이라고 하면 하천에 발달한 것을 말하며, 해안의 파식대 등지에 형성된 것은 마린 포트홀(marine pot hole)이라고 해 구분한다.

하천의 상류는 유속이 빠르고 그 에너지가 상당히 크기 때문에 크고 작은 자갈이 하천 바닥의 바위를 마모시키면서 여러 형태의 구멍이 만들어진다. 일단 작은 구멍이 만들어지면 여기에 들어간 자갈은 와동류(渦動流, spiral circuit)에 의해 반복적인 회전운동을 하면서 계속 마모작용을 하게 되고, 포트홀은 커다란 항아리 모양으로 파이게 된다.

● 사진 6-12. 퍼로형 포트홀(울산광역시 울주군 삼남면 교동리 작천정계곡, 2019.3)
작천정을 관통하는 작괘천 하상은 화강암 암반이 넓게 노출되어 있어 여름철 물놀이로 인기가 있는 장소이다. 이곳 암반에는 다양한 형태의 포트홀이 집단적으로 형성되어 있는데 그중에서도 마치 거대한 욕조 형태를 하고 있는 퍼로형 포트홀이 인상적이다.

경기도 가평천에 가면 '항아리 바위'가 있는데 이는 전형적인 포트홀이 수십 개 발달한 암반하상을 가리킨다.

원통이나 단지 모양이 대부분인 포트홀은 사암이나 화강암 등 등질성(等質性)의 단단한 암석의 경우에 잘 발달한다. 구멍의 직경은 수 cm~수 m로 다양하다. 유수의 에너지가 크고 하각작용이 활발한 급류의 하상에서 전형적으로 볼 수 있다. 암석 하상에 포트홀이 집중적으로 발달할 경우 암석하상을 파괴해 점차 낮아지게 하는 결정적인 역할을 한다.

우리나라 산지하천에서 포트홀은 주요한 지형경관인데도 연구 사례는 많지 않다. 초기 연구자인 이호재(1985)는 포트홀을 몇 가지 유형으로 구분하고, 이들은 독립형 → 결합형 → 하도형 → 도형(島型) 순서로 발전해 가며 윤회적 경향을 보인다고 했다. 즉 이 윤회적 진행 과정들을 통해 암석하상이 파괴되고 평탄화된다는 것이다. 포트홀에 영향을 주는 인자는 유속과 절리 등인데, 절리는 포트홀을 형성시키기도 하지만 포트홀을 파괴시키는 인자이기도 하다.

● 사진 6-13. 폭호의 성격을 지닌 포트홀(경남 밀양시 산내면 삼양리 호박소계곡, 2019.3)
현지에서는 시례호박소로 불리는 경관이다.

하천의 암석 하상에 발달하는 대표적인 지형이 포트홀이다. 그러나 최근의 연구에서는 더 세분화된 하천침식미지형들이 보고되고 있어 흥미를 끌고 있다. 그 대표적인 예가 퍼로(furrows)와 플루트(flute), 러늘(runnel), 카비토(cavetto) 등이다(김종연, 2011). 이 네 지형 중 가장 많이 알려져 있고 또 이들을 대표할 만한 개념은 퍼로이다. 보통의 포트홀 연구에서는 이를 '퍼로형 포트홀'로 취급하기도 한다(이광률·김대식·김창환, 2012). 그러나 보통의 포토홀이 회전성 와류에 의해 발달한 것인 반면, 퍼로 등은 유수성 와류에 의해 만들어지는 것(김종연, 2011)으로 알려져 있어 포트홀과는 별개의 미지형으로 취급하는 것이 바람직할 것으로 보인다. 퍼로, 플루트, 러넬 등은 약간의 차이는 있지만 모두 암석하상에 길게 파인 와지이다. 플루트는 퍼로의 한 유형이고 런넬은 이들과는 조금 다른 형태인 관통형 암석 고랑을 말한다. 카비토는 와지가 길게 연속되어 있는 형태이다.

하천침식미지형을 취급할 때 고려해야 할 점은 이 지형들이 직간접적으로 풍화작용과도 연계되어 있다는 점이다. 풍화지형이 침식지형으로 바뀐 경우도 있고 반대로 침식지형이 하상변화로 인해 풍화지형으로 전이된 경우도 있을 수 있다. 현장에서 보이는 와지 중에는 이것이 나마인지, 포트홀인지 얼핏 구분하기 어려운 경우가 적지 않다. 또한 폭포에 의한 폭호와 포트홀도 구별이 잘되지 않는 경관이다.

(2) 폭포와 폭호

① 폭포

하천침식작용과 관련된 대표적 경관 중 하나가 폭포이다. 폭포는 차별침식, 하도변위, 파식과 해수면 변화 등에 의해 형성되는 것으로 알려졌다. 남한을 대상으로 한 지형도 분석(정수호, 2018)에 따르면, 우리나라 폭포는 대부분 암석하상이 잘 나타나는 급경사의 산지하천에 집중되어 있는 것으로 알려져 있다. 이 폭포들은 단층이나 습곡 같은 대규모 조산운동보다는 주로 암질의 특성 등을 반영한 차별침식에 의해 형성된 것으로 분석되었다. 폭포의 높이는 대부분 20m 이내로 소규모인 것으로 나타났는데 이는 이러한 사실을 뒷받침하는 증거의 하나로 볼 수 있다(Hess, 2011).

● 표 6-1. 한반도에 발달한 폭포의 성인

구분		대표 사례
차별침식	기반암 저항성	• 울릉 봉래폭포 • 청송 달기폭포 • 합천 황계폭포
	지질구조(절리) 특성	• 봉화 관창폭포 • 철원 직탕폭포
하도변위	감입곡류절단	• 울진 불영폭포 • 영덕 용추폭포 • 양구 직연폭포 • 울진 광품폭포
	하천쟁탈	• 남원 구룡폭포 • 태백 삼형제폭포
	인위적 하도절단	충주 팔봉폭포
	용암댐	철원 재인폭포
파식과 해수면 변화		제주 정방폭포

자료: 박경·김지영(2014), 손일(2011a), 이광률(2013; 2015), 정수호(2018), 저자 수정.

● 사진 6-14. 기반암 특성을 반영한 봉래폭포(경북 울릉군, 2012.11, 좌)
봉래폭포는 3단 폭포인데 1단은 조면암(상단부)과 라필리응회암(하단부), 2~3단은 조면암질 집괴암으로 되어 있다.

● 사진 6-15. 감입곡류절단에 의해 형성된 용추폭포(경북 영덕군 지품면 신안리, 2019.3, 우)
사진 왼쪽으로 구하도가 보이고 오른쪽 곡류절단부에 용추폭포가 형성되어 있다.

● 사진 6-16. 하천쟁탈이 일어난 운봉고원(전북 남원시 운봉읍, 2019.3, 좌)
운봉고원을 분수계로 해 각각 낙동강과 섬진강으로 흐르던 두 하천(주천천, 원천천)이 만나 하천쟁탈을 일으켰고 물을 빼앗은 주천면 덕치리 원천천 쪽 협곡지대에 구룡폭포가 형성되었다. 구룡폭포는 사진 아래 가운데쯤 형성되어 있다.

● 사진 6-17. 오십천 상류의 통리협곡과 미인폭포(강원도 삼척시 도계읍 심포리, 2016.11, 우)
통리협곡은 행정구역상으로는 삼척에 속해 있지만 '통리'라는 명칭은 인근 태백시 통동의 지명에서 비롯된 것이다.

● 사진 6-18. 하천쟁탈로 발달한 운봉고원의 구룡폭포(전북 남원시 운봉읍, 2019.3, 좌)
● 사진 6-19. 인위적 곡류절단에 의한 팔봉폭포(충북 충주시 살미면 토계리, 2019.7, 우)
농경지 확보를 위해 인위적으로 곡류하도의 곡류목을 절단한 결과 만들어진 폭포이다. 폭포 앞쪽이 달천이고 뒤쪽이 곡류를 이루면서 달천으로 흘러들던 오가천이다. 폭포의 높이는 두 하천의 고도차를 의미한다.

암석과 폭포의 관계를 보면 폭포의 약 70% 정도가 화성암(화강암과 화산암) 지역에 발달해 있는 것으로 되어 있다. 화성암 중에서도 특히 화강암 지역의 비중이 높은데 그 이유는 상대적으로 분포 면적이 넓기도 하지만, 구조적으로 단단하고 급경사인 괴상과 돔 형태의 기반암이 노출되었기 때문인 것으로 생각된다(정수호, 2018). 화강암 돔 구조의 하나인 대규모 판상절리나 박리는 폭포 발달에 유리한 조건이 된다.

② 폭호

폭포에서는 유수의 낙차에 의해 커다란 에너지가 발달하고 이로써 폭포 아래에는 특이한 형태의 침식 와지인 폭호(瀑壺)가 형성된다. 폭호는 원추류(圓錐流)에 의해 만들어지는데, 이는 물이 원추상으로 운동하는 것을 말한다. 폭호가 폭포수의 낙차 에너지에 의해 형성되기는 하지만 그 규모가 반드시 폭포의 규모, 즉 높이와 너비에 비례하지는 않으며, 폭포를 구성하는 암석의 특징 등 구조적 요인이 더 큰 영향을 주는 것으로 조사되었다(정수호, 2018).

③ 두부침식과 협곡

폭포는 하천의 두부침식에 의
해 상류 쪽으로 이동되는 것이 보
통인데 주변 기반암이 퇴적암 또
는 주상절리가 발달한 화산암인
경우 폭포 아래쪽으로는 깊고 좁
은 협곡이 발달하기도 한다. 삼
척 오십천의 상류에 형성된 미인
폭포, 포천의 비둘기낭폭포, 부
소천 가마솥폭포, 연천의 재인폭
포 등은 좋은 예이다.

몇 개의 사례 지역(불영, 용
추, 직연, 삼형제 폭포)을 조사한
결과, 이 폭포들의 후퇴 속도는
3~4m/ka 정도인 것으로 보고되

● 사진 6-20. 수분치 하천쟁탈(전북 장수군 장수읍 수분리,
2019.3)

사진을 가로지르는 19호 국도는 섬진강과 금강을 나누는 분수계이다. 사
진 왼쪽의 섬진강 유역에서는 교동천이, 오른쪽 금강유역에서는 수분천이
각각 흘렀는데 교동천이 하천쟁탈 때문에 수분천을 침범함으로써 수분천
상류 구간의 물은 교동천으로 90° 꺾여 흐르게 되었다. 사진상에서도 이로
인한 쟁탈팔꿈치 현상이 뚜렷하게 관찰된다. 사진 오른쪽 위로 올라가면
금강의 발원지로 알려진 뜀봉샘이 나온다.

었다(이광률, 2015). 연구자는 이 폭포들의 후퇴 속도는 유역 면적, 강수량, 기반암의 용
식과 풍화 가능성, 초기 폭포의 높이와 뚜렷한 양의 상관관계가 있다고 밝혔다(이광률,
2013).

(3) 하천쟁탈

두부침식에 의한 하천쟁탈은 산사태와 더불어 현재 한반도 산지에서 진행되고 있는
지형학적 프로세스 중에서 가장 역동적인 것 중 하나이다. 하천쟁탈을 현장에서 확인할
수 있는 곳은 흔하지 않은데 전북 장수군 수분치에 가면 비교적 명확한 하천쟁탈의 흔
적을 관찰할 수 있다. 하천쟁탈이 일어난 곳은 번암면 교동리와 장수읍 수분리의 경계
에 해당하는 아주 좁은 지역이다. 수분치에서의 하천쟁탈은 섬진강의 지류인 교동천이
지질구조선을 따라 상류로 두부침식을 진행하면서 금강과 섬진강의 능선분수계를 무
너뜨리고 장수 쪽으로 들어와 수분분지를 흘러가던 금강의 최상류 하천(수분천)을 쟁탈
한 결과이다. 이러한 하천쟁탈의 지형적 증거는 현장답사를 통해 확인할 수 있다. 우선
쟁탈한 하천인 교동천은 쟁탈당한 수분천에 비해 낮은 고도를 흐르고 있고, 교동천의

하상경사는 수분천의 그것에 비해 훨씬 급하다. 수분치에서 가장 쉽게 확인되는 하천쟁탈의 지형학적 증거는 쟁탈팔꿈치(elbow of capture)가 존재한다는 점이다. 북북동 방향으로 계곡을 따라 두부침식해 오던 교동천은 현재 수분령휴게소가 위치한 곳에서 서쪽으로 방향을 틀어 암거수로를 통해 국도 19호를 지난 후 신무산의 능선 방향인 남서쪽으로 급선회했다. 수분치는 좁은 지역에서 벌어지는 두부침식과 하천쟁탈, 그리고 곡중분수계라는 지형학적 역동성을 확인할 수 있는 국내에서 몇 안 되는 최상의 장소이다(손일, 2014).

(4) 하식동

하천이 흐르면서 차별적인 측방침식을 일으키면 하식동이 만들어진다. 하식동은 감입곡류의 공격사면이나 폭포 주변에서 잘 형성된다. 폭포와 관련된 하식동은 폭포수가 일으키는 와류에 의한 것이 대부분이다. 대표적으로 하식동을 관찰할 수 있

● 사진 6-21. 폭포 주변의 하식동(경북 포항시 내연산 관음폭포, 2017.10)

는 곳은 영덕 옥계계곡, 청송 주왕산, 포항 관음폭포, 양구 두타연 등이다(국립환경과학원, 2010).

2) 하류 지역의 퇴적지형

(1) 하상 퇴적물의 특징

상류 지역으로부터 운반된 물질은 유속이 느려지는 하류 지역으로 가면서 크기별로 분급되어 하상에 퇴적된다. 퇴적물의 크기는 일반적으로 상류로부터 하류로 갈수록 작아지고 원마도는 높아지는 것이 보통이며 분급현상이 나타난다. 그러나 하도 구간에 따라서는 꼭 그러한 패턴을 보이는 것은 아니며 오히려 하류 구간에서 그 크기가 증가하는 경우도 존재한다. 그 이유는 크게 두 가지로 설명된다.

첫째, 하천 퇴적물이 반드시 상류 구간에서만 공급되는 것이 아니라 주변 산지 사면이나 지류하천에서도 공급되기 때문이다. 주변산지에서 공급되는 경우는 경사가 상대적으로 급한 감입곡류 구간 일대에서 두드러진다(진훈 외, 2019).

둘째, 시기를 달리하는 하천운반 작용 때문이다. 즉 현재의 하천 유수보다 더 빠르게 흐르던 시절이 있었던 하천의 경우 퇴적물의 크기는 하류 쪽에서 더 크게 나타날 수 있다. 즉 상류로부터 특정한 과거에 입경이 큰 퇴적물질이 공급되었고, 이들이 현재 위치하는 지점까지 이동되어 퇴적된 후 대규모 홍수가 발생하지 않아 안정화된 상태로 있기 때문이다(신원정·김종연, 2019).

결국 하상 퇴적물의 특징은 그 하천 시스템의 시간적·공간적 변화를 구체적으로 읽어내는 좋은 단서가 될 수 있는 것으로 앞으로 더 구체적인 사례 연구가 기대된다.

(2) 범람원과 배후습지

하천 하류 지역에는 주로 충적지형이 발달하는데, 그중 가장 보편적인 것이 자연제방과 배후습지로 구성된 범람원이다. 여름철 집중호우가 나타나는 우리나라의 경우 홍수 때문에 하천이 자주 범람하며, 이 과정에서 하천변에는 자연제방이, 그리고 그 뒤 저지대에는 배후습지가 형성된다. 그러나 자연제방과 배후습지는 주로 대하천 하류의 범람원에서만 볼 수 있고, 중·상류의 좁은 범람원에서는 자연제방과 배후습지가 나타나지 않는다. 이는 근본적으로 범람원이 하천의 유로변동과 관련해 형성되기 때문이다(권혁재, 1999). 한강, 낙동강, 금강 등의 하류로 유입하는 작은 지류들의 골짜기에는 홍수 때, 강물이 역류해 배후습지가 형성되기도 한다. 평지가 적은 우리나라의 경우 배후습지대는 오래전부터 경지나 주거지로 개발되어 왔기 때문에 자연상태의 범람원은 거의 존재하지 않는다.

(3) 하도 내의 모래톱과 사력퇴

몇 년 전 4대강 정비사업과 관련해 많이 언급된 개념이 모래톱(shoal)이다. 모래톱은 넓은 의미에서는 바다나 하천, 호수에서 수심이 얕은 곳 혹은 모래나 자갈로 덮인 언덕으로 보통 수면 위로 드러난 것을 말한다(양승영 외, 2001). 지형학에서는 이중 하천에 형성된 것을 주로 지칭하며 그 구성 물질에 따라 모래톱(sand bar), 자갈톱(gravel bar), 사력퇴(sand-gravel bar) 등으로 구분하기도 한다(오경섭·양재혁·조헌, 2011).

● 사진 6-22. 모래톱(경북 안동시 풍천면 하회리, 2016.12)
하회마을 부용대를 돌아 흐르는 낙동강 상류에 형성된 경관이다.

① 모래톱

우리나라 하천에는 다른 나라에서는 보기 드문 모래톱이 잘 발달해 있는데 이는 다음과 같은 우리나라의 자연환경적 특징을 반영한 결과이다(오경섭·양재혁·조헌, 2011).

첫째, 전국에 분포하는 화강암 풍화층에서 다량의 모래를 공급받는다. 화강암 기원의 모래 입자는 석영이나 정장석 비율이 높아 더 작게 쪼개지지 않고 오랫동안 모래알 상태를 유지한다.

둘째, 우리나라 하천은 대부분 산지하천으로서 모래가 이동되는 과정에서 퇴적을 유발하는 공간을 많이 제공해 준다. 즉 하천들은 대부분 산지와 분지를 반복하며 곡류하는데 이때 곡폭이 좁아지는 병목구간이나 곡류하는 구간에서는 모래가 쉽게 퇴적된다.

셋째, 하계 집중호우 때문에 하천의 유황변동 폭이 크다.

하천의 모래톱은 생태학적으로 매우 중요한 역할을 하는 것으로 알려져 있다.

첫째, 홍수기와 갈수기의 수량 조절기능을 담당한다. 물은 모래톱을 느리게 통과하면서 유량 변동의 충격을 극소화시켜 준다.

둘째, 모래톱은 많은 물을 저장하면서 오랜 기간 좋은 수질을 유지시켜 준다. 모래톱 속의 물은 느리게 유동하므로 수중에서보다 산소 함량이 몇 배 높아지기 때문이다. 특히 장석질 모래층은 중금속 여과에 효과적인 것으로 알려져 있다.

② 사력퇴단

사력퇴단(砂礫堆段, sand-gravel bar terrace)은 하천제방 안쪽 하도를 따라 발달한 평탄한 현생 사력퇴 지형으로서 흔히 고수부지로 불리는 지형이다. 사력퇴는 현세에 산지사면에서 하곡으로 공급된 물질로서 유수에 의해 운반되는 양상을 종합적으로 반영하는 지표지형요소이다. 지형학적 관점에서 사력퇴단은 과거 범람원에 해당하는 하안단구와 형태적으로는 유사하지만 현세에 발달한 하천의 동적 체계를 반영하고 있다는 점에서 차별화된다(조헌, 2009).

한국 하천은 유황이 불안정하고 자갈과 모래 위주의 하상하중이 풍부하게 공급되는 환경에 놓여 있어 사력퇴가 발달하기 좋은 조건을 갖추고 있다. 한국의 대하천 유역 중 사력퇴단이 가장 잘 발달한 하천은 낙동강이다. 이는 유역분지가 넓고 수많은 지류들이 합류하는 낙동강의 특징을 잘 반영하고 있는 것이다(조헌, 2009).

사력퇴단의 개념은 아직 일반화되어 있지는 않지만, 한국의 하천들이 대부분 산지하

● 그림 6-1. 사력퇴단의 개념

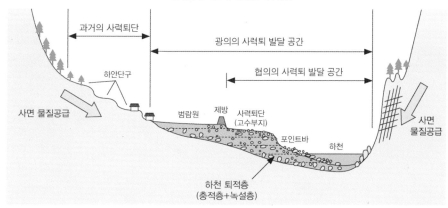

자료: 조헌(2009).

● 사진 6-23. 인공제방에 의한 사력퇴단의 개간(경북 예천군 용궁면 대은리, 2006.9)
의성포(회룡포) 내성천 일대의 범람원지대로서 죽전제방을 쌓아 농경지를 개간했다.

천으로서 많은 사력 퇴적물이 하도에 쌓여 특이한 지형경관을 형성하는 것을 고려할 때, 독립적인 하천지형으로서 연구할 만한 가치가 충분히 있는 것으로 보인다. 특히 그 동안 많은 연구가 있었던 하안단구와 사력퇴단의 상호보완적 연구가 진행될 경우 한국의 하천지형 이해에 크게 도움이 될 것으로 생각된다.

● 사진 6-24. 하중도(경북 예천군 지보면 지보리 낙동강, 2019.8)
두 개의 모래톱이 하중도로 성장하고 있다. 이곳 하천은 갈수기에는 전형적인 망류하도 구간으로 변한다.

(4) 하중도

하도 내의 독립된 모래톱이 지속적으로 성장하고 여기에 식생이 정착하게 되면 전형적인 퇴적 기원의 하중도가 만들어진다. 이러한 하중도는 모래 퇴적량이 많은 망류하도 구간에서 잘 나타난다.

3. 하안단구

과거의 하천 하상이 현재의 하상보다 높은 곳에 위치하는 지형이 하안단구다. 하천변을 따라 비교적 평탄한 면이 연속되는 곳은 대부분 단구면에 해당된다. 그러나 중하류 지역에서는 범람원과 구별이 잘 안 되는 경우가 많은데 이때는 퇴적물의 상태가 판단 기준이 된다. 평지가 적은 우리나라 산간 지역에서 이 하안단구들은 주로 농경지로 개간되었으며 취락은 이 단구면들과 배후산지 경계부에 자리를 잡았다.

한반도에서 하안단구가 잘 발달한 곳은 태백산맥의 한강과 낙동강 중·상류와 소백산맥의 금강과 섬진강 중·상류 구간이다. 이곳 하안단구의 공통적 특징은 하상비고가 매우 높고, 하천의 하각률이 상대적으로 크다는 것인데 이는 지반융기율이 상당히 높은 곳을 흐르는 하천이라는 지역적 특징을 반영하는 것이다. 하안단구 형성 시기는 4기 이후 기후변동기로 알려져 있지만, 단구지형이 각 기후대를 따라 규칙적으로 발달하는 것은 아니고 각 하천의 수문, 기후, 지질, 지형 등 제반 조건에 따라 상당히 복잡한 양상을 보이고 있다(이광률, 2011a).

1) 하안단구 발달 모델과 편년

한국지형 연구에서 가장 많은 연구가 이루어진 분야 중 하나가 하안단구이다. 이는 제4기 연대자료가 부족한 상황에서 하안단구는 지형편년에 의한 상대연대 추정이 가능하고, 계단 모양의 지형이므로 지형인식과 지형면 분포의 지도화가 비교적 쉽기 때문이다. 하안단구는 제4기 환경의 특징인 기후 변동과 해수면 변동, 지반운동 등에 의해 발달하는 지형으로 제4기 편년의 기본 자료가 된다.

하안단구는 성인에 의해 구조단구, 기후단구, 해면변동단구로 구분된다. 여기에서 구조단구란 간헐적 융기(지반의 안정기 ↔ 융기기)에 의한 단구(박용안·공우석 외, 2001)를 말한다. 한반도의 경우 구조단구는 동강, 낙동강 상류와 왕피천 상류 등의 고위단구 일부에서만 관찰되며, 대부분 중·상류는 지반융기와 기후변동, 하류는 지반융기와 해수

● 표 6-2. 한국 하안단구 특징과 대비표

구분	하상비고(m)	퇴적물 풍화정도	형성 시기(절대연대)
고위면	30~60	내부 적색풍화(적색토)	민델 빙기*
중위면	20~30	부분풍화(적색토)	리스 빙기*
해면변동단구면	10±~18±	부분풍화(적색토) 및 초기표면풍화	리스-뷔름 간빙기
저위면	5~20	초기표면풍화 및 미풍화	뷔름 빙기*

주: * 신생대 제4기의 빙하기는 귄츠, 민델, 리스, 뷔름 등 4빙기로 나눈다. 뷔름 빙기는 이 중 최종 빙기로서 약 1만 년 전에 끝났다.
자료: 장호·고기만(1995), Chang(1987), 송언근(1993; 1998), 최성길(1998), 박용안 외(2001) 참고, 저자 수정.

면 변동에 의해 발달했다.

2) 하안단구 성인과 연구 역사

고토 분지로(Koto, 1909)는 한국에서 처음으로 전남 장흥에 발달한 충적단구를 기록하고 있다. 이 충적단구는 탐진강으로 유입하는 지류를 따라 장흥읍 해당리에서 괘야리에 이르는 길이 2km, 비고 15m 내외의 단구로 추정되는 것으로서, 이 면은 최종빙기에 만들어진 '저위면(1면)' 단구에 해당되는 것으로 알려져 있다.

(1) 구조단구

한국의 하안단구 연구는 구조단구로부터 비롯되었다고 할 수 있다. 구조단구 개념은 1900년대 초에서부터 1960년대까지 제기되었다. 그러나 1960년대 초까지는 하안단구만을 주제로 한 연구는 없었고, 당시 중부지방의 지형발달을 데이비스의 침식윤회설

● 사진 6-25. 남한강 상류의 하안단구(강원도 영월군 영월읍 방절리, 2016.6)
서강의 '선돌' 관광지 주변에 발달해 있다.

에 의거해 설명하는 과정에서 그 예로 하안단구가 제시된 정도이다. 즉 이 당시에는 '저위침식면'이라는 말이 주요 개념으로 사용되었는데, 이것은 신생대 제3기 중신세 말부터 3~4회의 간헐적 융기로 발달한 지형으로서, 그 유물 지형이 하안단구라는 것이다.

고바야시 데이이치(小林貞一, 1931)는 남한강 상류에 발달하는 2단의 고위평탄면과 3단의 단구, 그리고 동해로 유입하는 삼척 오십천 연안에 발달한 3단 이상의 단구 등을 증거로 해서 태백산맥을 축으로 하는 비대칭 요곡운동을 설명했다. 이후로 남한강 상류는 우리나라에서 가장 하안단구 연구가 많이 이루어진 지역이 되었다.

한강, 낙동강 등의 중상류에 형성된 단구들은 태백산맥의 분수계에 가까울수록 하상과의 고도차가 증가한다. 하상과의 고도차는 지반운동의 양을 반영한다. 그러나 퇴적층이 두꺼운 경우에는 이 단구들이 충적단구인지, 암석단구인지 구별하기가 쉽지 않다. 지반운동과 관련된 단구는 동해안의 하천에서도 널리 관찰된다.

(2) 기후단구

기후단구의 개념은 1970년대 초부터 1980년대 초까지의 기간 동안 제기되었다. 김상호(1973)는 침식분지에서 계단 모양의 산록완사면을 완사면 단구, 남한강 상류 곡류대(영춘, 단양)의 활주사면에 발달한 하안단구를 기후단구로 규정지었다. 그리고 그 성인을 신생대 4기 플라이스토세의 기후변동(건기와 습윤기의 교대)으로 설명했다. 이후 한국의 하안단구 성인으로 기후변동이 논의되기 시작했고 기후단구 개념이 등장했다.

임창주(1973)는 영춘 지역 하안단구가 생육사행(ingrowned meander)의 진행으로 형성된 활주사면단구(slip-off slope terrace)이며, 이들은 홍수성 간헐하천(ephemeral stream)에 의해 형성된 기후단구라고 했다. 이는 김상호(1973)의 견해와 같은 것이었다. 그리고 1980년대에는 하천의 상류에서 '한랭기와 온난기의 교대'에 의한 기후단구 개념이 등장하게 되었다.

중위도 지방의 하천 상류 지역에는 빙기와 간빙기의 교체로 인한 기후변동과 관련해 형성된 단구가 널리 나타난다. 이러한 단구는 산간지방의 소하천 연변에서 관찰된다. 경북 거창군의 작은 산간분지인 가조분지에서는 한때 산록완사면 또는 페디먼트로 해석되던 지형이 빙기에 형성된 여러 단의 단구로 이루어져 있다는 것이 확인(권혁재, 1999)되기도 했다.

이의한(1998a; 1998b)은 미호천 유역의 단구 연구에서 기후단구의 개념을 다음과 같이 설명했다.

① 제1단계: 최후빙기 때 한랭한 기후 환경에서 금강 상류의 하곡에 다량의 암설이
공급되는 동시에 운반력이 급격히 저하되어 퇴적층으로 매립되었다.

② 제2단계: 후빙기에 들어와 기후가 온난해지면서 암설 공급은 줄고 하천유량이 증
가해 최후빙기에 형성된 퇴적층이 하방침식을 받았다. 미호천 유역의 단구들은
이 퇴적층들 중 침식을 받지 않고 남아 있는 부분이다.

(3) 해면변동단구

1980년대에 와서는 해면변동단구 개념이 등장했다. 권혁재(1984)는 한강하류 미사리
남안에 발달한 충적단구를 보고하면서 그 성인을 최종간빙기 동안 형성된 범람원이 최종
빙기 때 해수면이 하강함으로써 단구화된 것으로 설명했다. 충적단구는 충적층으로 덮여

● 사진 6-26. 감입곡류절단에 의해 발달한 하안단구(충북 제천시 봉양읍 구학리, 2019.8)
사진 왼쪽 곡류절단부에는 탁사정 유원지가 있다.

있는 하안단구의 기반암이 주변의 범람원보다 낮은 고도에 나타나는 단구로서, 기반암 침식면에 약간의 퇴적물질이 덮여 있는 침식단구와는 근본적으로 다르다. 충적단구는 구범람원 고도를 나타내는 유물 지형(이의한, 1998b)으로서 주로 기후변동이나 해수면 변동과 관련해 형성된다.

최후간빙기의 범람원에서 비롯하는 충적단구는 한강, 금강, 삽교천 등 서해로 유입하는 우리나라 주요 하천의 하류에서도 관찰된다. 이러한 단구는 상당히 넓고, 범람원과의 고도차가 작으며, 퇴적층의 뿌리가 범람원 밑으로 뻗어 있는 것이 특징이다. 한강 하류의 경우에는 하남시의 신장동과 서울시의 하일동에 걸친 한강 남안에 너비 1km 내외, 길이 약 4km의 단구가 형성(권혁재, 1999)되어 있다.

(4) 단구의 다성인적 해석

1980년대 후반부터는 하안단구 성인을 복합적으로 보기 시작했고 이러한 관점은 지금까지 이어지고 있다. 임창주(1973)는 영춘 지역 하성단구는 기후단구일 가능성이 높으며 해면하강과도 관련이 있을 것으로 밝혔다. 박희두(1989)는 태백산지의 충주·제천·영월 분지 연구에서 태백산지의 융기와 그에 따른 침식기준면의 변동, 그리고 기후변동을 반영해 단구지형이 발달했다고 보고했다.

같은 하천에서 성인이 다른 단구가 발달한다는 연구도 있다. 장호(1987)와 이의한(1998b)은 같은 하천에서 기후단구(상부)와 해면변동단구(하부)를, 손명원(1993)과 송언근(1998)은 구조단구(상부)와 기후단구(하부)를 보고했다.

이의한(1998a; 1998b)은 금강 하류와 미호천 유역의 충적단구가 해수면변동과 기후변화를 동시에 받아 복합적으로 발달했다고 보았다. 즉 적색화작용을 부분적으로 받은 마구평단구(논산)와 군수리단구(부여)는 해수면 변동(최후간빙기 중기와 후기, 약 8만~10만 년 전)으로, 적색화작용이 보이지 않는 강외단구(청원), 증평단구(괴산), 진천단구(진천)는 기후변화(최후빙기, 1만~7만 년 전)로 발달했다는 것이다.

그 밖에 감입곡류의 절단(서화진, 1988; 송언근, 1993; 장호, 1993; 장호, 1998 등), 하천쟁탈(장호·고기만, 1995)에 의한 하안단구도 보고되어 있다. 감입곡류절단에 의한 하안단구로는 제천 탁사정 구하도, 하천쟁탈과 관련된 하안단구로는 섬진강 상류인 구룡천이 낙동강 상류인 광천을 쟁탈한 남원시 운봉읍과 주천면 경계부에 존재하는 하안단구 등이 알려져 있다.

제7장

습지지형

1. 습지 연구

습지는 지구표면의 6% 정도를 차지하며 열대 지역에서 한대 지역에 이르기까지 고르게 분포한다. 습지는 지형발달 관점에서 보면 호소에서 육지로 변해가는 중간 단계에 해당되는 곳으로서 각종 물질의 전환이 이루어지고, 크고 작은 여러 종류의 생물들이 다양하게 분포하는 것이 특징이다. 습지는 학술적으로도 매우 중요하다. 습지토양인 이토(泥土)는 습지 주변 지역에서 유입되는 화분을 장기간 양호한 상태로 보존하고 있어 화분을 제공한 식물이 존재했던 시기의 절대연대를 측정할 수 있다. 따라서 습지토양은 고환경 복원에 매우 중요한 자료가 된다.

쓸모없는 땅으로만 인식되었던 습지는 최근 주요한 지구 자원의 하나로 인식되었으며, 그 보전과 관리에 국제적 차원에서 관심을 갖고 조직을 갖추게 되었다. 그 대표적인 기구가 람사르협약(RAMSAR)이며 우리나라도 1997년 이 조약에 가입함으로써 습지에 대한 본격적인 관심과 연구를 기울였다. 람사르협약의 정식명칭은 '물새 서식지로서 국제적으로 중요한 습지에 관한 협약(the convention on wetlands of international importance especially as waterfowl habitat)'으로 여기에서 물새란 생태학적으로 습지에 의존하는 조류이다. 1971년 2월 2일 이란의 람사르(Ramsar)에서 채택되었고 1975년 12월에 발효되었다. 국내 지형학자들도 이 시기를 기점으로 지형학적 관점에서 활발히 습지를 연구하기 시작했다.

2. 습지의 일반적 특징

1) 정의

습지는 사전적으로는 "토양에 다량의 수분을 포함하는 땅"으로 정의된다. 그러나 습지에 대한 정의나 분류는 아직 통일되어 있지 않은 것이 현실이다. 최근 지형학자들이 습지 연구에 참여하기 시작함에 따라 지리와 지형학적 관점에서의 정의와 분류도 시도되고 있으나 아직 통일된 안은 나오지 않고 있는 실정이다.

국제적으로는 포괄적 의미가 있는 람사르협약의 정의가 있고 유럽에서는 주로 이 정의를 사용한다. 그러나 미국이나 캐나다 등에서는 자국의 지리적 환경 특성에 맞게 정의하고 있다. 람사르협약 제1조 1항에서는 "자연 또는 인공이든, 영구적 또는 일시적이든, 정수 또는 유수이든, 담수·기수 혹은 염수이든, 간조 시 수심 6m를 넘지 않는 해수 지역을 포함하는 늪, 습원, 이탄지, 물이 있는 지역"으로 정의하고 있다. 그리고 제2조 1항에서는 "습지에 인접한 수변과 섬, 그리고 습지 내의 저수위 시 6m를 초과하는 해양"도 포함하고 있다. 우리나라 환경부에서는 「습지보전법」 제1장 총칙 제2조에서 "담수·기수 또는 염수가 영구적 또는 일시적으로 그 표면을 덮고 있는 지역"(환경부, 2019)으로 정의하고 있다. 그러나 이 정의는 지나치게 포괄적이어서 지형학적 관점에서 그대로 사용하기에는 부적절하다. 따라서 우선적으로 지리적·지형학적 관점에서 습지의 정의와 분류 체계를 마련하는 것이 무엇보다 시급한 실정이다.

현재로서는 습지에 대한 정의 중 "육상생태계와 수중생태계의 점이지대로서 두 생태계의 특성과 그 자체의 고유 특성이 나타나는 자연생태계, 지하수면이 지표면이나 근처에 있어서 토양을 함수토로 유지시키고 생리학적으로 과습한 환경에 적응된 식물종들이 인위적인 간섭 없이 성장 기간 동안 안정적으로 생육하는 땅"(유호상, 2001)의 개념이 비교적 지리적 정의에 가까운 것으로 생각된다.

2) 분류

습지의 분류체계 역시 통일되어 있지 않다. 대분류까지는 대략 통일이 되어 있지만 중분류와 소분류에 대해서는 이견들이 많다. 이에 대해서는 앞으로 충분한 논의가 있어

● 표 7-1. 습지의 지리학적 분류

대분류	중분류	소분류
내륙습지	하천습지	하도습지
		배후습지
		구하도습지
	산지습지	사면습지
		분지습지
		돌리네습지
해안습지	연안습지	갯벌(간석지)
		염생습지
		사구습지
	하구습지	삼각주
		석호

자료: 신영호(1999), 유호상(2001), 문현숙(2005), 신영호·김성환·박수진(2005), 박의준·김성환·윤광성(2005), 김태석·권동희(2014) 참고, 저자 수정.

야 할 것이다.

(1) 기존 분류체계와 문제점

현재 우리나라의 습지분류체계는 연구자나 기관에 따라 매우 다양하다. 우리에게 가장 익숙한 개념으로 '고층습원'이라는 것이 있다. 이는 내륙습지를 고층과 저층으로 세분하는 분류체계의 결과인데 용어만으로 보면 오해의 측면이 있다. 여기에서 고층습지는 오직 강수에 의해서 수분을 공급받으며 저층습지는 지하수에 의해 수분을 공급받는 것(배정진, 1998)을 말한다. 그리고 그 중간 개념으로 중간습지를 따로 두기도 한다. 이 분류체계에서 대암산 용늪, 정족산 무제치늪, 취서산의 단조늪은 대표적인 고층습지이다. 그러나 무제치늪의 경우 연구자에 따라서는 중간습지인 산지이탄습지(mountain peat bog)(김정훈, 1998) 혹은 저층습지(유호상, 2001)로 규정하기도 한다. 이 같은 현상은 분류기준 자체가 애매하기 때문이다. 따라서 더 객관적이고 명확한 분류체계가 필요하다. 왕등재 습지의 경우 강우와 지하수에 의해 물이 지속적으로 공급되는 것(구홍교, 2001)으로 알려져 있어 이러한 분류체계로는 사실상 분류가 어렵다.

환경부(2001)의 「전국내륙습지조사 지침」에서는 4개의 자연습지(산지습지, 하천습지,

● 사진 7-1. 하도습지(충남 예산군 삽교읍 삽교천, 2019.6)

호소습지, 해안습지)와 1개의 인공습지로 구분하고 있기도 하다.

(2) 지리학적 분류체계 제안

앞에서 언급했듯이 기존의 분류체계는 많은 문제점이 있어 앞으로 더욱 폭넓은 논의가 진행되어야 할 것이다. 그 안의 하나로 여기에서는 지리학적 분류체계안을 제시하고자 한다. 이는 최근 지형학자들의 연구 결과를 종합한 것으로서 습지가 존재하는 곳의 지형적 특징을 강조한 개념들이다. 인공습지의 분류 문제는 앞으로 해결해야 할 과제 중 하나이다.

① 내륙습지

내륙습지는 하천습지와 산지습지로 분류된다.

하천습지는 "하천의 영향에 의해서 주기적으로 범람 또는 침수와 노출이 반복되는 하천주변의 퇴적지형과 이러한 퇴적지형에 직접적으로 영향을 주는 수심 2m 이하의 수역을 포함하는 생태계"(USGS, 1998)로 정의된다. 따라서 내륙의 호소습지(석호는 해안

● 사진 7-2. 배후습지(경기도 김포시 한강 하류, 2002.8)

● 사진 7-3. 구하도습지(전북 익산시 석탄동, 2007.6)
만경강 구하도인 석탄동 우각호에 형성된 습지이다. 이러한 것을 우각호 습지(oxbow swamp)라고 부른다.

● 사진 7-4. 굴포운하지에 형성된 인공습지(충남 서산시 팔봉면 지장리, 2017.7)

● 사진 7-5. 장항습지(경기도 고양시 일산 동구 장항동 한강하구 습지보호지역, 2009.8)
한국에서는 유일하게 하구둑이 없는 대하천 한강 하구에 형성된 습지지역이다. 해수의 작용으로 대규모 갯벌이 형성되어 있는 것이 특징이다.

습지에 포함)는 여기에 포함된다. 박의준·김성환·윤광성(2005)은 하천습지를 하도습지, 배후습지, 구하도습지로 분류하고, 우포늪을 구하도습지에 포함시켰으나 우포는 일반적으로 배후습지로 알려져 있다.

산지습지는 상대적으로 하천이나 호소와 관계없이 발달하는 습지이다. 산지습지는 현재 고층(고산)습지와 저층(산지)습지로 구분하고 있으나 그 기준이 애매하므로 바람직한 분류체계가 아니다. 문현숙(2005)은 지형 특성을 고려해 사면형습지와 분지형습지로 구분하고 있는데 타당성이 있는 분류라고 생각한다. 내륙 산지습지 중에는 돌리네 습지와 같은 특수한 형태의 습지도 관찰된다. 돌리네 습지는 산정부와 사면에 분포하는 집수에 유리한 대규모 돌리네에 주로 발달한다(김태석·권동희, 2014).

② 해안습지

해안습지는 연안습지와 하구습지로 구분된다.

연안습지는 갯벌(간석지)과 염생습지, 그리고 사구습지로 구분된다. 갯벌은 간석지를 대신한 학술용어로 정착된 개념으로서 "바닷물이 드나들고 뻘이 쌓인 해안의 평평한 땅"(권혁재, 2004)을 말한다. 박의준(2000a; 2000b)은 염하구(estuary)를 연안습지에 포함시키고 있는데 이 부분도 논의가 필요하다. 사구습지에 해당되는 것은 신두리사구 배후습지로 알려진 두웅습지이다.

하구습지에서 하구라는 개념은 그 위치 분류에서 모호한 점이 많다. 최근에는 지리적 위치 면에서 육상과 해양의 점이지대로서 제3의 생태계로 간주하는 경향이 있다. 그리고 우리나라 습지보전법상으로는 내륙습지에 포함하기도 한다. 여기에서는 전통적인 지리적 개념을 고려해 해안습지에 포함시켰다. 하구습지는 삼각주와 석호습지로 구분된다. 환경부(2000)에서는 동해안 석호의 면적 중 20~30%만을 습지로 인정하고 있다. 그러나 수심을 보면 8.5m인 영랑호를 제외하고는 평균 최대수심이 약 5m로서 석호 전체를 습지로 보아야 한다는 견해가 있는데 타당성이 있는 것으로 생각한다.

3) 습지의 기능과 보존적 가치

람사르협약은 습지의 경제적·문화적·과학적 가치를 인식하고 습지에 서식하는 동식물을 보호하기 위해 만들어진 국제협약이다. 이 조약은 환경문제에 관해 체결된 최초

● 표 7-2. 지형학적 특이성을 갖는 습지

습지	특이성
대암산 용늪	고층습원
무제치늪	산지습지
화엄늪	산지습지
두웅습지	사구배후습지
신안 장도 산지습지	도서 산지습지
문경 돌리네습지	돌리네 습지
봉암갯벌	도심습지
시흥갯벌	내만형 갯벌
쌍호습지	사구상의 석호
가평리습지	해안충적지 담수형 석호

의 국제적 합의 중 하나로서, 2018년 현재 170개국이 가입되어 있고 습지 2314개소가 지정되어 있다. 가입국은 자국 내 습지 중 한 곳 이상을 선정해 등록하고 보호 정책을 펴야 한다. 2008년에 열린 제10회 람사르총회는 우포늪, 주남저수지, 화엄늪 등 습지가 많은 우리나라 경상남도 창녕에서 개최되었다.

우리나라는 1997년 101번째로 람사르협약에 가입했고 1999년 「습지보전법」이 공포됨에 따라 2000년부터 본격적인 습지 조사가 진행되고 있다. 2018년 현재 44개 지역 (환경부 지정 24곳, 해양수산부 지정 13곳, 시·도지사 지정 7곳)이 습지보호지역으로 지정되었고 22개 지역이 람사르습지에 등록되어 있다.

3. 한국의 습지지형

1960년대 중반 이후 습지에 대한 연구가 급속히 진행되어 습지에 대해 많은 것을 이해를 할 수 있게 되었다. 그 결과 습지의 중요성과 가치에 대해 많은 의견들이 제시되었으며, 각 유형의 습지는 별도의 특성이 있는 것으로 밝혀졌다.

우리나라 서해안 일대에는 세계적 규모의 연안습지 갯벌이 발달해 있고, 내륙에는 크고 작은 하천습지와 산지습지들이 존재한다. 서해안의 대규모 갯벌은 세계적인 자연

● 표 7-3. 습지보호지역과 람사르습지 등록 현황(2018년 1월 기준)

구분	람사르협약 등록습지		습지보호지역
	습지보호지역으로서 람사르협약에 등록된 습지	람사르협약에만 등록된 습지	
환경부 지정 (내륙습지)	• 대암산용늪 • 우포늪 • 신안장도 산지습지 • 제주 물영아리오름 • 무제치늪 • 두웅습지 • 제주 물장오리오름습지 • 제주 1100고지습지 • 제주 동백동산습지 • 고창 운곡습지 • 제주 숨은물뱅듸습지 • 영월 한반도습지 • 순천 동천하구습지	• 오대산 국립공원습지(질뫼늪, 소황병산늪, 조개동늪) • 강화 매화마름군락지 • 한강밤섬습지	• 낙동강하구 • 화엄늪 • 신불산 고산습지 • 담양 하천습지 • 한강하구습지 • 밀양 재약산 사자평 고산습지 • 상주 공검지습지 • 정읍 월영습지 • 섬진강 침실습지 • 문경 돌리네습지 • 김해 화포천습지
해양수산부 지정 (연안습지)	• 순천만·보성갯벌 • 무안갯벌 • 서천갯벌 • 고창·부안갯벌 • 증도갯벌		• 진도갯벌 • 순천만갯벌 • 보성·벌교갯벌 • 옹진장봉도갯벌 • 부안·줄포만갯벌 • 고창갯벌 • 봉암갯벌 • 시흥갯벌 • 비금·도초도갯벌 • 대부도갯벌
시·도지사 지정	송도갯벌		• 대구달성하천습지 • 대청호 추동습지 • 경포호 가시연습지 • 순포호 • 쌍호 • 가평리습지

자료: 환경부 국가습지센터(www.wetland.go.kr)(2019), 저자 재구성.

유산으로서 그 이용과 보존에 대한 찬반 이론이 첨예하게 대립되어 왔으나 지금은 보존론이 우세한 상황이다.

여기에서는 지금까지 연구·조사된 주요 습지에 관한 연구 내용을 소개하기로 한다. 단 분류체계가 아직 확립되어 있지 않은 상황이므로 확실한 분류가 가능한 것은 소분류로, 그렇지 않은 것은 중분류까지만 고려하기로 한다.

1) 하천습지

우리나라에서 대규모 하천습지가 전형적으로 나타나는 강은 낙동강이다. 낙동강은 다른 강과는 달리 중하류부터 매우 완만한 경사를 이루어 습지가 발달하기에 좋은 조건을 갖추고 있다. 낙동강 수계에는 배후습지성 호소가 많이 발달하는데, 이는 후빙기의 해면 상승과 더불어 본류에서의 운반퇴적물이 지류에 비해 많아 범람 시 지류 입구가 먼저 막혀 자연제방이 형성되면서 그 배후에 생기는 습지성 호소이다. 창녕의 우포늪, 양산의 원동습지 등은 이 낙동강 배후습지성 호소들과 관련된 습지들이다. 그리고 동양 최대 철새 도래지로 알려졌던 인공습지 주남저수지가 인근 창원에 있다.

(1) 우포늪

우포늪은 경남 창녕군 유어면, 이방면과 대합면에 걸쳐 원시 생태계를 유지하고 있는 국내 최대의 내륙습지이다. 면적은 8.54km²이다. 흔히 우리는 어떤 지역의 크기를 말할 때 그 상대적 기준으로 '여의도 면적'을 예로 드는데 이 우포늪이야말로 바로 여의도 면적(8.35km²)에 해당된다. 평상시에는 이 중 30% 정도가 물로 채워져 있는데 홍수기가 되면 40% 정도로 넓어진다. 이는 강수량의 영향을 직접 받는 하천 배후습지의 특징이기도 하다. 늪지대는 사지포, 우포, 목포, 쪽지벌 등 4개의 늪으로 이루어져 있는데 이 중 우포가 가장 넓다. 그러나 이 4개 습지들은 인위적으로 제방을 쌓아 구분되는 것으로 사실 자연습지 개념에서는 구분 자체가 큰 의미는 없다.

우포늪은 낙동강의 지류 중 하나인 토평천 중하류에 형성된 전형적인 배후습지이다. 우포늪을 만드는 데는 토평천의 지류인 초곡천과 평지천도 기여했다. 목포늪은 초곡천과 토평천이 만나는 골짜기에 들어선 것이고, 사지포는 평지천과 토평천이 만나는 구간에 형성되었다. 쪽지벌은 우포늪의 연장선에 있다고 보면 된다.

넓은 의미에서 보면 토평천 중하류 구간에서는 습지와 하천의 구분은 사실상 의미가 없어진다. 토평천 자체가 우포늪이라고 봐도 큰 무리가 아니다. 왜냐하면 우포늪으로 흘러든 토평천은 우포늪을 관통한 다음 다시 또 다른 습지인 가항늪을 지나 바로 낙동강으로 유입하기 때문이다.

우포늪은 우리나라에서 오래전부터 알려져 온 습지로서 대동여지도에 기록된 유일한 습지이기도 하다. 그러나 그 형성 역사는 멀리 빙하시대까지 거슬러 올라간다. 우포

● 사진 7-6. 우포늪과 토평천(경남 창녕군, 2019.4)
사진 위의 오른쪽에서부터 우포늪, 사지포, 목포, 쪽지벌 등 4개의 늪이 이어져 있고 이 늪들을 통과한 토평천이
아래쪽으로 빠져나가 낙동강으로 유입되고 있다.

는 해수면이 지금보다 100m 이상 낮았던 빙기에 깊은 골짜기로 파였던 낙동강 본류와
그 지류인 토평천의 침식곡들이 후빙기에 들어와 해수면이 다시 상승함에 따라 매립되
면서 형성(권혁재, 2004)된 것으로 알려졌다. 낙동강 연안은 홍수가 범람할 때 토사가 대
량 퇴적되면서 높은 자연제방이 만들어졌는데, 지류들이 운반하는 토사량은 상대적으
로 적었고 이로써 결국 낮은 배후습지가 만들어진 것이다.

(2) 원동습지

경상남도 양산시 원동면 용당리에 위치한다. 습지 남쪽으로 낙동강 본류가, 그리고
동쪽으로는 밀양·언양의 가지산에서 발원하는 원동천이 흐르며, 밀양시 삼랑진읍 천태
산의 천태호(삼랑진 양수발전소 상부댐)에서 발원하는 신곡천이 원동습지를 관통하고 있
다. 원동습지에 영향을 주는 분수계는 낙동강 수계이며 신곡천과 원동천 수계가 보조적

인 역할(손성곤 외, 2002)을 하고 있다. 습지 면적은 0.4km² 정도이나 여름철 홍수기에는 0.8km² 정도로 넓어진다.

2) 산지습지

산지습지는 특수한 환경에서 서식하는 생물 유전자의 저장소(gene pool)이며 하천 최상류의 수분을 지속적으로 공급하는 역할을 한다. 그러나 산지습지의 가장 큰 가치는 퇴적물 축적을 통해 습지가 형성된 후의 환경변화에 대한 기록이 잘 보존되어 있다는 점이다. 또한 지리적 위치 면에서 인간의 접근이 비교적 제한되어 그 보존성이 높다.

한국의 대표적인 산지습지로는 대암산 용늪, 정족산 무제치늪, 지리산 왕등재늪과 외고개습지, 오대산 질뫼늪·소황병산늪·조개동늪, 취서산 단조늪, 원효산(천성산) 화엄

● 사진 7-7. 제주1100고지습지(제주도 서귀포시 색달동, 2016.5)

늪·밀밭늪, 신안 장도습지, 제주도 한라산 1100고지습지와 동백동산습지, 물영아리오름습지, 물장오리오름습지 등이 있다.

제주 1100고지습지와 동백동산습지는 한라산의 특이한 지형적 특징과 관련해 형성되었다. 전자는 오름에 둘러싸인 와지 형태의 완사면에 발달한 습지(김태호, 2009)이며, 후자는 선흘리 곶자왈지대에 형성되어 있다. 곶자왈은 점성(粘性)이 비교적 큰 아아(aa) 용암류가 다양한 크기의 암괴로 부서지면서 만든 미기복(微起伏)이 많은 암괴지대이다. 곶자왈지대는 공극률과 투수성이 매우 높아 우수의 유입량이 크고 저류 능력도 매우 높으므로 제주도의 대표적인 지하수 함양(涵養)지대로 알려져 있다(김태호, 2009에서 재인용).

(1) 용늪

용늪은 강원도 대암산(1304m) 정상 북동쪽 1280m 부근에 발달해 있다. 우리나라 대표적인 산지습지로서 우리들에게는 '고층습원'으로 익숙한 곳이다. 대암산은 강원도 인제군과 양구군의 군계에 위치하며, 동으로는 소양강의 지류인 인북천을, 서로는 북한강의 지류인 서천을 나누는 분수계 역할을 하고 있다. 해발고도 500m까지는 화강암이 분포하나 그로부터 정상까지는 편마암류(박종관, 2001)로 되어 있다. 이곳은 문화재청이 1973년 7월 천연기념물 246호로 지정한 '대암산·대우산 천연보호구역'의 핵심 지역이기도 하다. 면적은 약 1.06km²로서 1977년 국내에서는 처음으로 람사르협약에 등록되었고, 1999년 습지보호지역으로 지정되었다.

(2) 무제치늪

울산 정족산(749.1m) 정상부에 있는 늪으로, 남한 지역에서 발견된 내륙산지습지 중 대암산 용늪 다음으로 규모가 크다. 각종 멸종위기와 보호 야생 동식물의 서식이 확인된 경관적 가치와 생태학적 가치가 뛰어난 습지이기도 하다. 정족산은 행정구역상 울산광역시 울주군 삼동면, 웅촌면, 그리고 경상남도 양산시 하북면 경계부에 위치한다.

정족산을 구성하는 기반암은 흑운모화강암, 주산안산암, 퇴적암류이다. 이 중 주산안산암과 퇴적암류는 상대적으로 풍화에 강한 암석으로서 급경사를, 풍화에 약한 흑운모화강암은 완경사를 이룬다. 이를 반영해 정족산 북동부 능선은 급경사이고 정상 부근

● 사진 7-8. 정족산 무제치늪(울산시 울주군 삼동면 조일리, 2019.7)

은 완경사의 소규모 분지 형태(이동영 외, 1998)를 하고 있으며 이곳에 습지가 발달한다.

무제치늪(제2늪)은 온난습윤 환경에서의 심층풍화와 풍화물질의 제거로 와지가 형성된 다음 여기에 플라이스토세 최종빙기 때 형성된 암괴류에 의해 입구가 차단되어, 이로써 주변 호소가 형성된 다음 사면에서 공급된 사력물질 매립으로 형성되었다. 그러나 지금은 곡천천의 두부침식에 의해 늪지를 가로막은 암괴류가 유실됨에 따라 배수가 진행되어 늪지의 육화가 진행(손명원, 2004)되고 있는 것으로 알려져 있다. 무제치늪은 산지습지이면서 접근성이 좋아 지리 학습 장소로 최적의 조건을 갖추고 있다.

(3) 질뫼늪

질뫼늪은 강원도 평창군 대관령면 일대에 분포하는 대관령 고위평탄면 해발 1060m 지점에 위치한다. 질뫼란 이 지역 산지의 토양이 물로 포화되어 있어 '질(泥)뫼(山)'의 의미로 붙여진 이름이다. 질뫼늪은 현생 주빙하 환경에서 생성된 현상습지[絃狀濕地,

string bog, 툰드라지대 이탄지(peat land)의 일종으로 알려져 있다. 이 지역은 연평균 기온 5.3℃, 연평균 강수량 2888mm로 연중다습하며 1월 최저기온은 −30℃까지 내려가고 땅은 1.6m까지 동결된다(손명원·박경, 1999).

질뫼늪은 소계류 하상보다 70cm 정도 높은 곳에 위치해 있어 소계류의 물이 늪으로 흘러들지 못하고, 오직 강수에 의해 수분을 공급받는다(손명원·박경, 1999). 질뫼늪 주변 지역은 강수량이 풍부하고 기온이 냉량해 증발로 인한 수분손실량이 적기 때문에 토양 은 항상 포화되어 있다.

(4) 왕등재습지

왕등재습지는 행정구역상으로는 경상남도 산청군 삼장면 유평리 산51번지에 속한 다. 지리산 능선 동쪽 끝자락 해발 960m 고개에 발달해 있으며 소규모 분지지형을 이 룬다. 지역 주민들은 '진틀재'라고 부르는데 이는 습지를 뜻하는 지방어이다.

이곳 왕등재는 풍부한 강우량, 저온으로 인한 짧은 생장 기간과 느린 유기물 분해 속 도, 적은 증발량, 분지 형태의 지형 등 습지형성에 유리한 조건을 갖추고 있으며 1996년 처음 학계에 보고되었다. 저지대의 중앙부에는 깊이 20cm 정도의 물로 채워진 습지가 있고 사초와 골풀의 군락으로 피복되어 있다. 물이 채워진 습지 규모는 길이 150m, 폭 50m 정도로 작은 타원형을 이룬다.

구홍교(2001)는 분지 안으로 유입되는 하천이 없고, 갈수기를 제외한 기간 동안 늪 이 물로 채워져 있는 점으로 보아, 강우와 지하수에 의해 물이 지속적으로 공급되는 것으로 추정했다. 양해근(2008)은 갈수기 저류량이 풍수기 때의 63%를 유지해 상당 히 안정되어 있는 것으로 보아 왕등재습지의 주요 수원은 지하수이며, 풍수기에는 강 우효과에 의해 유입되는 지표유출과 토양수가 관여해 습지 저류량을 증대시키는 것 으로 보고했다.

(5) 지리산 외고개습지

외고개습지는 급경사의 산지사면으로부터 평탄한 계곡으로 전이되는 지점에 발달한 다. 현재도 퇴적이 진행되며 퇴적층 두께는 1m를 넘는 것으로 조사되었다. 기반암은 편 마암과 편암이며, 풍화에 강한 기반암층에 의한 불투수층 형성이 습지형성에 유리한 조 건을 갖춘 것으로 판단된다. 과거 외고개습지는 농경지로 이용되었으나 현재는 지리산

국립공원 구역의 자연환경보전지역으로 지정되어 있다. 북서 산능에 위치한 왕등재습지와 더불어 비교적 원형이 잘 보존된 산지습지 중 하나이다(양해근·이해미·박경, 2010).

(6) 장도습지

전남 신안군 흑산면 대장도 해발 235m에 위치한다. 2005년 용늪과 우포늪에 이어 세 번째로 람사르협약에 등록된 것을 계기로 연구 조사가 활발히 이루어지고 있는데 특히 이곳은 섬 생태계의 보고로 알려져 있다. 장도습지가 특히 관심을 끌게 된 것은 섬에 형성된 산지습지로서 섬 규모에 비해 습지면적이 넓고 갈수기에도 저수량이 풍부해 주민들의 중요한 식수원으로서 역할을 하기 때문이다(최광희·최태봉, 2010).

장도에서 습지가 형성된 와지는 상당히 풍화가 진전된 화강암이고 그 주변은 규암화된 변성퇴적암이다. 면적은 0.89km²로서 섬 지역에서는 보기 드문 이탄층이 발달해 수자원을 저장하고 수질을 정화하는 기능을 담당(강병국·최종수, 2006)하고 있다.

습지 퇴적층의 평균 두께는 약 30cm 정도이며 전체적으로 유기물함량은 5~26%(최광희·최태봉, 2010)로 알려졌다. 이탄이란 유기물 함량이 30% 이상인 것을 가리키므로 이 습지는 알려진 것처럼 이탄층이 두껍지 않으며, 부분적으로 이탄이 형성되고 있는 습지이다. 또한 습지형성 이후 농경을 비롯한 자연적·인위적 교란이 지속적으로 발생한 것으로 조사되었다. 결국 이 습지는 아직 안정화되지 않은 초기단계의 습지로 작은 교란에도 민감하게 영향을 받을 것으로 생각된다.

● 사진 7-9. 물영아리오름습지(제주도 서귀포시, 2011.10)

(7) 물영아리오름습지

물영아리오름은 제주도의 전형적인 스코리아콘 중 하나이다. 스코리아콘은 대부분 화구호나 습지가 형성되기 어려운데, 물영아리오름은 드물게 스코리아콘 사면이 완경사화하는 과정에서 화구저로 유입된 세립물질이 퇴적되어 국지적으로 분포하는 불투수층의 존재 등의 조건에 의해 화구호와 습지가 형성되어 있다. 화구륜의 표고는 496m, 화구저 표고는 467m이다. 습지를 포함한 화구저의 면적은 0.56ha이다(김태호, 2009).

(8) 문경 돌리네습지

경북 문경시 산북면 우곡리 굴봉산(280m)의 돌리네상에 발달한 습지다. 돌리네는 그 지형적 특징상 습지가 발달하기 어려운 지형으로 문경 돌리네습지처럼 야외에서 직접 대규모 돌리네습지를 관찰할 수 있는 곳은 흔하지 않다. 강수량에 따라 달라지기는 하지만 현재 습지의 수심은 최고 약 3m(환경부, 2019)를 유지하고 있다. 이곳 돌리네습지에서는 지하로 물이 빠져나가는 배수구(swallow hole, ponor)도 관찰된다. 이곳은 원래 인근 우곡1리 마을 주민들의 경작지로 이용되어 오던 것을 환경부와 문경시에서 매입을 추진해 습지보호지역으로 지정·관리하고 있다. 2017년부터 시작된 이러한 조치 때문에 습지 주변의 경작지는 빠르게 묵논습지(abandonded paddy field)로 변해가고 있다.

● 사진 7-10. 문경 돌리네습지(경북 문경시 산북면 우곡1리, 2019.7)

3) 연안습지

연안습지는 크게 갯벌과 염생습지, 그리고 사구습지로 구분된다. 염하구(estuary)를 따로 구분한 연구 사례도 있으나 이에 대해서는 더 논의가 필요하다. 넓은 의미에서의 갯벌은 그 퇴적물의 종류와 식생피복 상태에 의해 뻘갯벌, 혼합갯벌, 모래갯벌, 자갈갯벌, 염생습지로 구분(이윤화, 2005)하기도 하지만 습지의 개념에서는 크게 갯벌과 염생습지로 구분하는 것이 무난할 것이다.

연안습지는 조류의 영향으로 인해 염류도의 공간적 차이가 나타난다. 상대적으로 고도가 낮은 곳은 조류의 영향을 많이 받으면, 퇴적물의 염류도가 높고 식생이 정착하지 못하는데 이를 갯벌이라고 한다. 그러나 장기간 퇴적작용을 받아 고도가 높아지면 퇴적물의 염류도는 떨어지고 염생식생이 정착하면서 염생습지가 형성된다(박의준, 2000b).

(1) 갯벌

남한의 갯벌 총면적은 약 4500km²로서 이는 국토 면적의 약 4.5%에 해당된다. 그러나 이 중 50%는 간척되었거나 진행 중이며 현재 남아 있는 것은 그 절반인 2200km² 정

● 사진 7-11. 갯벌습지(인천 강화군, 2017.10)

도이다. 이 통계자료에는 염생습지가 포함되어 있는데 염생습지는 현재 남아 있는 갯벌의 2.4%를 차지한다. 현재의 갯벌은 주로 전남 지역과 경기·인천 지역에 분포한다. 특히 천연기념물 419호로 지정된 강화갯벌은 그 면적이 여의도 면적의 약 53배로서 단일 문화재 지정 구역으로는 최대이다. 우리나라 갯벌의 연간 경제적 가치는 약 10조 원에 가까운 것으로 조사된 바 있다.

(2) 염생습지

갯벌은 퇴적물질이 쌓여 위로 성장하는 한편, 바다 쪽으로 넓어진다. 그리고 대조 시에만 바닷물이 들어올 정도로 지면이 높아지면, 나문재와 같은 염생식물이 정착해 염생습지(권혁재, 1996)가 만들어진다. 염생습지는 서해안과 남해안에 넓게 발달되어 있었으나, 일제강점기부터 대대적인 간척사업이 곳곳에서 추진되어 지금은 거의 사라졌다. 현재 가장 넓은 면적의 염생습지가 분포하는 곳은 아산만과 군산만(곰소만 포함)이다. 아산만의 경우 전체 갯벌 중 6.3%, 군산만과 곰소만은 6.9%가 염생습지로 남아 있어 다른 지역에 비해 갯벌에 대한 염생습지 비중이 높은 편(이윤화, 2005)이다.

● 사진 7-12. 염생습지(인천시 영종도, 2002.9)

(3) 사구습지

해안에 사구가 발달한 뒤 그 내륙 쪽에 형성된 습지로서 신두리 해안사구 내륙의 두웅습지는 대표적인 예이다.

온대지역 해안사구는 사막사구와는 달리 강수량이 풍부하다는 특징이 있다. 따라서 배후산지에서 유입된 물이 바닷물과의 밀도 차 때문에 빠져나가지 못하고 사구지대의 모래 틈 사이에 저장되므로 담수의 양이 풍부해지고 사구습지가 만들어질 가능성이 높다.

태안 신두리 사구지대에는 다수의 사구습지가 존재하는데 수문과 지형적 특성에 따라 사구저습지와 사구배후호로 크게 구분된다. 사구저습지는 사구지대 내에 발달하는 것으로서 전사구열과 이차사구열 사이에 형성된 것과 굴곡이 큰 사구지대의 저지대인 스웨일(swale)에 형성된 것으로 다시 구분할 수 있다. 사구배후호는 사구지대(특히 이차사구열)와 배후산지 사이에 형성된 것이다. 사구저습지는 침수와 건조가 되풀이되지만 사구배후호는 수위 변동이 크지 않아 습지생물의 안정적인 서식처를 제공하며 인근

● 사진 7-13. 사구습지인 두웅습지(충남 태안군 원북면 신두리, 2017.7)

지역 주민의 주요 용수 공급원 역할을 한다. 두웅습지는 사구배후호에 형성된 습지이다(김성환·서종철·박경, 2008). 두웅습지는 바닥의 절반이 모래로 되어 있으며 연중 4~5m 수심을 유지한다.

(4) 염하구

연안습지의 하나로 염하구를 따로 구분하기도 한다. 대표적인 곳이 전라남도 순천과 고흥반도 사이에 위치한 순천만 염하구이다. 염하구는 하천과 조류(tide)가 갯강(tidal river)을 통해 직접 영향을 주는 만입형 연안습지(박의준, 2000a)로서 일반적으로 삼각강, 기수역이라는 개념이 이에 해당된다. 순천만 염하구 연안습지로 동천과 이사천이 흘러들고 있으나 1991년 주암조절지댐의 건설 이후 하천에 의한 퇴적물 공급은 거의 없는 상태이다. 주로 조류에 의한 미립질 퇴적이 주를 이루며 식생이 없는 갯벌($21.6km^2$)과 염생습지($5.4km^2$)로 구성되어 있다. 하천 주변에 발달한 넓은 면적의 둔치 위에는 친수성 사초인 억새, 갈대 등이 밀생한다. 그리고 바다에 더 가까운 하부에는 염생식생의 일종인 칠면초 군락이 형성되어 있다.

4) 하구습지

(1) 삼각주

해안으로 흘러드는 하천의 하구에서 전형적으로 볼 수 있는 습지는 삼각주 지역이다. 그 대표적인 곳은 낙동강 하구 일대이며 주변의 환경변화에 가장 민감하게 반응하는 곳이기도 하다. 낙동강 삼각주는 남북 방향 약 30km, 동서 방향 약 16km 규모의 거대한 퇴적지형(김성환, 2005)으로서, 삼각주 연안의 사주섬과 배후 하구역 일대는 전형적인 해안습지 지역을 이루고 있다.

(2) 석호

강원도 동해안의 크고 작은 석호들은 대부분 해안하구습지들이다. 고성의 화진포호, 송지호, 광포호, 속초의 청초호, 영랑호, 강릉의 경포호, 향호 등이 대표적인데 이들은 후빙기 해면 상승으로 해안이 침수되는 과정에서 형성된 것이다. 석호는 그 형성과정에서 사빈·사구와 복잡한 상호 유기적인 시스템을 유지(손명원·서종철·전영권, 2002)

● 사진 7-14. 석호 향호(강원도 강릉시 주문읍 향호리, 2019.5)
석호는 동해안의 대표적인 습지경관이다.

하고 있다. 즉 사주가 발달해 석호가 만들어진 뒤에는 계속되는 퇴적물에 의해 석호는 매립된다. 그리고 퇴적물이 계속 공급되면서 해안에는 새로운 사주와 사빈이 만들어지며 이로써 2차적인 석호가 형성되거나 사빈 뒤쪽으로는 해안사구가 발달하게 된다.

화진포호는 최대수심 3.7m, 호수면적 2.37km²로서 우리나라에서 현존하는 가장 큰 규모의 석호이다. 화진포호는 내호와 외호로 구성되어 있는데 이 둘 사이는 좁은 수로로 연결되어 있고 외호는 동해와 좁은 통로(inlet)로 연결되어 있다. 이 통로는 평상시에는 닫혀 있지만 장마 또는 폭풍에 의해 바다와 일시적으로 연결되는 갯터짐 현상이 보인다. 화진포호는 개발이 진행된 다른 석호와는 달리 자연 퇴적물이 잘 보존되어 있어 고환경 복원에 귀중한 자료를 제공해 준다. 화진포호로 유입하는 하천은 평천과 월안천인데 호수 규모에 비해 이 하천들의 배수계 규모가 크지 않아 동해안의 이미 매몰된 다른 석호들에 비해 상대적으로 낮은 연평균 약 1.64mm의 퇴적속도를 보인다. 화진포호는 과거 400여 년간 기수호로 존재했으며, 약 160~220년 전에는 대규모 폭풍과 같은 급격한 해안환경 변화에 의해 사주가 형성되어, 화진포호 내호는 더 안정적인 분지환경

● **사진 7-15. 서해안의 석호 흔적(충남 태안군 안면읍 승언리, 2019.3)**
방포항 내륙 쪽에 습지 형태로 존재한다.

(염종권·유강민, 2002)으로 변했다. 일반적으로 홀로세(Holocene epoch) 이후 형성된 사주는 지속적인 변화에 의해 성장하기보다 폭풍과 같은 급격한 환경변화에 의해 형성되는 것으로 알려져 있다.

서해안은 조차가 크기 때문에 석호의 형태는 동해안과는 다르다. 즉 밀물 때는 호수가 되지만 썰물 때는 물이 빠져나가 갯벌 형태로 남는다. 이러한 지형적 특징 때문에 많은 석호들이 자연매립되거나 농경지로 개척되었고 일부 지역에서 석호의 흔적으로서 습지경관이 관찰된다.

5) 인공습지

오래전부터 주남저수지가 철새도래지로서 각광을 받아왔고, 최근 강화매화마름군락지가 람사르 등록 습지가 된 것을 제외하고는 인공습지에 대한 관심과 연구는 매우 제한적이었다. 그러나 최근 묵논습지인 운곡습지가 람사르협약에 등록되는 것을 계기

● 사진 7-16. 주남저수지(경남 창원시 의창구 동읍-대산면 일원, 2006.6)

로 인공습지에 대한 관심이 증대되고 있다.

(1) 저수지

경남 창원시 동읍에 있는 주남저수지는 넓이 6km²에 이르는 방대한 인공내륙습지로서 주남·산남·동판 등 3개 저수지로 구성되어 있다. 1951년 농업용으로 축성되었으며 지금은 낙동강 홍수 조절기능도 담당하고 있다. 수생식물과 수서생물이 풍부해 우리나라의 대표적인 철새 도래지가 되었다.

● 사진 7-17. 운곡람사르습지(전북 고창군 아산면 운곡리, 2019.6)

(2) 묵논습지

묵논습지란 사회적·경제적 여건으로 의도적 또는 일시적으로 휴경 상태에 있거나 경작을 포기한 농경지에 지속적 또는 주기적인 수분 공급으로 침수가 되어 습윤토양과 습지식생이 발달한 곳(윤광성, 2007; 김태석, 2010)을 말한다.

묵논습지의 대표적인 예로는 2011년 람사르 등록 습지가 된 고창 운곡습지와 2017년 환경부습지보호지역으로 지정된 문경돌리네습지가 있다.

● 사진 7-18. 문경돌리네습지의 묵논(경북 문경시, 2019.7)
휴경이 시작된 지 만 2년이 지나면서 돌리네 내부의 경작지들은 빠르게 습지환경으로 변해가고 있다.

　운곡습지가 위치한 오베이골은 원래 지역 주민들이 계단식 논을 만들어 경작해 오던 곳이다. 그러다가 1981년 인근 영광원자력발전소에 안정적으로 냉각수를 공급할 목적으로 이곳에 운곡댐이 조성되었고, 주민들은 다른 지역으로 이주하게 되었다. 댐 주변으로는 철조망이 쳐졌고 일반인들의 출입도 당연히 금지되었다. 이러한 상황이 수십 년 이어지자 자연스럽게 이곳은 농경지를 만들기 이전의 자연습지생태계로 복원된 것이다.

　문경돌리네습지는 인근 마을 주민들의 경작지로 이용되던 곳을 정부에서 매입해 습지보호지역으로 관리하고 있는 곳이다. 습지 주변 경작지들은 3년 전부터 휴경지가 되면서 자연스럽게 묵논습지화되어 가고 있다. 이곳 묵논습지는 탐방객들이 실시간으로 그 변화 과정을 관찰할 수 있다는 면에서 운곡습지와는 다른 의미가 있다고 할 수 있다.

제8장

평야와 완경사지형

1. 평야지형

평야는 지표면 경사 5° 이하로 기복이 작고 평탄하며 고도가 비교적 낮은 지형이다. 경사 5~10°인 경우는 완경사지, 10~15°는 준완경사지, 15~20°는 급경사지로 구분한다 (Hudson, 1936; 박수진, 2009b에서 재인용). 산지가 많은 한반도에는 넓은 평야가 드물며 서해나 남해로 흘러드는 대하천을 끼고 그 하류 지역에 일부 발달한 정도이다. 평야는 그 성인에 의해 크게 침식평야와 충적평야로 나눈다.

1) 침식평야

우리나라 평야는 노년기 지형 또는 준평원의 발달과 관련된 침식평야로 알려져 왔다. 대표적인 예인 호남평야를 위성사진을 통해 관찰해 보면, 차별침식으로 발달한 거대한 침식분지 형태를 하고 있는 것을 알 수 있다. 평야부는 대보화강암으로 되어 있고 주변부는 기타 침식에 저항력이 강한 암석으로 되어 있다. 해발 50m 등고선은 이 암석들의 경계부이자 호남평야의 범위를 나타낸다. 평야를 구성하는 대표적인 경관들은 해발 25m 내외의 구릉지들이다.

● 사진 8-1. 내포평야(충남 예산군 삽교읍, 2019.6)
평야부의 기반은 저기복 침식면이며 해안지역으로는 충적평야의 특징도 나타난다. 예당평야라고도 하는데 이 경우 해안지대에 나타나는 충적평야를 주로 지칭한다.

2) 충적평야

한반도는 백악기 이후 큰 지각변동이 없는 안정된 상태에서 오랫동안 침식작용을 받아 산지는 완만해졌고 하천의 중·하류부는 평형상태에 달해 있다. 따라서 하천 상류부로부터 퇴적물 공급량도 적어 넓은 침식면에 비해 충적평야의 면적은 좁다. 이러한 특징은 한반도가 오랫동안 삭박과 제거만 계속되었고 안정된 상태에서 완만한 속도로 전체적으로 융기하고 있다는 증거(조화룡, 1987)가 되기도 한다. 그러나 순수한 침식평야는 드물며 충적지가 평야의 주요한 부분을 차지한다. 이런 관점에서 본다면 침식평야로 알려진 호남평야도 그 절반 정도는 충적평야(권혁재, 1975b)의 특징이 있다고 할 수 있다. 일제강점기부터 시작된 호남평야 개발은 주로 이 충적지들을 중심으로 진행되었다.

(1) 하곡평야와 해안충적평야

충적평야는 보통 하곡평야와 해안충적평야로 구분된다. 호남평야의 경우 해안에는 해안충적평야, 만경강과 동진강 하류 양안에는 하곡평야가 발달해 있다. 그러나 이 두 지형은 서로 점이적으로 만나며 인공적으로 많이 변형되었기 때문에 그 경계선이 뚜렷하지 않다.

① 하곡평야

대하천 하류에는 후빙기 해면 상승과 더불어 빙기에 깊게 파인 골짜기가 하천의 토사로 매립되어 발달한 충적평야가 분포한다. 이러한 충적지는 현재의 해면을 기준으로 형성되었기 때문에 해발고도 10m 내외로 낮은 것이 특색이다. 충적평야 중 해안으로부터 멀리 떨어진 지역(김포평야, 논산평야, 대산평야 등)은 범람원으로만 이루어졌고, 조차가 큰 서해안 지역(김제평야, 만경평야, 평택평야, 예당평야 등)은 하천 양안의 범람원과 갯벌의 간척지로 이루어졌다.

② 해안충적평야

해안충적평야는 바다 쪽으로 사빈과 해안사구가 형성되어 있어 그 경계가 뚜렷한데, 동해안은 특히 그렇다. 서해안에서는 대부분 간석지 배후에 대규모 충적평야가 발달하지만, 태안반도와 안면도 등지에서는 비치와 해안사구의 배후에 소규모의 해안충적평야가 발달하기도 한다. 그러나 하천의 직접적인 퇴적물과 관계없이 순수하게 해안사구 발달 과정에서 형성된 평야를 해안퇴적평야라고 해서 하천의 직접적인 퇴적작용으로 발달한 충적평야와 구분해야 한다는 의견(최성길·김일종, 1987)도 있다.

해안충적평야는 홀로세 해면변동과 깊은 관계가 있다. 1만 8000년 전, 최종빙기 최성기에 해수면은 약 140m 하강했었다. 이 당시 수심이 얕고 해저경사가 완만한 서해안은 해안선이 제주도 동서쪽까지 후퇴해 육지로 되었고 이곳을 황하의 연장천이 흐르고 있었다. 그러나 해저경사가 급하고 수심이 깊은 동해는 현재보다 약간 바다 쪽으로 확장되었다. 이 같은 해수면 하강과 육지의 확대로 인해 현재 해안충적평야가 발달한 지역 일대는 당시 개석곡을 따라 하천이 흐르고 있었다. 이때 하구는 지금의 하구보다 훨씬 바다 쪽으로 나가 있었는데, 강릉 남대천은 8km, 낙동강은 60km, 금강은 160km 지점에 위치했던 것으로 조사되었다. 최종빙기 최성기 이후, 해면이 급하게 상승했으므

● 사진 8-2. 동해안의 해안평야(경북 영덕군 고래불 해변, 2019.5)
병곡면과 영해면에 걸쳐 형성된 것으로 배후산지에서 발원한 송천이 평야부 남측을 지나 동해로 흘러든다.

로 이 개석곡들은 바로 메워지지 않고 내만의 환경이 지속되었다. 현재 수준으로 해수면이 안정되기 시작한 약 6000년 전부터 바다에서 운반된 간석지퇴적물과 하천상류에서 운반된 육상퇴적물에 의해 개석곡은 매적되기 시작해 현재에 이르고 있다. 조화룡(1987)은 매몰곡의 최심부는 동해안 남대천 하구부에서 -30m, 남해안 낙동강 하구부에서 -70m, 황해안 금강하구에서 -23m 전후가 되는 것으로 조사했다.

(2) 충적평야 발달의 지역적 차이

① 동해안

동해안은 작은 조차, 급구배 하천으로부터 많은 퇴적물이 공급되고 해안선이 단조롭기 때문에 초기의 삼각주성 하구충적평야가 바다 쪽으로 전진하면서 빈제[濱堤, beach ridge, 사구열(砂丘列)이라고도 한다], 사주, 석호를 추가로 만들어가는 과정을 통해 충적평야가 발달하고 있다. 동해안의 경우 두 종류의 충적평야(조화룡, 1987)가 존재한다.

첫째, 하천이 태백산지에서 발원해 상류부로부터 많은 퇴적물을 공급받는 하구 지역으로서, 이곳에는 자연제방과 빈제가 발달한 평야가 발달했다.

둘째, 하천이 산록 구릉지로부터 발원해 퇴적물 공급이 미약한 곳은 퇴적물이 침식곡을 다 메우지 못해 하구부에 자연제방은 발달해 있지 않고, 석호와 넓은 토탄지가 발달한 평야가 존재한다.

② 황해안과 남해안

황해안은 심한 조차로 인해 사주, 빈제와 같은 미지형이 만들어지지 않고, 하천이 운반한 퇴적물이 해저에 확산되어 삼각강의 형태를 취하고 있으며, 넓은 간석지가 발달한다. 이 일대의 충적평야는 간석지 → 염생습지 → 육화 과정을 통해 만들어진다. 남해안의 충적평야는 동해안과 황해안의 중간적 성격을 띠고 있다.

(3) 충적평야의 토탄지

우리나라는 자연지리 조건상 토탄(土炭, peat, 이탄(泥炭)이라고도 한다) 형성에 불리하다. 토탄지가 형성되기 위해서는 지형적으로는 습지를 형성할 와지가 많아야 하며 기후적으로는 식물 유체가 쉽게 분해되지 않도록 냉량습윤해야 하기 때문이다. 그러나 토탄지가 전혀 없는 것은 아니고 단구면, 충적평야 등지에서는 소규모이기는 하지만 상당한 토탄지가 관찰된다. 가장 오래된 토탄은 단구(해안단구, 하안단구)면에서 발견되는데 이들은 3만~4만 년 전에 형성된 것으로 밝혀졌다. 우리나라 토탄지 대부분은 충적평야에서 관찰되는데 충적층 기저에 있는 토탄은 약 6000년 전 이전에, 나머지는 그 후에 형성된 것(조화룡, 1990)으로 알려졌다.

3) 삼각주

(1) 삼각주의 발달

삼각주는 하천과 바다가 만나는 지점에 토사가 퇴적되어 만들어진 지형이다. 삼각주를 형성하는 큰 하천들은 단일 유로를 유지하다가도 삼각주에 들어와서는 퇴적된 하중도나 사주섬 등을 사이에 두고 여러 갈래로 갈라져 바다로 유입된다.

한반도의 대하천은 대부분 서해로 흘러드는데 서해는 조차가 크기 때문에 토사가 쉽게 제거된다. 따라서 삼각주 발달은 미약하며 하구는 이른바 삼각강 모양을 하고 있다.

● 사진 8-3. 낙동강 삼각주와 김해평야(부산광역시)
자료: 네이버 지도(http://map.naver.com).

동해안은 상대적으로 조차는 작지만 파랑의 작용이 활발하고 수심이 깊은 것이 특징이다. 이러한 조건 때문에 태백산맥 동사면을 따라 동해로 흘러드는 하천의 토사들은 파랑과 연안류에 의해 해안선을 따라 이동되면서 사빈에 쌓인다. 따라서 삼각주 대신에 사빈과 해안사구가 발달해 있고 그 배후에는 작은 충적평야가 형성되어 있다.

한국의 대표적인 삼각주는 낙동강 삼각주(김해평야)와 압록강 삼각주(용천평야)이다. 평야가 적은 한반도에서 이 삼각주 평야들은 중요한 의미가 있다.

(2) 낙동강 삼각주

낙동강 삼각주는 구포 부근까지 들어왔던 만이 낙동강의 토사로 메워짐으로써 형성된 지형이다. 낙동강은 토사유출량이 많고, 하구에서의 대조차가 약 1m에 불과하다. 낙동강 삼각주는 주로 하천에 의해 형성된 상부삼각주와 삼각주가 바다로 성장해 나갈 때 파랑의 영향을 크게 받으면서 형성된 하부삼각주, 이렇게 두 부분으로 이루어졌다 (권혁재, 1999; 김성환, 2009).

① 상부삼각주와 하부삼각주

상부삼각주는 하천의 영향이 큰 곳이다. 망류하계망 주변으로 대저도와 을숙도를 중심으로 하는 하중도군과 배후습지로 구성된다. 하부삼각주는 파랑의 영향이 큰 곳으로 도요등, 백합등, 대마등, 신자도 등의 삼각주 연안 사주섬(barrier island, offshore island, 연안사주라고도 한다)군과 해안평야 그리고 주변의 간석지 등으로 이루어졌다. 이 연안사주섬들은 낙동강 하구를 마치 울타리처럼 가로막고 있다는 의미에서 울타리섬이라고도 부른다.

② 사주섬을 중심으로 한 삼각주의 지형변화

사주섬의 성장은 그 배후 지역을 파랑의 직접적인 영향으로부터 차단하고 석호 환경으로 변화시키면서 간석지를 확대시킨다. 이는 결국 삼각주의 성장으로 이어진다. 그러나 사주섬 주변으로 간석지가 상당히 넓게 발달해 사주섬이 고립되면 사주섬 자체는 토사공급이 차단되어 축소된다(권혁재, 1999).

낙동강 삼각주는 현재 해안선을 구성하고 있는 사주섬을 중심으로 지형변화가 진행되고 있다. 특히 하구둑 건설(1987년) 이후에는 새로운 사주섬이 출현해 빠르게 성장하는 것으로 조사되었다. 사주섬의 퇴적 시기를 측정한 결과 하부층은 약 300년 전, 상부층은 약 50년 전에 퇴적된 것으로 나타났다(김성환, 2009). 사주섬은 주로 동쪽에서 서쪽으로 성장하는데 이는 연안류가 서쪽으로 흐르기 때문이다(권혁재, 1999).

③ 사주섬의 성장과 명칭

사주섬을 지칭하는 지명에는 대부분 '등'이라는 명칭이 붙는다. 그러나 출현한 지 오래된 것은 섬을 의미하는 '도'라는 명칭이 붙기도 한다. 이에 대해 아직 물위로 드러나지 않은 '미래의 사주섬'에 대해서는 '속등'이라고 해서 구분한다(김성환, 2009).

● 사진 8-4. 낙동강 하부삼각주의 울타리섬(부산광역시 사하구, 2019.12)
도요등은 가장 최근(1988)에 물위로 드러나기 시작한 사주섬으로 현재 다대포해변 쪽으로 빠르게 성장하고 있다.

● 사진 8-5. 대마등(부산광역시 강서구 명지동, 2019.3)

2. 완경사지형

1) 완경사지형으로서의 산록완사면과 선상지

(1) 개념

완경사지형이란 정량적으로 합의된 기준은 없지만 보통 경사 5~10° 혹은 10~15°인 사면(Hudson, 1936)을 말한다. '산록에 발달한 완경사의 지형면'으로서 전통적으로 사용되어 온 산록완사면, 선상지 개념이 여기에 포함된다. 이 지형 용어들은 평면 형태로만 본다면 사용에 별문제가 없으나 성인적인 면에서 접근하다 보면 상당한 논쟁거리가 된다.

지금까지의 논쟁은 산록에 발달한 완경사의 지형면이 산록완사면인지, 아니면 선상지인지에 대한 논쟁이라기보다는 그것이 근본적으로 침식면인지, 아니면 퇴적면인지에 대해 초점이 맞추어져 있었다. 전자는 풍화층이 삭박된 것이라는 주장이고 후자는 배후산지의 풍화물질이 하천에 의해 운반된 퇴적층이라는 주장이다. 따라서 산록완사면이든 선상지든 그것이 침식 지형인지, 퇴적지형인지에 대한 논쟁은 소모적일 수 있다. 왜냐하면 겉으로 보기에는 유사한 평면 형태를 띠고 있지만 성인을 분석해 보면 침식지형도 있고 퇴적지형도 있기 때문이다. 그뿐만 아니라 동일한 사면에서도 침식·퇴적지형이 공존한다는 다수의 연구 사례도 보고되어 왔다.

이러한 사실은 산록완경사지형이 장기간에 걸쳐 복합적으로 발달했다는 것을 의미한다. 앞으로는 용어의 혼란을 피하기 위해 지금까지 사용된 전통적인 개념으로서의 산록완사면은 '산록침식면'(혹은 개석면)으로, 선상지는 '충적선상지'로 부르는 것도 대안이 될 수 있을 것으로 생각한다.

(2) 연구의 진행

이 분야의 연구는 박노식(1959)에게서 시작되었다. 연구자는 구례 화엄사와 천은사 곡지 등 하곡지를 정점으로 해 발달한 산록완사면을 충적선상지로 인식하고, 이 선상지들 사이에는 산록침식면이 존재함을 지적했다. 그 뒤 페디먼트와 연결시킨 침식면으로서의 산록완사면 연구가 진행되는 한편, 충적선상지로 해석하는 연구도 병행되었다. 김종욱(1983)은 와룡산 일대 해안선을 따라 발달한 선상지는 형태적으로 충적선상지,

페디먼트와 공통점이 있으나 페디먼트의 성격이 강하다고 보았다. 즉 이곳 사면 퇴적물을 포상홍수에서 기인된 것으로 해석한 것이다(이민부·김남신·한균형, 2003). 이후 산록완사면 연구는 페디먼트와의 관련성을 배제하고 침식작용을 강조한 연구로 진행되는 한편, 충적선상지의 경우 구조운동과 기후변동에 초점을 맞춘 연구가 진행되었다.

2) 산록완사면

(1) 개념과 특징

① 개념

산록완사면은 그 명칭만으로는 성인적 개념이 들어가 있지 않다. 그러나 실제로 연구자들은 "삭박면 또는 그것이 변형된 침식사면", "산록에 발달한 완경사의 기반침식면 위에 퇴적물이 비교적 얇게 덮여 있거나 기반암면이 노출된 완경사의 사면"(장재훈, 2002) 등 성인적 개념을 포함하는 의미로 정의했다. 그러나 여기에서의 삭박면은 데이비스식 지형윤회설에 따른 하천에 의한 침식면과는 다른 개념이다. 심층풍화와 풍화물질의 탈거(奪去)를 통해 발달하는 지형면으로서 페디먼트 혹은 페디플레인 지형도 이 개념에 해당된다(김상호, 1980).

● **사진 8-6. 산록완사면(충북 제천시 봉양읍 미당리 일원, 2019.7)**
제천분지는 우리나라 분지 중 가장 전형적이고 규모가 큰 산록완사면을 관찰할 수 있는 곳이다. 사진은 제천 의림지 쪽에서 북서쪽을 바라본 경관이다.

② 페디먼트와의 관계

산록완사면이라는 용어와 함께 늘 언급되어 온 것이 페디먼트이다. 페디먼트는 원래 건조 또는 반건조 지역의 산록에 발달한 완경사의 침식사면을 말한다. 그러나 이러한 지형이 다른 기후 지역에서도 다수 발견됨에 따라 페디먼트성 지형을 건조기후 지형으로 국한시키지는 않고 있다. 현재 우리나라에서 논의되는 산록완사면의 경우에도 그 형성조건으로서 건조기후를 강조하기보다는 침식면을 강조한 개념으로 사용하고 있는 추세이다. 장재훈(1966)은 우리나라의 산록완사면이 형태적으로 페디먼트 지형과 비슷한 점이 많다는 점을 관찰하고 이 지형들은 건조기후와 관계없이 연구되어야 한다는 것을 강조한 바 있다.

(2) 관찰과 해석

① 침식분지와의 관계

산록완사면은 한반도 전 지역에서 관찰되며 특히 침식분지 주변 산록을 따라 전형적으로 발달되어 있다.

한국에서 산록완사면이 넓게 발달한 곳은 대부분 높은 산지로 둘러싸인 가조분지, 제천분지, 구례분지 등의 침식분지 산록이다. 이 사면들에는 약간의 퇴적물로 덮여 있기는 하지만 퇴적물을 제거해도 완경사면은 그대로 형태를 유지하고 있다. 이는 근본적으로 이 지형들이 침식에 의해 만들어진 완경사면이며, 그 위에 2차적으로 약간의 퇴적물이 피복되어 있을 뿐이라는 점을 보여준다. 장재훈(2001)은 풍화된 암석의 차별적인 침식과 급사면의 평행 후퇴를 통해 분지가 형성된 것으로 설명하고 있다.

② 암석과 피복물질

기반암의 측면에서 보면 산록완사면은 대부분 편암이나 편마암 등 경암과 접하고 있는 화강암류 지역에 발달한다. 원주분지, 남원분지와 같이 산지와 산록이 모두 동질의 화강암으로 이루어진 곳에는 완사면 발달이 미약하다.

산록완사면 위에 덮인 퇴적물은 적색이나 황갈색토와 혼합된 각력퇴적물, 암괴원이나 암괴류 형태로 나타나는 암괴퇴적물, 그리고 핵석 기원의 거력 퇴적물 등 다양하다. 각력퇴적물은 과거 빙기 때 기계적풍화에 의해 형성된 배후산지의 암설들이 이동·퇴적된 것이며, 암괴퇴적물과 거력 퇴적물은 지중풍화에 의해 형성된 기반암 풍화층 안의 핵석들이 사면 삭박과정에서 노출된 것으로 해석된다. 장재훈(2002)은 산록완사면 형성에 화강암 심층풍화층 삭박이 직접적인 영향을 주었다는 것을 강조하고 그 증거로, 경남 가조분지의 경우는 수십 m, 제천분지의 경우 20~30m 두께의 풍화층이 관찰된다는 것을 제시했다.

③ 하천과의 관계

산록완사면지형에서 하천은 발달요인이 아니라 파괴요인으로 취급된다. 산록완사면에서 기반침식면을 덮고 있는 퇴적물들은 분급(sorting), 베딩(bedding)이 불량한 것이 특징이다. 이는 이 지형들이 하천이 아니라 포상홍수성 유수작용에 의해 퇴적된 것임을 보여준다. 또한 산록완사면 대부분은 말단부가 충적지에 대해 단상(段狀)으로 접하거나 현 하천에 의해 수직으로 끊기고 있으며, 두부침식에 의해 개석되고 있는데 이는 산록완사면이 과거에 형성된 화석지형이며, 지금은 파괴가 진행되고 있다는 것을 나타내는 증거이기도하다.

3) 선상지

(1) 개념

선상지는 기반침식면의 형상과는 관계없이 산록에 사력물질이 두껍게 쌓인 충적지형을 말한다. 따라서 충적선상지는 산록의 사력퇴적물을 제거하면 선상지 모양의 지형 윤곽은 사라진다.

우리나라는 선상지의 발달이 비교적 저조하지만, 안변의 추가령구조곡의 석왕사 선상지, 경남 사천의 사천 선상지, 강릉의 금광평 선상지, 구례 화엄사 선상지 등이 일찍부터 보고되어 왔다.

(2) 관찰과 해석

선상지 연구는 한동안 공백기를 거쳐 최근 다시 그 연구가 활발히 진행되고 있다. 성인적 관점에서는 특히 단층운동, 제4기 기후변화(빙기) 등과 관련된 선상지 연구가 많다.

● 사진 8-7. 금광평 선상지(강원도 강릉시 구정면 금광리 일원, 2019.5)

● 사진 8-8. 화엄사 선상지(전남 구례군 마산면 갑산리 일원, 2018.1)

① 단층선과 관련된 선상지

단층운동과 관련해 발달한 선상지로 알려진 대표적인 곳은 불국사 단층선곡 일대(황상일·윤순옥, 2001), 경주~천북 지역(윤순옥·황상일, 2004), 그리고 추가령구조곡의 연천-대광리 단층대(이민부 외, 2001a; 이민부 외, 2001b)와 포천 단층대(이민부 외, 2005) 지역 등이다.

경주 선상지는 단층과 관련해 형성된 대표적인 선상지로서 다음과 같은 특징이 있다.

첫째, 단일 선상지로서는 우리나라 최대 규모이다.

둘째, 선상지 지형면 구배율은 0.9%(9/1000)로 우리나라 선상지 가운데 가장 완만하다.

셋째, 일반적인 선상지와는 달리 선앙부에도 용천이 분포한다. 이는 지형면 전체에서 지하수위가 지표면 부근까지 도달해 있기 때문이다. 지하수위가 높다는 말은 선상지

● **사진 8-9. 경주선상지(경북 경주시, 2019.4)**
선상지를 북쪽에서 남쪽으로 바라보고 찍은 사진이다. 선상지는 사진의 위쪽 명활산(268m)에서 시작해 아래쪽 소금강산(143m)까지 이어진다. 사진 가운데 왼쪽에서 오른쪽으로 이 선상지를 만든 북천이 흐르고 있다. 북천은 형산강의 지류하천으로 토함산(745m)에서 발원해 보문호를 관통하는 하천이다.

● 사진 8-10. 연천 단층대의 합류선상지(경기도 연천군, 2006.5)

퇴적물 두께가 얇다는 뜻이다. 이는 유역분지의 상류부와 중류부에도 넓은 퇴적 공간이 형성되어 있어 이 선상지를 형성한 북천 규모에 비해 하류부로 퇴적물이 충분히 공급되지 못했기 때문이다.

추가령구조곡의 구간인 연천 단층대에서는 남쪽으로 흐르는 차탄천 유역에 완경사의 합류선상지가 발달되어 있다. 주로 동쪽 산지의 경사급변대 아래로 넓게 분포하는데, 이 선상지 지형면들은 연천 단층대의 주향과 일치하며 지표에 기반암이 드러나지 않을 정도로 퇴적층이 두껍게 형성(이민부 외, 2001b)되어 있다. 대광리 단층대에서는 단층선과 관련 있는 삼각 말단면 사이로 선상지가 형성되어 있다. 이곳 선상지는 구조곡을 따라 흐르는 차탄천의 지류에 의해 운반된 퇴적물이 단층애의 곡구를 중심으로 하도 쪽을 향해 원추형으로 분포(이민부 외, 2001a)한다. 포천 단층대는 추가령구조곡 중에서도 가장 동쪽에 위치한 단층대로서 일동면과 이동면 일대에 연곡리 선상지가 발달해 있다. 선상지의 선단 부분은 영평천에 의해 개석되어 있는 경우가 많고 이 노두를 통해 선상지 퇴적물을 관찰할 수 있다. 선상지의 퇴적물 두께는 3~8m 정도(이민부 외, 2005)에 달하며 역의 원마도는 상당히 높은 편이다.

② 제4기 기후변화와 관련된 선상지

한랭한 기후 환경(빙기)에서 동결과 융해의 반복에 의한 기계적풍화로 많은 암설이 만들어졌고, 이 암설들이 식생피복이 빈약한 상태에서 운반작용이 활발해 선상지 퇴적물이 형성(황상일, 2004)되었다는 관점이다.

단층선과는 관계없이 제4기 기후변화를 반영한 선상지가 발달한 것으로 알려진 곳은 경남 사천·삼천포(윤순옥, 1996), 해운대 대천분지(최용승, 1998), 경북 청도분지(황상일, 2004), 대구 팔공산(윤순옥·조우영·황상일, 2004) 등지이다.

윤순옥(1996)은 삼천포시 향촌동과 사등동 일대의 퇴적층에 대한 화분분석 결과, 사천 선상지 퇴적층이 홀로세(Holocene) 해수면 변동으로 발달했음을 밝혔다. 이 지역에서 선상지 지형으로 인식되는 곳은 초전리와 대포동 해안 지역이다. 사면형태는 곡구에서 완만하게 전형적인 부채꼴 형태로 사천만으로 이어진다. 그리고 이 선상지 사면 지형들은 해저로 연장(이민부·김남신·한균형, 2003)되는데, 특히 초전리에서는 비교적 경사가 급하게 해저로 이어지고 있다.

청도·화양 선상지는 하상비고가 다른 선상지가 결합된 이른바 합성선상지(composite fan)로서 고위면, 중위면, 저위면으로 구분되는데, 이는 이 지역이 전체적으로 융기(황상일, 2004)되어 만들어진 것임을 보여주는 증거이다. 대구시 팔공산 선상지의 경

● 사진 8-11. 사천선상지(경남 사천시 용현면-대포동-남양동 일원, 2018.1)

우 특히 팔공산지 남사면의 선상지 발달이 탁월한데, 이는 일조량과 일사각의 차이로 인해 북사면보다 남사면에서 더 활발하게 동결융해작용이 일어났기 때문(윤순옥·조우영·황상일, 2004)으로 설명되고 있다.

③ 기타 성인의 선상지

대구 비슬산 서사면에서 관찰되는 유가 선상지의 경우는 좀 독특한 형성 메커니즘에 의해 발달한 것으로 조사되었다(이광률·조영동, 2013). 연구자들은 선상지 하천 종단면도를 작성한 결과 곡구부나 선정부에 경사 급변점이 나타나지 않고 있는 것을 발견했다. 이는 유가 선상지가 전통적인 개념인 하도의 경사도 감소 때문이 아니라 좁은 하곡에서 넓은 평지로 흘러나온 유수의 수리기하학적 변화에 따른 퇴적작용으로 형성된 것을 의미한다.

울산 지역의 선상지는 신생대 4기 기후변화, 지반융기, 기반암의 특색, 단층운동 등이 복합적으로 작용해 형성된 것으로 알려져 있다. 동해안은 70만 년 이래 약 0.23mm/Y.의 속도로 지반이 융기했다(윤순옥·황상일, 2004). 불국사단층선 주변의 경우 기반암이 절리의 발달로 풍화에 약해진 화강암류와 퇴적암으로 되어 있는 것으로 조사되었다(황상일·윤순옥, 2001).

제9장

해안지형

1. 해안선

1) 해안선의 특징

일반적으로 동해안은 해안선이 단조롭고 남서해안은 해안선의 출입이 심한 것이 특징인데 이는 한반도의 지각변동과 관련이 있다.

동해안의 직선애안선 윤곽을 결정한 대표적인 지각운동은 정단층작용(경동지괴운동)이다. 동해안에는 8km 이상 곧게 뻗은 직선 해안선이 존재하는데, 동해 북부해안에서는 함경산맥, 그 남부 해안에서는 태백산맥 주향과 각각 일치하는 경향을 보인다. 해안선의 연장선상에 있는 해저지형에서도 이 같은 경향의 단층애가 존재한다. 이는 동해안의 해안선 윤곽이 지각의 상하운동, 즉 정단층운동과 관련되어 있음을 보여준다.

남서해안의 경우 해안선이 만입부보다 반도를 중심으로 하는 곳에서 해안선의 굴곡도가 대부분 높게 나타나는 점으로 보아, 이곳은 오랜 육상의 삭박 기간을 거친 후 침수되어 나타난 것으로 보인다. 오건환(1978)은 현재 해안선의 미세한 특징은 제4기 빙하성 해면변화와 지역적인 지각변동, 파식 등이 복합적으로 작용한 결과라고 했다.

그러나 남서해안의 복잡한 리아스식 해안을 단순히 침수해안으로만 설명하기는 어렵다. 내륙 쪽에서 해안으로 여러 갈래로 갈라져 뻗어 있는 2차 산맥의 방향성도 어느 정도 영향을 준 것으로 보인다. 이 산맥들은 주로 북동~남서 방향으로 달리고 있는데

이를 반영해 남서해안의 섬과 반도들 형태도 이 방향들과 거의 일치한다. 해안선의 지형적 특징을 결정짓는 요인으로 침수와 이수 못지않게 구조적 요인이 중요하다는 생각이다. 이를 잘 뒷받침해 주는 사례가 바로 남부 유럽의 '아드리아식 해안'이다. 아드리아해 동부 해안은 무수한 섬과 반도가 해안선을 따라 평행하게 발달해 있는데 이는 해안선과 같은 방향의 습곡축을 따라 일어난 습곡작용과 관련이 있는 것으로 알려져 있다(권동희, 2018).

2) 해안선의 변화

해안선은 끊임없이 변하는 동적인 개념이다. 전통적으로 해안선은 주로 지각변동과 관련된 융기와 침강 혹은 기후변화에 따른 이수와 침수 때문에 변화하는 것으로 설명되었다. 이러한 변화는 보통 수백 년 이상의 장기적 관점에서 이루어진다. 그러나 최근 연구에서는 수십 년이라는 비교적 짧은 기간 동안에도 지역적으로 다양한 요인에 의해 끊임없이 해안선이 변화하고 있다는 것이 밝혀졌다.

(1) 장기적 변화

① 융기(이수)와 침강(침수)

한반도 해안선의 지역적 차이는 전통적으로 융기(동해안)와 침강(서해안) 혹은 이수와 침수로 설명되어 왔다. 이 같은 한반도의 융기, 침강에 대한 단순 이론에 대해서는 다소 이견이 있고 더 다양한 관점에서 해석하려는 경향이 진행되고 있다.

해안의 융기를 알 수 있는 대표적인 지표는 해안단구와 하안단구로서, 이를 통해 한반도의 융기 문제는 어느 정도 밝혀지고 있다. 이들은 과거 동해안을 중심으로 연구되었으나 최근에는 서해안에서도 많은 연구가 진행되고 있다. 서해안의 해면변동성 하안단구는 한강, 금강, 만경강 하구, 전북 고창의 홍덕 지역 등지에서도 보고되어 왔다. 주요한 것은 이 서해안 하안단구들은 서해안 지역이 융기했다는 것을 뒷받침해 주는 증거가 되었고, 결국 과거에 널리 알려진 '서해안 침강설'에 대한 이론을 바꾸어놓는 계기가 되었다는 점이다. 서해안이 침강한 것이 아니라 융기하고 있다는 것은 무안군 당사도의 고도 6m 지점에 해성 사력층이 존재한다는 김서운(1973)의 연구 등에 의해서도 확실해졌다. 서해안의 굴곡이 심한 것은 후빙기의 급격한 해수면 상승에 의한 해안 지역의 침수에 따른 것으로 밝혀졌다.

② 융기속도와 융기율

지반의 융기 속도는 해안단구의 형성연대와 구정선 고도로부터 상대적으로 계산할 수 있다. 그러나 복수 단구면에 대한 측정 자료가 충분하지 않고, 또한 연구자 간의 계산 결과도 차이가 많아 한반도의 지반 융기율을 정확히 나타내기는 어렵다. 단, 여러 연구 결과를 고려해 볼 때 한반도에서 최종간빙기 이후의 지반 융기율은 대략 연 0.1m 정도가 되는 것으로 계산된다. 참고로 일본의 융기율은 한반도의 15배, 즉 연 1.52m(박용안·공우석 외, 2001)에 달하는 것으로 알려졌다. 이는 한반도가 변동대의 지역에 비해 지각운동량이 극히 적은 곳이라는 것을 보여주는 것이다.

그러나 융기율의 지역적 차이에 대해서는 다소 이견이 있다. 황상일·윤순옥·박한산(2003)은 남동해안 지경리 일대의 경우 과거 70만 년 전부터 1만 년 동안 2.3m 정도 융기한 것으로 보았다. 오건환(1697)은 북동부 해안에서 융기율이 가장 높으며 남서부 해안으로 갈수록 융기율은 낮아진다고 주장했으나, 최성길·이헌종(2007)은 서해안 중부 웅천천 하구의 해면변동단구 등의 연구를 통해 최종간빙기 이후에는 동·서해안이 같은 비율로 융기했다는 것을 밝히고 있다.

(2) 단기적 변화

① 지역의 환경요인

동해안의 중남부 해안 9개 지역(낙산, 순긋, 망상, 원평, 망양정, 고래불, 조사, 대진, 봉길)을 대상으로 최근 약 30년 동안 해안선의 장기적인 변화 경향을 파악한 연구(김대식, 2013; 김대식·이광률, 2013)에 따르면 여러 환경 요인 때문에 해안선의 전진과 후퇴 구역이 반복적으로 나타나고 있는 것으로 알려졌다. 최근에 건설되거나 증축된 방파제와 접한 남쪽 구역에서는 해안선이 전진했으며, 방파제의 북쪽 구역에서는 해안선이 후퇴하는 경향을 보였는데, 연구자들은 이러한 현상이 북류하는 연안류 때문인 것으로 설명하고 있다. 한편 해수욕장으로 이용되는 구역에서는 상대적으로 큰 해안선 후퇴 경향을 보이는데, 이는 해수욕장과 주변 시설 개발 같은 인위적 환경 변화와 관련이 있는 것으로 판단했다. 하천의 하구에서는 하천 상류 지역의 퇴적물 공급량 변화에 따라 해안선의 전진과 후퇴가 다양하게 나타나는 것으로 조사되었다.

② 계절적 요인

여름철에는 해안선의 후퇴와 해빈의 침식이 가을철에는 해안선의 전진과 해빈의 퇴적이 뚜렷하게 나타나기도 한다(김대식·이광률, 2015). 이러한 결과는 세계 여러 중위도 해안의 계절적 변화 경향과는 다르지만, 우리나라 서해안과 동해안의 선행 연구와는 대체로 일치한다. 여름철에 우세하게 발생하는 침식 현상은 태풍에 의한 폭풍파가 가장 큰 요인이며, 폭풍파에 따른 해안 침식은 늦겨울에도 잘 나타난다. 가을철에 우세한 해빈의 퇴적 현상은 여름철의 강한 침식 이후에 발생하는 해안 평형 작용의 결과로 설명된다.

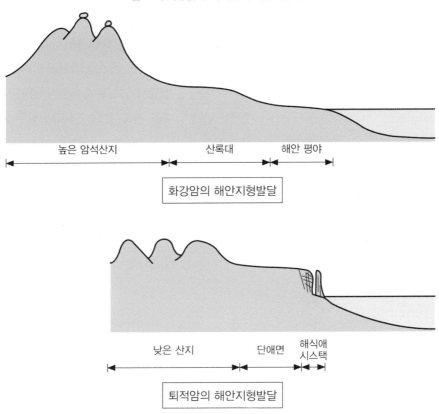

● 그림 9-1. 화강암과 퇴적암의 해안지형발달 양상

높은 암석산지   산록대   해안 평야

화강암의 해안지형발달

낮은 산지   단애면   해식애 시스택

퇴적암의 해안지형발달

자료: 양재혁(2007).

3) 암석과 해안지형발달의 관계

지형발달에는 여러 요소가 개입되기 때문에 단순히 암석과 지형발달의 관계를 일반화하기에는 무리가 있다. 그러나 부분적으로 지형발달 요소로서의 구조적 요인을 이해하는 데는 큰 도움이 된다.

남해안은 하천발달이 미약하고 풍화가 거의 이루어지지 않은 산지환경으로 인해 내부는 물론이고, 외부에서의 물질공급도 적은 특징을 보이는 것(양재혁, 2007)으로 조사되었다. 연구자는 이로써 남해안은 조그마한 만입도 충분히 메워지지 못하고 있으며,

결과적으로 지역적인 암석 분포가 해안지형의 특징을 결정하는 주요인으로 작용하고 있다고 설명한다.

백사장과 같은 사빈해안은 화강암과 높은 상관관계를 보이고, 해식애는 다른 암석들보다 강도가 강한 퇴적암에서 탁월하게 발달하는 것(양재혁, 2007)으로 알려져 있다. 편마암은 많은 양의 미립물질을 공급해 대규모 갯벌을 발달시키고, 풍화에 매우 강한 특성을 보이는 안산암은 외해에서 몽돌해안을 만든다. 완도 정도리, 내나루도의 성두 몽돌해안 등 남해안의 몽돌해안은 모두 외해 쪽에 위치하며, 거제도의 퇴적암류에 발달한 몽돌해안을 제외하면 모두 안산암질 암석으로 되어 있다.

특히 암석과 해안지형의 관계를 대조적으로 보여주는 것이 화강암과 퇴적암이다. 화강암은 풍화가 시작되면 산지가 빠르게 후퇴해 전면에 넓은 완경사지대가 나타나고 해안에서 먼 곳에 산지가 발달한다. 이에 반해 퇴적암은 쉽게 해체되지 않아 전면에 해식애가 잘 나타나며 인근에 높지 않은 산지가 나타난다(양재혁, 2007).

2. 해빈

해안은 그 구성물질과 특성상 해빈(海濱, beach)과 암석해안(rocky coast)으로 크게 구분된다. 해빈은 미고결물질이 퇴적된 연안지대를 말한다. 유사한 용어로 쇼어(shore)가 있으나 이는 물질을 고려하지 않은 형태적·위치적 의미로 제한되어 쓰이고 있다. 해빈은 보통 구성물질에 따라 모래해안과 자갈해안으로 구분되며 각각 사빈(砂濱, sandy beach), 역빈(礫濱, gravel beach)이라고도 한다. 모래와 자갈이 혼합된 해안은 사력해안이라 한다.

조차가 큰 남서해안의 해빈은 간조 때 바다 쪽으로 상당히 넓게 확장되어 간석지(갯벌)와 구분이 어렵게 된다. 이때는 단순히 사빈이나 역빈 자체가 연장되기도 하지만 지역에 따라서는 모래, 자갈, 뻘 등이 혼재되어 특이한 경관을 연출한다.

1) 모래해안

모래해안(사빈)은 모든 해안에 발달하나 특히 동해안에 전형적으로 나타난다. 모래

● 사진 9-2. 모래해안(강원도 삼척시 맹방해수욕장, 2004.9)

● 사진 9-3. 자갈해안(전남 완도군 정도리의 구계등, 1999.5)
기반암은 반심성암인 백악기 석영반암(quartz pophyry)이다.

● 사진 9-4. 사력해안(제주도 서귀포시 색달해안, 2017.2)
조근모살해수욕장 경관이다. 조근모살은 제주 방언으로 작은 모래 해안을 말한다. 그러나 현장에서 관찰해 보면
모래와 자갈이 섞여 있는 전형적인 사력해안이다.

● 사진 9-5. 모래와 자갈, 뻘이 혼합된 해안경관(전남 신안군 증도면 우전해수욕장, 2008.5)
모래층 위에 뻘퇴적층이 형성되어 있으며, 뻘도 모래와 뻘이 혼합되어 매우 단단한 상태이다.

● 사진 9-6. 동해안의 범(경북 경주시 양남면 수렴리 해변, 2012.1)
사진 왼쪽 평탄면이 비치플랫, 오른쪽 사람들이 서 있는 부분이 비치페이스, 그리고 그 사이 평탄한 경계면이 범에 해당한다. 파랑이 강하기 때문에 사진처럼 자갈해변인데도 전형적인 범이 형성되어 있다.

의 구성 성분과 색은 모래의 기원에 따라 다양하다.

(1) 모래해안의 분포

동해안은 해안선이 비교적 단조롭고 파랑의 작용이 활발한 데다가 경사가 급한 하천에서 다량의 모래가 공급되어 규모가 큰 모래해안이 연속적으로 발달되어 있다. 양양 남대천, 연곡천, 강릉 남대천 등 모래해안에 모래를 공급하는 하천의 유역분지는 주로 조정질 화강암을 기반암으로 하기 때문에 모래해안은 주로 석영과 장석의 굵은 모래로 되어 있다. 홍수 시에 집중적으로 유출되는 이 하천들의 토사는 삼각주를 형성하는 대신 연안류를 따라 남쪽으로 이동(권혁재, 1999)하면서 모래해안에 쌓인다. 동해안의 모래해안은 대부분 범(berm)과 비치플랫(beach flat)을 갖추고 있다. 범은 파랑에 의해 쌓인 모래언덕으로 조수단구(tidal terrace)라고도 한다.

서해안에는 전반적으로 모래해안 발달이 미약하다. 그 이유는 다량의 모래를 공급할 만한 하천이 유입되지 않으며, 해안선의 출입이 심하고 바다가 얕으며, 조차가 커서 파랑이 제한적으로 작용하기 때문이다. 그러나 예외적으로 충청남도 태안반도와 안면도 일대 해안에서는 모래해안 발달이 양호하다. 이는 이 지역의 지형 및 지질 특징과 관련이 있다. 우선 태안반도와 안면도 일대는 육지가 바다로 돌출해 외해에서 접근하는 파랑이 직접 해안으로 밀려오는 지형적 특징을 이루고 있다. 강대균(2002)은 국지적으로 기반암(선캄브리아 변성퇴적암)이 풍화되어 세립의 사질물질을 공급해 준 것도 주요한 원인이 된 것으로 설명하고 있다.

충남 해안의 모래해안은 전체가 비치페이스(beach face)로 되어 있고 범이 존재하지 않는다. 이는 동해안의 모래해안에 비치플랫과 범이 발달한 것과는 대조적인 현상으로서 근본적으로 모래가 풍부하지 않다는 것을 의미한다.

서해안의 모래는 연안의 침식물질이나 바다에서 밀려온 물질로 되어 있다. 모래가 부족해 대개 헤드랜드와 헤드랜드 사이의 만입에 초승달 모양으로 발달되어 있는데 이를 포켓비치(pocket beach)라고 한다. 서해안에서는 대조 시에 파랑이 해안사구까지 밀려오며, 대부분의 모래해안과 해안사구는 침식을 받아 후퇴(권혁재, 1999)하고 있다. 서해안의 모래해안은 경사가 극히 완만하고, 대조 때는 밀물과 썰물이 오르내리는 너비가 수백 미터에 이르기도 한다.

남해안은 해안선의 출입이 심하고 많은 섬들로 인해 먼 바다의 파랑이 해안까지 미

● 사진 9-7. 흰 모래해안(전남 신안군 백길해변, 2019.6, 좌)
● 사진 9-8. 검은 모래해안(제주 제주시 삼양해변, 2010.10, 우)

치지 못해 전반적으로 서해안에 비해 모래해안의 발달이 미약하다.

(2) 모래의 성분과 색

모래의 성분과 색은 그 기원 암석에 따라 다양하다. 한국의 대표적인 모래해안은 흰 모래(백사장)이며 국지적으로는 검은 모래, 붉은 모래, 패사, 홍조단괴 등도 존재한다.

① 흰 모래해안

우리가 알고 있는 모래해안은 대부분 백사장으로 알려진 흰 모래 해안이다. 이는 화강암이나 편마암 등의 암석에서 기원한 것이다. 이 모래들이 흰색 계열로 보이는 것은 석영과 장석 입자 때문이다. 화강암 기원의 모래는 일반적으로 입자가 크고, 편마암과 편암, 규암인 지역(태안반도, 안면도 등)은 입자가 작으며 석영 성분이 상대적으로 많은 것이 특징이다. 학암포해수욕장의 경우 석영이 73%(강대균, 2003) 정도인 것으로 알려졌다. 석영 함유량이 많은 모래를 보통 규사라고 하는데 이는 석영을 구성하는 규소 성분이 풍부한 모래라는 뜻이다.

② 검은 모래해안

제주도 해안에는 화산암질 특히 현무암에서 기원하는 검은 모래 해안이 많다. 여수 만성리해수욕장에는 경상누층군의 퇴적암이 부서져 생긴 검은 모래로 된 해안이 있다.

③ 붉은 모래해안

인천시 굴업도에는 한국에서는 매우 희귀한 붉은 모래 해안이 있다. 연평산과 덕물산 사이 포켓비치 형태로 발달한 이곳은 만 배후 풍화층으로부터 공급된 모래가 쌓여 만들어진 해빈이다. 모래가 붉은색을 띠는 것은 굴업도의 지질적 특색과 관련이 있다. 굴업도는 전체적으로 화산각력암층인 유천층군으로 되어 있으며 이 사이에

● 사진 9-9. 붉은 모래 해안(인천시 옹진군 덕적면 굴업도, 촬영: 김태석, 2010.6)

● 사진 9-10. 패사(제주도 제주시 협재해수욕장, 2006.6, 좌)
● 사진 9-11. 홍조단괴(제주도 제주시 우도 홍조단괴 해빈, 2006.6, 우)

붉은색의 용결응회암과 역시 붉은색의 화강반암 등이 섞여 있다(박종관, 2009).

④ 패사와 홍조단괴 해안

모래공급원이 생물인 경우도 있다. 대천해수욕장의 모래해안은 패사가 70% 이상이며 제주도의 중문·표선·협재해수욕장의 모래해안은 순수한 패사로만 되어 있다. 제주도 제주시 우도면 연평리에는 천연기념물 438호로 지정된 홍조단괴(紅藻團塊) 해빈이 있다. 폭 15m, 길이 300m 정도 규모의 이 해빈은 과거에 산호해빈으로 잘못 알려지기도 했다. 이는 홍조류에 의해 만들어진 홍조단괴로 이루어진 해안으로서, 홍조단괴의 크기는 직경 1~8cm 정도로 다양하다. 홍조류는 광합성을 통해 세포 혹은 세포 사이의 벽에 탄산칼슘을 침전시키는 석회조류의 일종이다.

(3) 모래해안의 침식

동해안에 발달한 큰 규모의 모래해안은 하천으로부터 모래를 풍부하게 공급받아 안정 상태를 유지한다. 반면 하천으로부터 모래를 공급받지 않으며 주로 연안의 침식물질로 이루어진 서해안의 모래해안은 대부분 침식을 받아 후퇴하고 있다. 태안반도, 안면도, 변산반도 등지의 모래해안이 좋은 예이다.

또한 모래를 풍부하게 공급받는 동해안의 해빈에는 범이 형성되어 있지만 서해안에

● 사진 9-12. 그로인(강원도 강릉시 연곡면 영진 해변, 2019.3)
그로인은 모래해안의 모래 침식을 막기 위해 설치한 시설이지만 경관을 크게 해치고 장기적으로는 모래 퇴적도 방해하기 때문에 그 효과에 대해서는 부정적인 견해도 있다.

서는 이를 볼 수 없고, 대조 시에 파랑이 해안사구까지 밀려와서 부서지며, 모래해안과 함께 해안사구가 침식을 많이 받는다. 서해안의 해수욕장에서는 모두 시멘트 구조물로 된 방호벽(sea wall)을 설치해 모래해안과 해안사구의 후퇴를 막고 있다. 모래해안의 침식을 막는 시설인 그로인(groin)은 포항의 송도 해안, 주문진 해안 등지에 설치되어 있다. 그러나 그 효과 여부에 대해서는 부정적인 견해도 적지 않다.

(4) 모래해안의 퇴적

모래해안에서는 모래의 퇴적으로 사취와 연안사주라 불리는 해안 퇴적지형이 발달한다. 그리고 이 사취들과 연안사주에 의해 다시 석호, 육계도 등 또 다른 형태의 해안지형이 만들어진다. 제주도의 성산 일출봉은 전형적인 육계도이며 육계사주에 의해 제주도 본섬과 연결되어 있다.

연안사주 중에서 특히 하구를 가로질러 퇴적된 것을 하구사주라고 하는데 이광률(2011b)은 경상북도 영덕군 송천 하구에 길이 230m, 너비 100m 정도의 하구사주가 발

● 사진 9-13. 사취(충남 태안군, 1997.8)

● 사진 9-14. 육계사주(제주도 서귀포시 성산읍 고성리 광치기해변, 2016.6)

● 사진 9-15. 하구사주(강원도 강릉시 연곡면 연곡천 하구, 2019.3)

달해 있다는 것을 보고한 바 있다. 강원도 강릉시 연곡천 하구에도 전형적인 하구사주가 형성되어 있다. 이는 연곡해변의 모래가 사취 형태로 발달하면서 길게 하구를 가로질러 퇴적된 것으로 계절에 따라서는 하구를 완전히 가로막아 일시적 석호가 만들어지기도 한다.

(5) 사주섬과 셰니어

사주섬(barrier island)은 파랑의 작용으로 해안선과 바다를 사이에 두고 해안선과 거의 평행하게 형성된 좁고 긴 사력(砂礫) 퇴적지형이다. 그 위치에 따라 대륙연안 사주섬과 삼각주연안 사주섬(김성환, 2005)으로 구분된다. 우리나라의 경우 낙동강 하구에 발달한 사주섬이 주로 연구되어 왔다. 낙동강 하구에서 보통 '등'이라고 불리는 독특한 연안사주가 이에 해당되는데, 그 형성 과정이 일반적인 것과는 다소 다르다. 즉 낙동강 하구언이 건설된 후 강물의 흐름이 약해지면서 하천에 의해서 공급된 물질들이 바다 쪽으

● 사진 9-16. 셰니어(전북 고창군 심원면 고진리 해안, 2019.3)

로 원활하게 운반되지 못하고 하구에 퇴적된 것이다.

사질로 된 사주섬은 대부분 해안사구지대에서 관찰되는 사구열(砂丘列)을 포함하는데, 이 사구열은 사주섬 배후의 석호 환경과 내륙 해안저지대를 보호하는 자연방벽 역할을 한다. 이 사주섬들과 배후지역을 포함한 삼각주 연안 일대는 전형적인 해안습지대를 이루면서, 해안 시스템 차원에서 지형과 생태학적으로 중요한 기능을 담당하고 있다.

사주섬 중에는 셰니어(chenier)라고 하는 독특한 형태도 있다. 이는 갯벌 해안을 따라 모래나 조개껍질 등이 쌓인 퇴적지형으로 가장 전형적인 형태는 전북 고창 갯벌 해안에서 관찰된다. 셰니어가 일반적인 사주섬과 다른 점은 간조 때는 섬으로서의 성격이 사라지고 갯벌의 일부로 존재한다는 것이다.

2) 자갈해안

육지가 미고결 퇴적암층인 동남해안은 자갈해빈이 잘 발달해 있다. 원형도가 대단히

● 사진 9-17. 자갈해안(경남 거제시 학동 몽돌밭해수욕장, 2019.1, 좌)
기반암은 중성화산암류와 화강암, 낙동층군 등이다.
● 사진 9-18. 거력의 자갈해안(제주도 제주시 우도 먹돌해안, 2006.6, 우)
최대 지름 3m 이상 되는 거력도 다수 존재한다.

높은 원력(圓礫)으로 이루어진 자갈해빈은 거제도의 몽돌해변과 완도의 구계등에서처럼 외해에 노출된 해안 중에서도 출입의 정도가 낮은 만입에 발달(권혁재, 1999)되어 있다.

거제시 동부면 학동리 위치한 학동해수욕장은 대표적인 자갈해안 중 하나이다. 해빈의 폭은 30~50m, 길이는 2km 정도로서 우리나라 최대 규모의 자갈해안(손일·박경, 2004)으로 알려져 있다. 자갈해안은 만리포 남쪽 파도리, 안면도~방포 등지에도 형성되어 있다. 파도리에서는 원마도가 높은 자갈을 관광상품화해 해옥(海玉)이라는 상품으로 판매하고 있다. 그러나 자갈해안이라고 해서 순수한 자갈로만 되어 있지는 않으며 대부분 모래와 자갈이 섞여 있는 것이 보통이다. 자갈의 크기도 왕모래에서부터 거력에 이르기까지 극히 다양하다. 이 자갈해안들은 모래해안 공급물질의 기원지를 추적하는 증거가 되기도 한다.

3. 암석해안

퇴적물이 없이 기반암 자체가 노출된 해안으로 산지나 대지에 접한 해안에 많다. 제주도와 같이 용암이 분출한 곳은 파식작용과 관계없이 화산암질 기반암으로 된 넓은 쇼

● 사진 9-19. 퇴적암 지역의 암석해안(전북 부안군 채석강, 2017.5, 좌)
● 사진 9-20. 화산암 지역의 암석해안(제주도 서귀포시 예래동해안, 2016.7, 우)

어플랫폼이 발달한다.

1) 해식애와 파식대

암석 해안에서 전형적으로 볼 수 있는 지형경관은 해식애와 파식대이다. 해식애와 파식대는 파랑에 의한 대표적인 침식지형으로서 보통 함께 발달해 있지만 각기 독립되어 나타나기도 한다. 즉 지역의 지리적 특징(조차, 지형, 암질 등)에 따라 해식애가 우세한 지역 혹은 파식대가 우세한 지역이 존재한다.

(1) 해식애

대표적인 해식애는 부산의 태종대, 거제도의 해금강, 울릉도, 홍도, 백령도 등지에서와 같이 큰 파랑이 밀려와서 부서지는 산지성 해안에 발달한다. 동해안은 산지가 바다에 인접한 곳이 많고 바다가 깊어서 해식애의 발달이 탁월하다. 서해안에도 국지적인 해식애가 존재하지만 동해안에 비해 규모가 크지는 않다. 제주도 서귀포 해안의 경우 지질구조, 특히 주상절리와 관련해 전형적인 해식애가 잘 발달되어 있다.

(2) 파식대

파식대는 조차가 큰 해안, 큰 바다에 노출된 해안, 구릉성 해안에서 잘 발달한다. 변산반도에 위치한 채석강은 대표적인 곳이다. 파식대는 동해안보다 서해안에서 잘 관찰

● 사진 9-21. 파식대와 해식애(경남 고성군 상족암, 2018.2, 좌)
● 사진 9-22. 파식대상에 발달한 마린 포트홀(경북 포항시 구룡소 돌개구멍, 우)

● 사진 9-23. 주상절리에 의해 발달한 해식애(제주도 서귀포시 색달해안, 2011.10)
갯깍주상절리대로 알려진 곳이다.

● 사진 9-24. 대표적 파식 미지형인 해식동(제주도 제주시 검멀래해안, 2010.6)

되며 그 규모도 커서 너비가 200m를 넘는 것도 있다.

퇴적암으로 된 해안에서는 해식애와 파식대가 함께 발달하지만, 지질구조를 반영해 파식대가 더 넓게 형성되어 있다. 조석간만의 차가 심한 남서해안에서는 특히 썰물 때 잘 드러난다.

한반도의 해안선은 해면이 현재의 수준으로 상승한 이후에 형성(권혁재, 1996)된 것으로 알려져 있으나, 서해안의 파식대는 최후간빙기의 해면과도 관련되어 있다. 최후간빙기의 파식대는 최후빙기에 해면이 하강했을 때 보존되었다. 오늘날의 파식대 중에는 후빙기 해면상승 이후 최후간빙기의 파식대에서 풍화층이 제거된 정도에 불과한 것이 많다. 일부 파식대 중에는 기반암의 풍화층이 완전히 제거되지 않은 채 남아 있는 것(권혁재, 1999)도 관찰된다.

융기 파식대는 지반융기의 좋은 증거가 되는데 이러한 현상은 제주도에서 잘 관찰된다. 제주도 해안에서는 대략 1~5단의 파식대가 발견된다. 이 중 가장 높은 곳에 위치한 제5단 파식대는 고파식대로서 제3기 말~제4기 초 이전에 형성된 후, 제3기 말~제4기 초에 융기해 현재의 위치에 존재한다. 이 고파식대의 현재 위치는 지역에 따라 그 높이가 각기 다르다. 즉 남쪽 해안에서는 해발 15m(서귀포 앞바다 새섬), 동쪽과 서쪽 해안은 10m, 그리고 북쪽 해안에서는 5m이다. 이를 통해 제주도의 지형발달 과정에서 남쪽 해안이 북쪽 해안보다 10m 정도 더 많이 융기(박동원·오남삼, 1981)했다는 것을 알 수 있다.

(3) 파식 미지형

해식애와 파식대가 만들어지는 과정에서 단층면이나 절리면 등 기반암석이나 구성 물질의 파식에 대한 상대적 저항성의 차이로 인해 해식와(海蝕窪, notch), 해식동, 시아치, 시스택 등의 파식 미지형이 발달한다. 파식대상에서는 파랑의 마식작용에 의해 마린 포트홀이 만들어지기도 한다.

① 해식와

해식와는 해식동이 발달하기 전 단계의 파식지형이다. 해식애의 비고가 큰 경우에는 위쪽은 해식작용을 받지 않고, 기저부에 파식에 따른 해식와가 형성된다. 해식애의 기저부에는 붕괴된 암괴가 산재하며 이들이 점차 파쇄되면 국지적인 자갈해안을 만들기도 한다.

인천광역시 굴업도 토끼섬에 가면 전형적인 해식와를 관찰할 수 있다. 이곳 해식와는 밀물 시 해식와 상부면까지 해수에 잠기는데, 이에 따른 풍화작용과 파도의 침식작

● **사진 9-25. 대규모 해식와가 발달한 토끼섬(인천시 옹진군 덕적면 굴업도, 촬영: 김태석, 2010.6)**
이곳 지질은 세립질 래필리 응회암과 각력질 응회암으로 구성되었다. 사진 아래 중앙부에 간조 때를 이용해 토끼섬으로 건너가는 두 사람의 모습을 통해 해식와의 규모를 짐작할 수 있다. 만조 시에는 해식와 상부까지 물에 잠긴다.

● 사진 9-26. 구멍섬(경남 통영시 욕지면 연화리 우도, 2019.1, 좌)
섬 아래쪽에 좁고 긴 터널 형태의 동굴이 뚫려 있다.

● 사진 9-27. 무녀도 해식와(전북 군산시, 2019.6, 우)

용이 함께 작용해 해식와는 지속적으로 성장하는 것으로 알려졌다(박종관, 2009). 토끼
섬 해식와는 우리나라에서 보고된 해식와 중 가장 규모가 큰 것인데 이렇게 대규모의
해식와가 발달하는 데는 이 해안의 절리구조가 결정적 역할을 한 것으로 보인다. 군산
무녀도에도 절리의 구조적 특징을 반영한 비교적 규모가 크고 독특한 형태를 띠는 유문
암질 해식와가 형성되어 있다.

② 해식동

해식동은 암석해안의 대표적 침식지형이다. 해식동굴 중에는 터널처럼 관통된 형태
도 가끔 관찰된다. 일종의 '터널 동굴'인 셈인데 이는 시아치의 초기 단계라고 볼 수 있
다. 경남 통영의 구멍섬은 그 대표적인 예이다. 일본에서는 이를 '동문(洞門)'이라고 해
따로 구분하지만 우리의 경우 아직 적절한 용어는 없다.

③ 시아치와 시스택

시아치와 시스택은 해안지형 중에서도 가장 역동성을 지닌 경관에 해당된다. 기반
암이 풍화가 상당히 진행된 경우 시아치는 순식간에 붕괴되어 시스택으로 변하기도 하
는데 태안 소코뚜레바위가 그 좋은 예이다. 이곳은 전형적인 시아치로 널리 알려졌으나

● 사진 9-28. 시아치(충남 서산시 대산읍 독곶리 해안, 2009.10)

● 사진 9-29. 시스택(제주도 서귀포시 외돌개, 2016.7)

● 사진 9-30. 과거의 소코뚜레바위(충남 태안군 이원면 당산리, 2016.9, 좌)
● 사진 9-31. 현재의 소코뚜레바위(충남 태안군 이원면 당산리, 2019.3, 우)

소코뚜레바위라는 지명은 시아치 모양이 소코뚜레를 닮았다고 해서 붙여진 이름이다. 이 시아치는 강력한 태풍이 불면서 순식간에 붕괴되어 현재의 지형은 지명과는 전혀 다른 모습이 되었다.

수년 전 여름철 강력한 태풍이 불어 하룻밤 사이에 아치가 무너져 시스택이 되었다.

2) 쇼어플랫폼

암석해안 중에서도 파랑의 작용과 직접적인 관계가 없는 평탄한 지형이 발달하기도 하는데 이는 파식대보다 포괄적인 개념으로 보통 쇼어플랫폼(shore platform)이라고 부른다. 쇼어플랫폼이 성인과 관계없이 해안의 평탄한 지형을 형태적으로 정의한 것이라면 파식대는 성인을 강조하는 개념인 것이다. 현재 쇼어플랫폼은 상대적으로 풍화작용을 강조한 개념으로 쓰이고 있다.

쇼어플랫폼은 한반도에서도 파랑의 작용이 다른 해안에 비해 상대적으로 미약한 서남해안 다도해 지역의 내만 지역에서 주로 관찰되는 것으로 알려져 왔는데(최성길, 1985). 최근에는 파랑의 작용이 강한 동해안에서의 쇼어플랫폼 존재가 보고되고 있다(김종연, 2013; 김종연, 2015). 동해안의 쇼어플랫폼 연구를 통해 우리가 알 수 있는 사실은 결국 한반도 해안의 평탄한 암석면 중에는 순수한 파식대보다는 뷔델의 에치플레인 이론에 따른 풍화와 삭박의 기원으로 보아야 할 지형들이 의외로 많다는 점이다.

평탄한 암석해안이 파식대인지 아니면 쇼어플랫폼인지는 기본적으로 그곳에 발달한 와지가 나마인지, 마린포트홀인지를 관찰함으로써 판별할 수 있다. 아울러 평탄면

● 사진 9-32. 쇼어플랫폼(강원도 양양군 휴휴암 해안, 2016.10)
너락바위라 불리는 암석평탄면과 주변에 핵석, 토르, 타포니, 나마, 그루브 등 다양한 풍화미지형들이 발달해 있다.

상의 핵석, 토르, 타포니 등의 존재 여부도 주요한 단서가 될 수 있다. 김종연(2013; 2015)은 강원도 고성군의 아야진 일대 암석해안에 존재하는 나마, 구형의 거력 핵석, 토르 등을 관찰하고 이 일대가 파식이 아닌 풍화와 삭박에 의해 발달한 일종의 쇼어플랫폼인 것으로 판단했다. 각종 풍화미지형이 발달한 양양 휴휴암 해안의 너럭바위도 같은 개념의 지형이다.

최성길(1985)은 쇼어플랫폼의 발달 요인으로 특히 수면층풍화(水面層風化, water layer weathering)를 강조하고 있다. 연구자는 전남 진도군 군내면 녹진리 해안 일대를 사례로 들어 쇼어플랫폼은 기본적으로 심층풍화층의 노출과 파랑과 조류에 따른 풍화물질의 제거로 시작되며, 이 과정에서 특히 상단부에서는 나마(연구자는 '평저형 풍화혈'로 표현함), 타포니 등 각종 풍화혈이 수면층풍화에 의해 발달하면서 쇼어플랫폼 발달(저하와 평탄화)을 촉진시킨 것으로 보았다.

4. 해안사구

모래해안에서 바람에 불려 이동된 모래는 가까운 내륙 쪽에 해안사구를 만들어놓는다. 해안사구가 형성되는 기본 조건은 첫째, 충분히 공급되는 모래, 둘째, 임계풍속(초속 4m) 이상의 바람, 셋째, 모래를 고정시키는 식생 등이다. 결국 한 지역의 해안사구 시스템은 모래 공급량 변화, 기후변화, 식생피복 변화 등의 요인에 의해 영향을 받는다는 이야기다. 이 세 요인들은 상호작용을 통해 해안사구의 성장을 가속화하기도 하지만 그 반대로 성장을 둔화하기도 한다. 문제는 이러한 요인들이 장기적인 관점에서 동시적으로 발생하는 것이 아니기 때문에 해안사구 성장은 결국 시간적 혹은 공간적으로 간헐적으로 나타나게 된다.

우리나라 해안사구의 경우 홀로세 기간 동안 적어도 3회(제주) 또는 7회(서해안)의 간헐적 성장기를 거친 것으로 알려졌다. 이러한 간헐적 사구 성장은 전통적으로 해수면변동과 관련된 온도 변화(한랭-온난화), 그리고 이에 따른 풍계(북서계절풍)의 강도 변화 등으로 설명되어 왔지만, 여기에 습윤-건조 환경 변화도 적지 않은 영향을 주었을 것으로 보는 견해(신영호·유근배, 2011)도 있다. 연구자들은 해안사구 주변의 건조조건에 따라 모래 이동에 필요한 임계 풍속의 감소와 식피율의 감소, 두 가지 측면에서 해안사구 형성에 유리한 조건을 만들어준다고 밝혔다.

1) 관찰과 해석

해안사구는 북서계절풍이 강하게 부는 서해안(태안반도, 안면도, 임자도 등)에 대규모로 발달해 있다. 그러나 사구의 안정성은 상대적으로 동해안 사구가 높다. 동해안에서 모래해안과 해안사구가 연속적으로 길게 발달한 곳은 하천 하류의 충적지 전면이며, 모래가 풍부한 이와 같은 해안의 사구는 모래해안과 함께 안정성을 띠고 있다. 반면에 모래가 부족한 서해안에서는 모래해안과 함께 해안사구가 침식을 받아 후퇴하고 있다.

사구의 발달에 기본적으로 영향을 주는 것 중 하나가 사초(砂草)이다. 바람에 의해 모래해안으로부터 공급된 모래가 퇴적되고 성장하는 데는 사초의 역할이 중요하다. 사초가 존재하는 사구는 모래가 고정되면서 계속 성장하게 되지만. 반대로 사초가 파괴되면 상대적으로 사구는 빠르게 침식이 진행된다. 모래 공급량에 비해 침식량이 더 많아

지기 때문이다.

　서해안 지역에서는 사구 침식을 최소화하고 퇴적을 유도하기 위해 모래포집용 울타리를 설치하거나 인공 사초를 심는 등의 노력을 기울이고 있고 상당한 효과를 거두고 있다.

(1) 충남 해안사구

　해안사구의 발달 정도는 대체적으로 모래해안의 규모와 밀접한 관계가 있다. 그러나 충청남도 해안에는 모래해안의 규모에 비해 매우 큰 해안사구들이 발달되어 있는 것이 특징이다. 강대균(2002)은 그 이유를 모래해안의 특성과 탁월풍과 관련해 다음과 같이 설명하고 있다.

　① 고운 모래에 서식하는 콩게가 매일 두 차례 만들어놓는 모래뭉치는 모래해안의
　　모래를 쉽게 바람을 통해 운반하도록 한다.
　② 충남 해안에는 완경사의 모래해안이 많은데 이들은 간조 시 넓은 면적이 노출되

● 사진 9-33. 역동적인 사구발달 프로세스를 보여주는 경관(충남 서천군 춘장대해수욕장, 2010.3)
사구 퇴적을 유도하는 울타리를 경계로 해 소규모 사구가 해안선을 따라 길게 퇴적되고 있다.

● 사진 9-34. 인공 사초를 통한 사구의 고정(충남 태안군 기지포해수욕장, 2010.3)
인공사초를 조성해 사구 침식을 방지하고 자연생태탐방학습장으로 활용하고 있다.

어 다량의 모래공급원이 된다.

③ 충남 해안의 사구를 구성하는 모래는 사실상 플라이스토세의 '고사구'(적색층이며 세사, 실트, 점토로 구성)가 상당 부분 차지한다. 현재의 사구(담황색이며 대부분 세사로 구성)는 두껍게 쌓인 고사구 위에 얇게 덮여 있는 정도이다. 사구 모래가 대부분 세립질인 것은 이 일대의 지질이 대부분 서산층군의 편암류와 같은 세립광물 입자의 암석으로 이루어졌기 때문이다.

④ 이 일대의 기반암은 최후간빙기에 해안퇴적물로 쌓인 플라이스토세 퇴적암층과 변성암이다. 이 플라이스토세층들의 모래가 지금도 풍화침식에 의해 모래해안으로 운반·퇴적되고 있으며 이들의 모래가 바람에 불리면서 해안사구에 재운반·퇴적되고 있다. 천리포가 그 좋은 예이다.

(2) 신두리 사구

신두리 사구는 서해안의 대표적인 사구이다. 최대 폭 1km, 길이 3km에 이르는 세립질 모래로 된 사구로서 사구 퇴적층의 성장은 육지에서 해안 방향으로 진행된 것으로

● 사진 9-35. 신두리 해안사구(충남 태안군, 2019.3)

추정(홍성찬·최정헌·김종욱, 2010)된다.

　신두리 사구지대는 전사구와 2차 사구, 사구 저습지(dune slack), 취식와지(blowout) 등 해안사구에서 발견되는 각종 하위 지형경관이 모식적으로 발달해 있다(김대현, 2004). 전사구는 전면 경사가 급하고 배후사면은 매우 완만하며 이는 사구 저지와 자연스럽게 연결되어 있다. 2차 사구의 경우 풍상사면의 경사가 극히 완만하고 풍하사면은 극히 급한 사면 형태를 하고 있는데, 박동원·유근배(1979)는 이러한 2차 사구를 바르한 (barchan)형 사구라 칭했다. 이는 주로 모래의 이동률이 높거나 모래의 공급이 제한되는 조건에서 형성되는 것으로 알려졌다.

　서종철(2001)은 신두리에 대규모 사구지대가 형성될 수 있는 요인을 다음과 같이 설명하고 있다.

● 사진 9-36. 사구식생이 파괴되어 형성된 취식와지 지형(충남 태안군 신두리 해안사구, 2006.7)

① 북서계절풍이 해안에 직각 방향으로 불어온다.

신두리 해안은 태안반도의 북서쪽에 위치해 있으며 지형적으로 북서쪽 해안을 제외하고는 배후산지로 둘러싸여 있기 때문에 겨울철 탁월풍인 북서풍이 해안선과 직각 방향으로 불어올 수 있는 조건을 갖추고 있어, 해빈의 퇴적물이 사구지역으로 불려와 사구가 형성되는 데 유리하다.

② 간조 시에 해빈이 넓게 노출된다.

사구지대 전면의 모래해안은 경사가 완만하고 조차가 커서 간조 시에는 해빈이 넓게 노출된다. 해빈이 넓게 노출될 경우 바람에 의해 사구 지역으로 모래가 운반될 수 있는 가능성이 높다.

③ 해저지형의 경사가 완만하다.

인근 지역의 모래해안에 비해 해저단면의 경사가 완만하다. 해저 지형 경사가 완만하면 파랑이 접근할 때 쇄파대(break zone)가 해안에서 멀리 떨어진 곳에서부터 형성될

● 사진 9-37. 2차 사구(충남 태안군 신두리 해안사구, 1998.5)

수 있어 바다로부터 해빈으로 퇴적물이 쉽게 운반될 수 있다.

④ 가까운 해저에 거대한 사퇴가 존재한다.

태안반도 북서해역의 해저에는 사퇴(sand bank)라고 하는 대규모 모래언덕들이 분포하는데 그중 가장 가까운 곳에 위치하는 것은 장안퇴이다. 이는 천해 환경에서 형성된 조류성 사퇴(최동림 외, 1992)로서 길이는 약 30km, 폭 4km, 높이 40m 이상으로 추정된다. 수심이 낮은 곳에 형성된 사퇴 상부는 강한 폭풍이 불 때 파랑에 의해 침식되어 해안 지역으로 운반될 수 있다.

신두리 사구는 약 500~600년 전에 퇴적되기 시작했고 그 후 사구층 하부는 안정 상태를 유지했다. 사구사의 순(純)퇴적률은 연간 2.5cm 정도로서 해안사구로서는 느린 편이다. 지난 1000년간 상당한 양의 사구사가 퇴적되었거나 재이동되었으며, 이러한 사실은 사구가 제4기 현세 동안에도 매우 역동적으로 움직이고 있다는 것을 보여준다. 케네디 무니크와(Kennedy Munyikwq) 등(2004)은 이들이 수중 환경에서 쌓인 후 바람에 의해 재운반되어 퇴적된 것으로 설명하고 있다.

서종철(2005)은 신두리 사구 연구에서 고사구층으로 판단되는 퇴적층이 적어도 300년 이상의 토양화작용을 받았고, 지금까지 고사구층으로 알려진 퇴적층은 플라이스토세 최후간빙기나 홀로세 초기보다 훨씬 최근에 형성되었다는 것을 신중하게 보고했다. 약 150년 전을 기점으로 최근까지 비교적 활발한 사구사의 퇴적과 침식이 일어났으며 현재는 침식환경이 지배하고 있는 것으로 추정했다. 최상부 퇴적물의 연대는 약 68년 전으로서 이는 케네디 무니크와 등(2005)의 연구 결과인 70~90년 전 시기와 비슷하거나 더 최근의 시기이다.

신두리 사구는 1년을 통해 침식과 퇴적이 반복되고 있으며 이는 유효풍속과 관련(서종철, 2004)이 있는 것으로 알려져 있다. 연구자에 따르면 11월부터 4월까지는 퇴적이 일어나며 5월부터 10월까지는 침식이 반복되는데, 특히 모래 집적은 전사구에서 주로 일어나며 순차적으로 사구평지로 이어진다고 한다.

사구의 퇴적에는 인공 구조물이 큰 영향을 주는 것으로 조사된 바 있다(서종철, 2010). 연구자는 신두리 해안사구에 설치된 그물형 사구울타리에 의해 2년 동안 수직고도 1m 정도의 모래가 퇴적되었으며, 새롭게 모래가 쌓인 지역으로 전사구의 식생이 확산되어 자연스럽게 해안사구가 해빈 쪽으로 확대되는 결과가 나타났다는 것을 보고했다. 즉 전사구 전면에 설치된 사구울타리는 침식이 진행되던 환경을 퇴적 환경으로 전환시켰다는 평가를 받을 수 있음을 밝혔다.

(3) 대청도 옥중동 해안사구

대청도 옥중동 해안사구는 전남 신안군 우이도 해안사구와 함께 국내에서는 드물게 모래가 그대로 드러난 미피복 사구이다(박천영·최광희·김종욱, 2009). 그 모습이 마치 사막 사구와 같아 경관적·학술적 보존 가치가 큰 것으로 평가되고 있다.

OSL(Optically Stimulated Luminescences, 광여기루미네선스/광여기 발광) 연대측정법에 따른 측정 결과 사구 퇴적연대는 약 30여 년으로 밝혀졌다. 이는 바람에 의한 모래의 이동과 퇴적이 현재도 매우 활발한 것을 보여준다. 우리나라 대부분 해안사구가 후빙기 해수면 상승으로 형성되었고 현재는 안정기에 접어들어 식생이 정착한 것인 데 대해, 옥중동 해안사구는 지금도 사구의 형성 과정을 목격할 수 있는 대표적인 현장이라고 할 수 있다. 이러한 사구를 활동성 사구(active dune)라고 한다. 사구 전체 면적은 약 66만 m²(축구장의 약 70배 크기)로 길이는 약 1.6km, 폭은 약 600m에 이르고, 해안에서부터 해발

40m에 걸쳐서 분포하고 있는 것으로 조사되었다(국립환경과학원, 2008).

우리나라 대부분 해안사구가 식생에 의해 퇴적이 유도된 것이라면 옥중동 사구는 지형에 의해 퇴적이 유도된 것이 특징이다. 즉 해빈에서 불어온 모래가 산록완사면 기반암을 얇게 피복하며 발달한 상승사구(climbing dune)로서, 모래 축적량은 사구지대 범위에 비해 그리 많지 않다. 전체 사구 퇴적층 깊이는 약 5m 정도이며 부분적으로는 침식에 의해 기반암이 드러난 곳도 있다. 일반적으로 기복이 큰 지역에서 지형제약으로 퇴적된 풍성모래층 중 풍상사면(windward side)에 발달하는 것을 상승사구(climbing dune), 배후 풍하사면(lee side)까지 연결된 것을 하강사구(falling dune)라고 한다(박천영·최광희·김종욱, 2009; 町田貞 外, 1982).

이 사구지대는 유수에 의한 물질 이동이 자연적으로 발생하는 지역이기 때문에 침식에 매우 취약한 데다 최근에는 조림 사업 이후 빠르게 사구침식이 진행되고 있어 그 보전대책이 시급한 실정이다.

(4) 우이도 해안사구

전남 신안군 도초면에 속한 작은 섬인 우이도에는 대청도 옥중동 해안사구와 유사한 특이한 해안사구가 있어 많은 관광객들이 찾고 있다. 우이도에는 섬의 크기에 비해 상당히 넓고 깨끗한 돈목해변이 있는데 이 해변 뒤편으로는 해변을 따라 길게 대규모 해안사구가 곳곳에 발달해 있다. 이 사구들 중 특히 눈길을 끄는 것은 돈목해변 끝자락에서 배후산지 급사면을 따라 능선 정상부까지 쌓인 해안사구이다. 돈목해변에는 상당히 넓은 면적의 모래해안이 형성되어 있는데, 이 모래해안들의 모래가 돈목해변에 평행하게 부는 강한 바람을 타고 날아올라 산사면에 쌓인 것이다. 사구 자체의 규모는 작지만 그 형태가 특이해 유명해졌다. 높이는 50m, 경사면 길이는 100m 정도이다. 이러한 모양의 사구를 지역 주민들은 '산태'라고 부른다. 이곳 사구는 계속 모래가 침식되고 퇴적되기를 반복하는 일종의 활동성 사구이다.

사구 정상부에는 건조기후지역에서 주로 관찰되는 풍식지형인 풍식력(ventifacts)이 존재하는 것으로 보고된 바 있다(김종연, 2016). 풍식력은 바람이 운반하는 모래 등에 의해 마식된 표면이 있는 암설을 말한다. 풍식력은 주로 건조 사막 환경에서 발견되지만, 바람의 힘이 상대적으로 강한 해안이나 주빙하 환경에서도 발달하는 것으로 보고된 바 있다. 우이도 해안사구의 경우 모래의 공급이 활발하고 특히 사구 정상부에서는 풍속의

● 사진 9-38. 우이도 해안사구(전남 신안군 도초면 우이도리, 2012.4)
사구 정상에서 돈목해변을 바라본 경관이다.

가속효과로 인해 바람이 매우 강하게 분다는 환경조건이 바로 이러한 풍식력을 발달시
킨 요인이 된 것으로 추정된다. 이곳 사구 정상부는 해안보다 50m 이상 높은 지대로 해
안으로부터 불어온 바람이 좁은 곡지를 통과하면서 가속되는 부분이다. 국내의 경우 그
동안 백두산 등을 제외하면 기반암이나 자갈 표면에 형성된 전형적인 풍식지형은 보고
된 바가 없어 이러한 연구 결과는 상당히 주목할 만하다. 동부 아시아 전역에서도 타이
완 남부 지역을 제외하고는 풍식지형에 대한 공식적인 학술 연구보고가 없었던 것으로
알려져 있다.

(5) 제주도의 해안사구

제주도의 사구는 김녕해수욕장, 협재해수욕장, 중문해수욕장, 섭지코지 등지에서 관
찰된다. 이 중 연구가 진행된 대표적인 사구는 김녕해수욕장을 중심으로 하는 김녕·월
정사구이다. 김녕·월정사구는 제주시 김녕리와 월정리 해안에 걸쳐 형성된 사구로서 제
주도 최대의 규모이다. 해빈은 500m로 짧지만 북서풍의 영향으로 내륙 쪽으로 6km 이
상 길게 발달되어 있다. 이곳의 해빈이나 사구는 90% 이상이 석회질 성분(박경·손일·장
은미, 2004)으로 구성되어 있다. 그러나 이 사구를 구성하는 모래는 하나의 해빈에서 기

● 사진 9-39. 김녕·월정사구(제주도 제주시, 2006.6)

원한 것이 아니라 몇 곳의 해빈에서 불려온 패각질의 모래가 내륙 깊숙이 이동되면서 형성된 사구이다. 이러한 사구는 과거의 만리포와 천리포 사구(1970년대 후반 본격적인 해수욕장 개발이 진행되기 이전)에서만 관찰되었던 사례로 국내에서는 매우 드문 형태이다.

김녕·월정사구는 고토양층의 OSL연대측정 결과 약 5000~7000년 전에 형성된 것으로 보고되었다. 이는 이 사구가 홀로세 기간의 범세계적인 온난화 기간에 형성된 것임을 보여준다(박경·손일, 2007).

2) OSL 연대측정법과 사구 지형 연구의 성과

(1) OSL 연대측정법

비교적 형성 시기가 오래되지 않은 해안사구 연대 측정에 효율적인 것으로 알려진 연대측정법이다. 석영이나 장석을 포함한 무기 결정은 외부에서 어떤 형태의 에너지를 주면 흡수된 에너지를 빛으로 바꾸어 외부로 방출하는 특성을 보이는데, 이 현상을 루미네선스라고 한다. 사구의 모래(석영)가 운반되어 퇴적되는 동안 햇빛에 노출되면 기존의 신호를 모두 잃게 되고, 퇴적과 매몰 이후 햇빛으로부터 차단되면 시간이 지남에 따라 점점 더 신호가 축적되므로, 이렇게 축적된 신호의 양을 루미네선스로 측정해 연대를 계산할 수 있다. 해안사구의 모래는 다시 이동하는 동안 건조한 조건에서 햇빛에 충분히 노출될 수 있는 조건을 갖추고 있고 퇴적 시기가 짧아 루미네선스를 이용한 연대측정에 적합한 것으로 알려져 있다(박경, 2007).

OSL 연대측정은 기존의 방사성탄소연대측정의 단점을 극복하는 대안으로서 평가되고 있다. 즉 국내의 기후 환경 아래에서는 유기물의 보존이 어려워 유기물에 대한 방사성탄소연대측정에는 그 결과의 해석에 주의가 필요한 것으로 지적되어 왔다.

그러나 사구퇴적물이 이동 과정에서 햇빛에 노출되는 동안 기존의 신호를 완전히 잃어버린다는 전제에 대한 반론도 있고, 충분한 양의 규산염광물(특히 석영입자) 확보에 어려움이 있는 경우가 있는 등, OSL 연대측정법 사용에도 세밀한 주의가 필요함이 지적(박경, 2007)되고 있다.

(2) OSL을 이용한 사구지형 연구 성과

서해안 일대 해안사구의 경우, 현생(Holocene) 해안사구 하부에서 발견되는 적황색(적색, 암갈색, 암황색 등으로도 불림)층의 형성 연대는 상대편년으로 논의되어 왔으나, 근래 OSL 연대측정 자료가 점차 증가하면서 절대편년이 가능해지는 추세이다.

OSL 연대측정에 의해 현세에 형성된 것으로 보고된 사구로는 태안군의 신두리사구와 운여사구, 강릉시 안인사구, 제주 김녕·월정사구, 보령 오천면의 원산도(원산, 오봉)사구 등이 있다. 제주 협재사구는 탄소동위원소 연대측정법에 의해 약 700년 정도의 형성연대가 보고되었다. 이 연구들을 종합하면 대체로 현재의 전사구는 최근에 형성된 것으로, 수십 혹은 수백 년 전에서 1000년 내외로 연대측정되었고, 전사구 하부의 고토양화된 적황색 퇴적층과 전사구 배후에 남아 있는 사구 퇴적층은 약 6000년 전후(현세 중기)에 형성된 것으로 추정되었다. 이는 현세 중기의 해수면이 현재와 비슷하거나 더 높았을 가능성을 시사한다. 이 같은 현세 중기의 고해면기(高海面期)는 이미 전 세계적으로 보고되었으며, 절대연대측정자료가 누적되면서 그 시작이 6000년 정도이며 길게는 7000년 전까지도 올라가는 것으로 알려졌다(최광희 외, 2008).

5. 해안단구

　침식이든 퇴적이든 과거 해면과 관련해 형성된 해안의 평평한 땅을 해안단구라고 한다. 그러나 우리가 일반적으로 알고 있는 해안단구 중에는 그 단구형태의 평탄면이 해수작용과 직접 관련이 없이 만들어진 경우도 있어 용어 사용에 주의해야 한다는 의견도 있다. 김상호(2016)는 해안단구로 불리는 지형 중에는 그 위치가 해안지역이기는 하지만 근원적으로 그와 같은 평탄면을 만든 것은 파랑의 침식이나 퇴적이 아닌 '풍화물질의 삭박작용'의 결과인 경우가 있으므로, 형태적 의미의 해안단구와 성인적 의미 해성단구를 구분해야 할 필요가 있다는 것을 지적했다. 이러한 관점에서 최근에는 해안단구를 더 포괄적인 개념으로 정의하는 경향이 있다.

1) 관찰과 해석

(1) 분포 패턴
　해안단구 연구는 동해안, 남서해안 등에서 다양하게 보고되고 있으나 가장 연구 성과가 많은 곳은 동해안이다. 동해안의 해안단구는 대개 두꺼운 퇴적층으로 덮여 있고, 고도가 낮은 것들은 보존이 양호하나, 높은 것들은 보존이 불량하고 자갈을 포함한 퇴적물이 풍화작용을 심하게 받은 상태로 나타난다.

(2) 해안단구에 대한 논의

① 논의의 대상이 된 정동진 해안단구
　우리나라 해안단구 중 논의의 중심에 있는 곳 중 하나가 정동진 해안단구이다. 황만익(1968)은 해안단구를 "파식대가 융기한 면"으로 정의하고, 동해안 정동진 일대 해안평탄면(정동리~금진리 해안)을 연구한 바 있다. 이러한 관점에서 연구자는 해발 80m 지점에 구정선이 존재함을 인정하면서도, 이곳이 '본질적인 해안단구'가 아니라고 했다. 연구자는 퇴적물에서 해식이나 파식의 증거가 미약하고 기반암이 심한 기복을 이루고 있는 점 등을 들어 이곳의 평탄면이 근본적으로 해식에 의해 형성되지 않았다고 보았다.
　이선복 등(2009)은 정동진 해안단구가 플라이스토세 후기의 지구조운동으로 해안평

● 사진 9-40. 정동진 해안단구(강원도 강릉시 강동면, 2018,11)

원이 융기해 만들어진 구조단구(structural terrace)일 가능성이 있는 것으로 보았다. 연구자는 현재의 단구지형에서 과거 해수의 침식·퇴적의 흔적은 찾기 어려우며 오히려 하천퇴적물인 사력층과 그 위의 고토양층이 관찰되는 점 등을 증거로 해 이 지형들은 원래 해안평야 지형의 하천범람원에 퇴적된 충적층이라고 판단했다. 정동진면이 한때 큰 규모의 해안평원 충적대지의 일부였을 것이라는 가정은 대륙사면 조사에서 드러난 해저협곡과 해저수로의 분포로 어느 정도 뒷받침된다(이선복 외, 2009에서 재인용).

정동진 해안단구는 이와 같이 성인적 측면에서 일부 논란이 있어 왔지만 현재는 해안단구의 특징을 교과서적으로 관찰할 수 있는 한국의 대표적인 단구지역으로 다루고 있고 천연기념물로까지 지정되어 있다. 단구면은 해발고도 70~100m에 위치하며 현저한 평탄성을 보이는 심곡~건남 구간의 단구 폭은 0.3~1.2km, 길이는 5.5km 정도이다.

● 사진 9-41. 감포 해안단구(경북 경주시 감포읍 감포리, 1998.5)

② 해안단구와 해성단구

　해성단구의 경우 그 전제 조건은 침식단구이든 퇴적단구이든 '단구면(평탄면)'을 만든 메커니즘이 해성(파랑 등)작용이어야 한다. 그런데 기존 해성단구로 알려진 지형을 보면 그것이 해성작용이라는 증거는 희박하며, 풍화물질이 삭박된 면으로 보이는 경우도 적지 않다는 것이다(김상호, 2016).

　이렇게 보는 이유는 두 가지이다. 첫째, 단구면들이 대부분 평탄면이 아니며 오히려 완사면에 가깝다. 둘째, 단구면에 나타나는 자갈들이 해성기원일지라도 이들은 기존의 풍화층 위로 파랑에 의해 밀려 올라가 부분적으로 쌓인 경우가 많다. 대표적인 예는 감포 해안단구의 퇴적역이다. 그 근거가 되는 것이 퇴적역들 사이에 존재하는 풍화물질이다. 보통 자갈 사이에 섞여 있는 매트릭스를 단구 형성 이후에 풍화된 것으로 해석하고 있지만 사실은 해성 자갈이 밀려오기 전에 이미 풍화된 것이다(김상호, 2016).

　이런 관점에서 보면 현재 우리가 사용하는 해안단구의 개념을 수정해야 할 필요성도 있다. 그러나 현재까지 해안단구 개념이 너무 깊게 자리 잡았기 때문에 그 개념을 바꾸기는 쉽지 않은 것도 현실이므로, 기존 해안단구를 '해성단구'로 국한시키지 않는 것이 현실적인 하나의 해결 방안일 수 있을 것이다(김상호, 2016).

● 사진 9-42. 정동진 해안단구 퇴적물(강원도 강릉시, 1998.7, 좌)
● 사진 9-43. 감포 저위해안단구에 나타나는 퇴적층(경북 경주시, 2014.9, 우)

2) 해안단구의 편년과 기준시간면

(1) 해안단구의 편년

우리나라의 해안단구 형성 시기는 제3기 플라이오세부터 제4기의 현세까지로 편년되어 있다. 그러나 같은 지역의 동일한 단구면의 경우에서도 연구자에 따라 편년이 다르게 나타나는 등 아직 통일된 편년이 이루어지지 않은 실정이다. 그 이유 중 하나는, 절대연대 측정에 필요한 시료 획득이 어려워 상대편년에 의존해 형성 시기를 추정해 왔기 때문이다. 즉 일부에서는 절대연대에 의한 단구면이 편년되었지만 대부분의 해안단구는 단구면의 연속성, 넓이, 개석정도 등 지형특성이나 퇴적물의 풍화특성, 고토양, 고지자기 등을 지표로 해 상대적으로 편년되어 왔다.

이러한 상대적 편년은 해안단구를 이해하는 데 많은 어려움을 준다. 우리나라의 경우 동해안 일부를 제외하면 하나의 단구면이 연속적으로 이어지는 경우는 드물고, 구정선 고도가 높은 단구일수록 단구면은 불연속이 되어 단구면 간의 대비는 더욱 어려워진다. 이러한 경우 각 지역의 '해안단구 편년의 기준면', 즉 '기준시간면(key surface)'을 정해두면 많은 도움이 된다.

(2) 기준시간면

① 개념

기준시간면은 절대연대 측정을 통해 형성 연대가 확실히 밝혀진 단구면으로 야외에서 쉽게 찾을 수 있는 보편화된 단구면이어야 한다.

최성길(1993; 1995a; 1996a; 최성길·이헌종, 2007)은 동해안에 발달하는 저위해성단구를 I면(18m, 12만 5000년 BP)과 II면(10m, 7만 7000년 BP)으로 구분하고 이 중 동해안 일대에 널리 분포하는 '저위해성단구 I면(강릉의 명주·안인단구, 묵호의 대진단구 1면)'을 기준시간면으로 제안한 바 있다. 이 단구면은 다른 연구자들이 '안인면'(Chang, 1987), '제2단구면'(Lee, 1987; Kim, 1990)으로 분류한 면과 동일한 지형면으로서 시기적으로는 제4기 최종간빙기에 만들어진 것이다.

정혜경(1999)은 감포 해안단구 연구에서 단구면을 고위면(50~80m), 중위면(30~40m), 저위면(4~20m)으로 구분하고 이 중 연속성이 강하고 폭이 비교적 넓은 저위1면(10~20m)을 해안단구 편년의 기준면으로 제안했다. 이는 최성길이 제안한 기준시간면인 저위I면(18m)과 그 개념을 같이하는 것이다. 그리고 이 기준면들은 김서운(1973)의 정자리면(10~20m), 오건환(1978)의 저위면(산하리면, 10~20m), 조화룡의 해안단구 III면(10~20m), 윤순옥·황상일의 금곡면(19~24m)에 대비되는 면들이다.

② 특징과 의미

연구자들이 제안한 기준시간면에는 적색풍화토, 화석 주빙하성 결빙구조와 주빙하성 사면퇴적물이 함께 존재한다.

적색풍화토는 최종간빙기 후기의 온난기에 형성된 것으로 알려져 있다. 단구지형면에서 토양생성은 지하수면이 높은 시기(단구면 형성기)가 아니라 일반적으로 지하수위가 낮아진 시기(다음 단구 형성기)에 활발히 진행(조화룡, 1990; 박용안·공우석, 2001)되는 것으로 알려져 있다.

주빙하성 결빙구조나 사면퇴적물은 최종빙기에 형성된 것으로 해석되고 있다. 최성길(1995a)은 동해안 묵호 해안의 단구퇴적물에서 지표 아래 1.5m 깊이까지 엽상구조가 발달해 있다는 것을 관찰했다. 현재 이 지역의 토층 동결심도는 20cm 이하에 지나지 않는다.

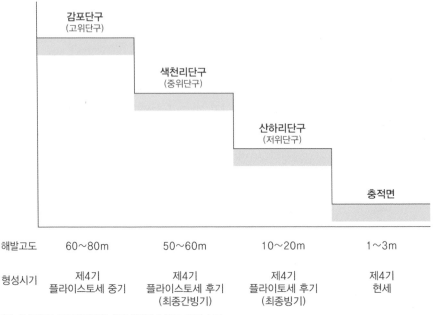

● 그림 9-2. 포항~울산 해안의 계단상 해안단구 모식도

해발고도	60~80m	50~60m	10~20m	1~3m
형성시기	제4기 플라이스토세 중기	제4기 플라이스토세 후기 (최종간빙기)	제4기 플라이토세 후기 (최종빙기)	제4기 현세

자료: Oh(1981), 정혜경(1999), 공우석(2001) 참고, 저자 수정.

이 지형면은 우리나라에서 가장 보편적·연속적으로 분포하며, 비교적 개석이 진행 되지 않아 단구면 보존 상태가 양호하고 지형면의 폭이 넓어 야외 조사 때, 쉽게 찾을 수 있다는 점에서 기준시간면으로서 충분히 활용될 수 있을 것으로 생각된다. 이 지형 면은 적색토가 형성되어 있는 단구면 중 가장 낮은 곳에 위치하는 해안단구(최성길, 1995a; 1995b; 1996a)로 보고되어 있다.

3) 지반의 융기와 계단상 해안단구 발달

지반이 안정된 한반도에서는 간빙기 고해면기의 파식대와 해안평야가 다음 간빙기 또는 후빙기까지 이르는 기간 동안 지속적인 지반의 융기에 의해 해안단구가 형성(권혁 재, 1975a; Chang, 1987; 최성길, 1996a)된 것으로 추정하고 있다.

우리나라의 경우 동해안의 정동진 일대, 장기곶~울산만 사이의 동남해안에 계단상 의 해안단구가 발달해 있다. 계단상 단구는 간빙기에 여러 차례 해면 승강운동으로 형성된 것이다. 위쪽의 오래된 단구는 개석되어 일부가 남아 있고 표토의 변화가 심하지만, 가장 아래쪽의 신선한 단구는 좁기는 해도 보존이 잘되어 있다. 이 단구들 중 일부는 퇴적물이 거의 없고, 일부는 해성퇴적물로 덮여 있는데 곳에 따라서는 그 위에 사면퇴적물이 덮여 있는 경우도 있다.

제10장
카르스트지형

1. 카르스트지형의 발달

카르스트지형의 지리학적 연구가 시작된 곳은 아드리아해 연안의 슬로베니아 지역이다. 슬로베니아는 국토의 43%가 카르스트지형으로 되어있는데 이곳은 '슬로베니아 카르스트'라고 불린다. 아드리아해 북부 트리에스테만에서 내륙 쪽으로 약 $500km^2$에 걸쳐 펼쳐진 석회암지대이다. 이곳은 시대에 따라 불리는 명칭이 달랐다. 로마 시대에는 카르수스(carsus)라 했고 슬로베니아 사람들은 이를 슬로베니아어로 크라스(kras)로 고쳐 불렀다. 한편 이탈리아에서는 카르소(carso), 독일에서는 카르스트(carst)로 각각 불러왔다. 우리가 현재 쓰고 있는 카르스트라는 용어의 직접적인 기원은 바로 독일어 카르스트이다. 이름은 각각이지만 모두 '암석 투성이의 황무지'라는 의미이다(권동희, 2018).

● 사진 10-1. 카르스트지형 연구가 시작된 **포스토이나 동굴(슬로베니아, 2018.5)**
'브릴리언트 석순'으로 불리는 순백색의 탄산칼슘 침전지형은 이 동굴을 대표하는 경관이다.

카르스트지형의 구체적 연구가 시작된 곳은 슬로베니아의 포스토이나 동굴이다. 이 동굴을 탐방한 인류 역사는 13세기로 거슬러 올라가지만 동굴을 처음으로 기록한 사람은 슬로베니아 지질학자이자 카르스트지형 연구자인 요한 폰발바소르(Johann von Valvasor)이다. 그는 1689년 이 동굴의 종유석들이 물방울에 의해 만들어졌음을 강조하는 그림으로 동굴 모습을 소개한다. 그 후 동굴 내부가 구체적으로 외부에 공식적으로 공개된 것은 1818년이고 다시 10년 후 광물학자 F. 호헨바르트는 동굴 가이드북을 통해 카르스트 지하 세계를 상세히 소개함으로써 카르스트지형 연구가 본격적으로 시작되었다(권동희, 2018).

1) 카르스트지형발달의 지리적 조건

(1) 물과 기온

카르스트지형에 기본적으로 영향을 주는 것은 물과 온도 조건이다. 기후지형학적인 측면에서 보면 카르스트지형은 강수량이 풍부한 습윤기후 지역에서 전형적으로 발달한다. 그리고 물의 양과 함께 물의 온도는 용식의 속도를 지배하는 것으로서, 고온일 경우 그 작용은 강하게 나타난다.

(2) 암석

암석 중에서도 물에 의해 용식되기 쉬운 것은 석회암이다. 따라서 전형적인 카르스트지형은 석회암 지대에서 나타난다. 석회암의 종류는 다양하지만 보통 방해석($CaCO_3$)의 형태로 존재하는 탄산염 광물이 최소한 50% 이상인 암석을 말한다.

(3) 탄산가스

방해석으로서의 석회암은 순수한 물에도 용해되지만, 물에 용해된 탄산가스는 카르스트지형발달에 결정적인 역할을 한다.

자연수에는 탄산가스가 어느 정도 용해되어 있으나 그 양은 수면에 접한 공기의 탄산가스압에 따라 달라지며 수온과도 밀접하게 관련이 있다. 즉 용액이 포화 상태에 있을 때 용액 속의 탄산가스 양은 공기의 탄산가스압에 비례하며 수온 상승에 반비례하게 된다. 예를 들면 탄산칼슘 250mg / *l* , 탄산가스 50mg / *l* 의 포화 상태에 있는 용액이 냉각되면 그 용액은 석회암을 더 용해하며, 용액이 가열되면 탄산칼슘 일부는 침전된다는 보고가 있다. 같은 실험에서 그 용액이 탄산가스압이 낮은 공기와 접하면 탄산가스 일부는 상실되면서 탄산칼슘이 침전되며, 탄산가스압이 높은 공기와 접하면 탄산가스를 더 많이 포함하게 되어 결국 석회암 용해작용이 증진되는 것으로 나타났다.

석회암 지역에서 탄산칼슘으로 포화된 지표수가 여름철에 지하로 스며들면서 냉각될 경우, 석회동굴의 공기에서 탄산가스를 더 흡수해 석회암의 용식이 촉진될 수 있다. 또한 토양층을 통과하면서 더 많은 탄산가스를 흡수한 물이 지하로 스며들 경우, 동굴 내에서 자유대기와 접하게 됨으로써 탄산가스의 일부는 방출되고 따라서 용해되었던 방해석의 일부가 침전될 수 있다.

(4) 기후

자유대기의 탄산가스 양은 공기 부피의 0.03% 내외에 지나지 않는다. 그러나 토양의 공기에는 1~2%, 공기유통이 불량한 열대토양의 경우 탄산가스의 양이 20~25% 정도에 달하는 경우도 있다. 이는 식물 뿌리의 호흡 작용과 박테리아에 의한 유기물의 부패에서 비롯된 현상으로 토양의 탄산가스는 석회암의 용식을 주도하는 역할을 한다. 냉수(冷水)는 다량의 탄산가스를 포함할 수 있으므로 이론적으로는 한랭기후 지역에서 카르스트지형이 잘 발달할 것으로 생각되지만, 앞에서와 같은 요인 때문에 실제로는 습윤한 열대·아열대 지방에서 전형적인 카르스트지형이 발달한다.

2. 카르스트지형의 유형

카르스트지형 중 용식과 관련해 발달하는 지형을 1차적 지형, 그리고 탄산칼슘의 침전에 의해 형성된 지형을 2차적 지형이라고 한다. 1차적 지형은 다시 돌리네, 라피에, 원추카르스트 등과 같은 지표지형과 석회동굴과 같은 지하 지형으로 구분된다. 2차적 지형은 주로 지하 동굴 내에 형성되지만 특이한 조건에서는 지표에서도 형성된다.

카르스트지형은 기후 조건에 따라 온대와 열대 카르스트지형으로 구분된다. 온대 카르스트는 우리나라에서 보편적으로 볼 수 있는 돌리네, 카렌, 석회동굴 등으로 이루어진 지형이다. 열대 카르스트는 온대 기후지역에 비해 상대적으로 강한 용식작용에 의해 거대한 규모의 석회암 잔구 지형이 관찰되는 지형이다. 중국 구이린(桂林) 일대의 탑 카르스트지형은 좋은 예이다.

1) 1차적 지형

(1) 지표지형

① 와지

가장 대표적인 와지는 원형 혹은 타원형의 돌리네이다. 싱크홀(sinkhole) 혹은 이를 번역해 낙수혈(落水穴)이라고도 한다. 주로 용식작용으로 형성되지만 때로는 지하동굴의 함몰에 의해 발달하기도 한다. 전자의 경우를 용식돌리네, 후자를 함몰돌리네라고 한다. 서로 다른 2개 이상의 돌리네가 확장되어 결합되면 더 큰 규모의 우발라가 형성되며 지질구조와 관련해 폴리에가 발달하기도

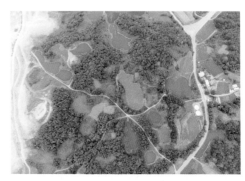

● 사진 10-2. 돌리네군(충북 단양군 가곡면 여천리, 2016.9)

한다. 폴리에는 카르스트 지역에 형성된 돌리네, 우발라보다 큰 규모의 용식분지이다.

② 하천 시스템

카르스트지형에서의 하천 시스템은 독특하다. 용식분지를 흐르는 하천은 스왈로홀(swallow hole) 또는 포노르(ponor)라고 하는 배수구를 통해 지하로 스며들어 흐름이 중단되는 경우가 많다. 이때 배수구를 통해 지하로 스며들어 흐르는 하천을 싱킹크리크(sinking creek)라고 하는데, 지하의 수로를 따라 흐르기 때문에 석회동의 발달에 직접적인 영향을 주기도 한다. 이 하천들은 수 km~수십 km를 지하로 흐르다가 지표로 다시 용출되기도 한다.

● 사진 10-3. 포노르(경북 문경시 문경돌리네습지, 2019.7)
돌리네습지의 수량이 늘어나면 자연스럽게 이 포노르를 통해 물이 배수된다.

③ 자연교

싱킹크리크와 같이 지하로 그 유로를 변경함에 따라 물이 흐르지 않게 된 골짜기는 건곡(dry valley)이라고 한다. 지하를 흐르면서 동굴을 발달시킨 싱킹크리크가 하천쟁탈에 의해 유로가 변경되면 물이 흐르지 않는 터널이 그 뒤에 존재하게 된다. 이 터널이 중력의 작용 등으로 붕괴되면 그 부분은 골짜기가 형성되는데, 천장의 일부가 좁게 골짜기 위에 얹혀 있게 되면 자연교라고 하는 특수한 지형이 발달하기도 한다. 때로는 석회암지대를 흐르는 감입곡류하천에서 곡류절단이 될 때 차별 용식에 의해 아치 모양의 터널이 발달하는 경우가 있다.

④ 카렌과 테라로사

지표가 용식될 때 차별용식으로 인해 용식구(溶蝕溝) 사이에 잔존하는 암주(巖株)모양의 돌출부를 라피에(lapiés) 혹은 카렌(karren)이라고 한다. 라피에 같은 암주들이 무수히 발달한 지형은 라피아즈(lapiaz) 또는 카렌펠트(karrenfeld)라고 한다. 석회암의 용식 과정에서 남은 불순물이 산화작용을 받아 형성된 토양을 테라로사라고 한다.

⑤ 피복 카르스트와 나출 카르스트

테라로사 토양이 석회암 기반암을 수 m의 두께로 덮고 있는 경우를 피복 카르스트(Bedeckte karst), 테라로사로 덮여 있지 않고 라피에가 많이 발달한 지형을 나출 카르스트(Nackte Karst)라고 한다.

⑥ 원추 카르스트

용식이 진전되어 돌리네 같은 와지가 점차 확장되면 그 와지 사이에 원추형의 잔구, 즉 원추 카르스트(cone karst)가 발달한다. 이 중 반구형(半球形)에 가까운 것을 코크핏 카르스트(cockpit karst), 수직 절벽으로 둘러싸여 탑 모양으로 존재하는 것을 탑카르스트(tower karst)라고 한다.

● 사진 10-4. 탑카르스트 유사지형(강원도 삼척시 대이리 동굴지대, 1998.5)

(2) 지하지형: 석회동굴

석회암의 용식작용으로 지하에는 석회동굴이 형성된다. 석회동굴은 지하수계(地下水系)에 의해 발달하는 것으로서 지하수계는 언제나 새로운 동굴을 만들며 구유로(舊流路) 뒤에는 우리가 보통 말하는 동굴이 남는다. 동굴이 지하수면 이상에 존재하기 때문에 일반적으로 건조하고 더 이상의 동굴 확장이 일어나지 않는 경우는 데드 케이브(dead cave)라고 하며, 지하수면 이하에 존재해 물이 포화되어 있거나 저습하므로 용식이 활발히 진행되는 경우를 액티브 리버 케이브(active river cave)라고 한다. 그러나 양자를 명확히 구분하기는 실제로 어렵다.

동굴 자체가 1차적 지형이지만 동굴 내부에서는 동굴 지하수의 침식·용식·퇴적작용에 의해 또 다른 형태의 1차적 지형이 발달한다.

① 용식공과 펜던트

용식공(pocket)은 동굴 천장이 용식된 지형으로 종 모양을 한 구멍이다. 용식공이 집단적으로 발달해 천장이나 벽면이 울퉁불퉁해진 지형을 스펀지워크(spongework)라고 한다. 용식천장, 벨홀(bell hole), 캐비티, 종호(鐘壺), 천정용식대 등도 유사한 개념이다.

용식과정에서 동굴을 형성하는 모암의 일부가 천장이나 벽면에 남아 늘어지거나 걸려 있는 상태의 지형이 펜던트(pendant)이다.

② 침식붕

침식붕(stream cut bench)은 동굴 지하수에 의해 모암이 옆으로 깊게 패여 들어간 선반모양의 지형이다. 테라스(terrace)라고도 부르며 대형을 노치, 소형을 니치라고도 한다.

③ 퇴적층

동굴 하천에 의해 직접 퇴적된 지형으로 대부분 입자가 작은 점토질로 되어 있다.

④ 동굴 하천과 동굴호수

동굴 내부를 흐르는 하천은 침식과 용식작용을 받은 유로를 따라 흐르기 때문에 지

● 사진 10-5. 용식공(강원도 삼척시 환선굴, 2011.1)

● 사진 10-6. 동굴퇴적층(강원도 삼척시 환선굴, 2019.7)

● 표 10-1. 동굴지형의 형성작용과 유형

형성작용			지형 유형
지하수 작용	미지형 형성작용	용식작용	용식공, 스펀지워크, 펜던트
		침식작용	침식붕(테라스)
		퇴적작용	퇴적층
		용식, 침식 복합작용	동굴하천, 동굴폭포, 동굴호수
침전 작용	스펠레오뎀 형성작용	천장이나 벽면에서 떨어지는 물(점적수)의 작용	석순, 종유관, 종유석, 석주, 동굴진주,
		천장과 동굴 벽을 따라 흐르는 물(유수)의 작용	유석, 종유폭포, 커튼종유석(베이컨시트)
		동굴 바닥을 흐르는 물(유수)의 작용	휴석(림스톤), 휴석소(림스톤폰드), 석회화 단구, 동굴산호*
		동굴 바닥에 고인 물의 작용	붕암
		동굴 벽면으로 스며 나온 물과 공기에 의한 침전작용	곡석, 석화, 동굴산호

주: * 휴석소 내부에 발달한다.
자료: 우경식(2004) 등 참고, 저자 수정.

● 사진 10-7. 펜던트(강원도 동해시 천곡황금박쥐동굴, 2019.7, 좌)
● 사진 10-8. 동굴폭포(강원도 삼척시 환선굴, 2019.7, 우)

상의 하천 유로형태와는 많이 다르다. 하천 유로는 길게 유지되지 않으며 폭포, 호수 등
으로 복잡하게 연결되어 있다.

2) 2차적 지형

(1) 석회화

물에 용식된 석회성분이 다시 2차적 침전작용에 의해 만들어진 지형이다. 이렇게 만
들어진 석회질 침전물을 석회화(石灰華, calcareous sinter)라고 하는데, 규소(SiO_2)로 된
것을 규화(珪華, siliceous sinter)라고 해 구분한다. 일반적으로는 동굴로 스며든 지하수
에 의해 동굴 내부에 형성되지만 지열이 높은 화산지대에서는 석회암을 통과한 용천에
의해 지표면에 발달하기도 한다. 미국 엘로스톤국립공원에는 지하의 마그마 활동과 관
련한 '간헐천 분지(geyser basins)' 지형이 집중된 곳이 있는데 이 지역은 특히 지하의 석
회암을 통과하는 열수(熱水)작용에 의해 지표면에 석회화단구가 잘 발달해 있다.

(2) 스펠레오뎀

물속이나 공기 중에 녹아 있던 탄산칼슘 성분이 수온변화 등에 의해 다시 침전되어
만들어진 2차 생성물을 총칭해 스펠레오뎀이라고 한다. 스펠레오뎀은 대부분 동질이상
(同質異像) 광물인 방해석(calcite)과 아라고나이트(aragonite)로 구성되었다. 두 광물 모
두 같은 화학성분($CaCO_3$)으로 구성되었으나 방해석은 육방정계, 아라고나이트는 사방
정계로 아라고나이트가 방해석보다 밀도와 경도가 높은 것이 특징이다.

스펠레오뎀은 침전되는 과정에 따라 크게 점적석(點積石, dripstone)과 유석(流石,
flowstone)으로 구분한다. 점적석은 종유석, 석순, 석주와 같이 물방울이 천장에서 직접
떨어지면서 침전되어 만들어지는 지형으로 수적석(水滴石)이라고도 한다. 유석은 동굴
벽면이나 바닥으로 지하수가 흐르면서 침전시킨 지형으로 유화석(流華石)이라고도 한
다. 점적석보다 유석은 규모가 큰 것이 보통이다. 점적석과 유석의 중간 형태가 커튼종
유석(limestone curtain, travertine curtain)이다. 넓은 의미에서 종유석은 스펠레오뎀 자
체를 말하기도 하는데 석회동굴을 종유동굴이라고 하는 것은 이 때문이다.

물이 고여 있는 경우에는 수면의 높이를 따라 수평으로 침전되는 붕암(棚巖, shelf-
stone)이 만들어진다. 특별한 경우로 동굴 벽을 스며 나온 물이나 동굴 내부 공기 속의

● 사진 10-9. 커튼 종유석(강원 동해시 천곡황금박쥐동굴, 2019.7)

탄산칼슘이 침전되어 형성되는 것도 있는데 곡석(曲石, helictite), 석화(石花, anthodite), 동굴산호(洞窟珊瑚, cave coral) 등이 그 예이다.

① 종유관, 종유석, 커튼 종유석

종유석은 동굴 천장에서 지하수가 물방울로 떨어질 때 지하수에 포함된 탄산칼슘 성분이 천장의 물방울이 떨어지는 지점에 침전되어 점차 아래쪽으로 성장해 가는 탄산칼슘 집적체이다. 종유석의 영어 표현인 '스탈렉타이트(Stalactite)'는 그리스어 '스탈라그마', 라틴어 '스틸라'에서 비롯된 말이다. 둘 다 '물방울'이라는 뜻이다(권동희, 2018).

종유석은 발달 초기에 종유관(짚종유석, 관상종유석, straw stalactite) 형태로 시작된다. 이는 마치 밀짚처럼 둘레가 가늘고 길면서 가운데가 빈 관 모양을 하고 있다. 직경은 보통 물방울 크기이며 최대 6m까지의 종유관이 관찰된 예도 있다. 이러한 종유관이 점차로 굵어지고 길어진 것이 종유석이다. 이러한 성장 과정을 거치기 때문에 종유석에는 나무의 나이테처럼 환상구조(環狀構造)가 관찰된다.

　물이 동굴 벽을 따라 넓게 퍼지면서 흘러내릴 경우에는 커튼 종유석이 발달한다. 커튼 종유석은 점적석과 유석의 중간 형태로서 다른 말로는 석회커튼, 석회막(石灰幕), 종유 커튼, 포상종유석(布狀鐘乳石), 베이컨 시트(bacon like sheets)라고도 부른다. 베이컨 시트라는 말은 특히 얇고 넓적하게 발달한 커튼 종유석의 경우 여기에 불을 비췄을 때 그 침전 무늬가 삼겹살처럼 보인다고 해서 붙여진 이름이다. 보통 반투명한 박판(薄板) 형태를 띠는데, 물의 흐름을 반영해 마치 미세한 습곡처럼 휘어지기도 한다. 불순물이 들어가면 침전 무늬는 황색 혹은 적갈색이 되기도 한다.

② 석순
　탄산칼슘을 포함한 지하수가 동굴 천장에서 떨어지는 바닥 지점에 탄산칼슘이 집적되어 위쪽으로 성장해 가는 탄산칼슘 집적체이다. 종유석에는 보통 그 심(芯)에 빈 관이 있는 데 반해 석순에는 없는 것이 특징이다. 종유석에 비해 크기와 모양도 다양하다.

③ 석주
　동굴 천장과 바닥을 연결하는 기둥 모양의 탄산칼슘집적체이다. 종유석과 석순이 만나 발달하는 것이 대부분이다.

④ 동굴진주와 피솔라이트
　동굴진주(cave pearl)는 동굴 바닥 홈에 작은 암석 조각이 존재할 때, 천장에서 떨어진 물로부터 공급된 방해석이 여기에 침전되어 만들어진 것이다. 편의상 표면이 반들반들한 것을 동굴진주, 표면이 거친 것은 동굴 피솔라이트(pisolite)라고 부른다. 동굴 피솔라이트는 흐르는 물속에서 자라는 것이 보통이다.

⑤ 유석과 종유폭포
　유석(flowstone)은 지하수가 동굴 벽을 타고 흘러내리면서 침전된 지형으로 지하수에 포함된 물질에 따라 여러 색이 나타나기도 한다. 종유폭포(stalactite waterfall)는 유석이 동굴 벽면의 모암을 따라 폭포처럼 흘러내린 종유벽으로서 수직조흔(垂直條痕, verticality waterfall)이라고도 한다.

● 사진 10-10. 종유폭포(강원도 정선군 화암동굴, 2019.7)

⑥ 휴석, 휴석소, 석회화단구

　휴석(畦石, rimstone)은 동굴 바닥에 논둑 모양으로 탄산칼슘이 집적된 지형이다. 림스톤, 제석(提石)이라고도 한다. 휴석과 휴석 사이에 물이 고인 것이 휴석소(畦石沼, rimstone pond, rimpool)인데 제석소라고도 한다. 한국에서는 전통적으로 마을 주민들이 선답(仙畓), 신농답(神農畓)으로 불러왔다. 휴석소 뒤에 물 대신 탄산칼슘이 집적되어 계단모양으로 된 것이 석회화단구(travertine terrace)이다. 여기에서 트래버틴(travertine)은 대표적인 석회질 용천 침전물로서 티볼리(Tivoli) 지방의 라틴명 티부르(Tibur)에서 유래한 프랑스어이다.

⑦ 붕암

휴석소 내에서 물이 같은 높이로 오랫동안 유지될 경우, 휴석으로부터 물의 표면을 따라 판 모양의 동굴생성물이 자라게 되는데 이를 붕암(棚巖, shelfstone)이라고 한다. 넓은 의미에서 수중동굴생성물에 속한다. 현재 동굴에 물이 없어도 이 붕암이 존재한다면 과거 동굴 속에 물이 있었고 그 깊이가 어느 정도 되었는지 추정할 수 있다.

⑧ 동굴산호와 포도상구상체

동굴산호(cave coral)는 다양한 방법으로 물 공급을 받으면서 혹이나 나뭇가지 형태로 자라는 2차 생성물이다. 주로 석순을 만들 수 있는 정도를 넘는 강한 점적수에서 튀기는 2차적으로 비산된 수적과 밀접한 관련이 있는 것으로 알려져 있다(서무송, 2010). 그 형태 때문에 동굴팝콘이라고도 부른다. 동굴산호와 같은 메커니즘에 의해 발달하지

● 사진 10-11. 포도상구상체(충북 단양시 천동굴, 2010.12)
종유석 끝부분에 매달린 침전물이 마치 포도송이를 닮았다.

만 그 형태가 특이한 모양을 한 것이 포도상구상체(botryoid)이다. 포도상구상체는 적당한 높이의 종유석 말단부나 유석벽에서 첨가·증식된다.

⑨ 곡석과 석화

곡석(helictite)은 벽면이나 바닥 혹은 천장에서 스며든 물에 의해 뒤틀린 모양으로 자라는 2차 생성물이다. 석화(anthodite)는 동굴 벽면이나 천장에서 뾰족한 바늘 모양의 아라고나이트 결정들이 불규칙한 방향으로 뻗으면서 마치 꽃처럼 성장하는 생성물이다. 대부분의 석화는 물이 없고 습도가 낮은 사굴(死窟)에서 잘 자라는 것으로 알려졌다.

3. 한국의 석회암 분포와 카르스트지형

고생대 초에 평안분지에서 해성층으로 쌓인 것을 조선누층군이라고 한다. 이 층은 평안남도와 황해도에 가장 넓게 분포하며, 남한에서는 옥천조산대에 속한 강원도 남동부와 이에 인접한 충청북도, 경상북도 일부 지역에도 상당히 넓게 분포한다.

조선누층군을 구성하는 대부분의 암석이 바로 석회암이다. 따라서 석회암을 기반으로 하는 카르스트지형은 조선누층군의 석회암이 넓게 노출된 산간지방에서 주로 관찰된다. 카르스트지형이 탁월하게 발달하기 위해서는 석회암의 순도가 매우 높고 조직이 치밀해야 하는데(권혁재, 1999), 강원도의 영월·평창·삼척, 충북의 제천·단양, 그리고 평남과 황해도 일대가 이에 해당된다.

한반도 카르스트지형은 전형적인 산악카르스트(Alpine Karst) 지형으로 대부분 산지 중턱이나 능선 주변(한국자연지리연구회, 2003) 등지에 발달해 있다. 북한의 석회암지대는 남한보다 훨씬 광범위해 카르스트지형 분포도 이에 비례한다. 북한의 석회암은 남한보다 오래된 시생대, 원생대, 고생대 퇴적암에서 다양하게 분포하고 있어 상대적으로 카르스트지형 발달에 유리한 조건을 갖추고 있다.

1) 지표지형

(1) 용식와지

① 돌리네와 우발라

한국에서 카르스트지형은 특별한 지형이므로 이들은 지역에 따라 특별한 이름으로 불린다. 돌리네는 숯가마, 쇠구댕, 덕, 구단, 가메, 우발라는 함지개, 장재구지, 말개미 등으로 불린다(서무송, 1996). 우발라는 돌리네보다 규모가 큰 것인데, 단순히 몇 개의 돌리네가 합쳐진 것이 아니라 마을이 들어설 만큼 규모가 크고 모양이 불규칙한 와지를 가리킨다.

돌리네는 독립되기보다 무리지어 발달하는 것이 특징이다. 한국의 경우 1 : 5만 지형도를 분석해 보면, 북한의 황해도 '대평' 도엽에 254개, '신막' 도엽에 261개가 나타나고 남한에서는 충북 단양의 '매포' 도엽에서 55개가 발견된다(한국지리정보연구회, 2004).

돌리네는 강원도 삼척, 동해, 영월, 평창, 정선, 충북의 단양, 영춘, 제천, 경북의 문경, 점촌 등지에 집중 분포한다. 돌리네가 집단적으로 형성되려면 지하수위보다 높은 고도에 넓고 평평한 땅이 있어야 한다. 우리나라에서는 석회암이 산간 지방에 주로 분

● 사진 10-12. 돌리네와 카렌(강원 정선군 남면 무릉리 발구덕마을, 2016.6, 좌)
돌리네 주변으로 차별용식에 의해 남아 있는 카렌들이 관찰된다.
● 사진 10-13. 우발라(강원도 정선군 발구덕마을, 2008.7, 우)

포하기 때문에 돌리네가 무리로 발달할 수 있는 곳은 대개 하천 연안의 넓은 하안단구(권혁재, 1999)이다.

평창군 미탄면 돈너미 마을과 고마루, 정선군 남면 발구덕 마을, 삼척시 노곡면 여삼리, 그리고 단양군 어상천면 무두리 등은 한국(남한)의 5대 '돌리네 마을'로 알려졌다(서무송, 2010). 정선의 발구덕은 '8개의 구덕'이 있는 마을이라는 뜻인데 구덕은 구멍이라는 뜻으로 돌리네를 의미한다. 여삼리의 우발라는 한국에서 가장 큰 것으로 알려져 있으나 최근에는 농경지로 이용하는 과정에서 많은 부분이 매립되어 그 윤곽이 분명치 않다.

② 폴리에

단양군 어상천면 임현리의 무두리[水入里]는 '무두리들'이라는 골짜기 모양의 작은 분지에 발달한 마을이다. 이곳에서는 삼태산(876m) 기슭의 샘에서 발원한 소하천이 골짜

● 사진 10-14. 폴리에 마을 무두리(충북 단양군 어상천면, 2016.11)

기를 흐른 후 포노르에 해당하는 동굴을 통해 낮은 골짜기로 빠져나간다. '무두리들'은
규모는 작지만 폴리에와 유사(권혁재, 1999)한 지형으로 볼 수 있다.

(2) 용식잔존 볼록지형

① 카렌

우리나라는 나출 카르스트가 잘 발달되어 있지 않아 카렌을 야외에서 직접 관찰하기
는 쉽지 않다. 카렌은 보통 11개 유형으로 구분되는데 한국에서는 이 중 3개 유형(서무
송, 1996)이 잘 관찰된다. 이들은 지역에 따라 호석, 구지(丘地), 용식구, 석탑원 등으로
불린다.

- 호그백(Hogback) 카렌: 테라로사 위에 부드러운 돈배상(豚背狀) 용식면을 드러낸
  카렌이다. 영춘면 용진리, 평창읍 후평리 등지에서 관찰된다.

● 사진 10-15. 호그백 카렌(강원도 영월군 한반도면 옹정리 옹정소공원, 2016.11)
노출된 카렌이 자연스럽게 공원의 조경물 역할을 하고 있다.

● 사진 10-16. 데켄 카렌(강원도 영월군 한반도면 옹정리, 2016.11. 좌)
큐브존 리조트 건설 공사장에서 나온 카렌을 그대로 정원의 조경석으로 이용했다.

● 사진 10-17. 해안 카렌(강원도 동해시 추암 촛대바위 해변, 2019.5, 우)

• 데켄(Decken) 카렌: 피복 카렌이다. 시멘트 공장의 채석 과정에서 표토 제거 후에 드러난다. 문경, 단양 매포 등 시멘트 공장 주변에서 흔히 볼 수 있다.
• 해안 카렌: 해안의 용식구이며 석회암 해안지대에서 해파의 침식과 용식의 복합 원인으로 생성된다. 동해시 추암해수욕장 인근에서 잘 관찰된다.

② 코크핏

서로 인접한 돌리네의 확대로 3개 이상의 돌리네가 연합하면 그 중심부에 코크핏이라고 부르는 날카로운 피라미드 형태의 지형이 남는다. 영월군 남면 연당리와 솔갱이 일대에 발달한 돌리네 지역의 농삿길은 이 코크핏들을 개발한 것(서무송, 1996)으로 알려져 있다.

(3) 카르스트 수계

석회암 지역을 흐르는 하천은 비가 많이 올 때만 일시적으로 물이 흐르는 건천이거나, 중간에 땅속으로 스며들어 하류로는 물이 흐르지 않는 싱킹크리크인 경우가 많다. 이렇게 스며든 물은 다른 지역에서 다시 용천수로 솟아나는데, 이 용천수들은 우리나라에서 수혈, 용천, 분천으로, 그리고 건곡은 건천, 수입리, 무천리(서무송, 1996) 등으로 불린다.

● 사진 10-18. 싱킹크리크(강원도 삼척시 노곡면 하월산리, 2019.7, 좌)
오십천 상류 하천 경관이다. 상류로부터 물이 계속 흘러들고 있지만 중앙 부분의 웅덩이에서 지하로 조금씩 스며들고 있어 하류 쪽으로는 물이 더 이상 흐르지 않는다.
● 사진 10-19. 카르스트 용천(충북 단양군 무두리 마을, 1998.8, 우)

(4) 피복 카르스트와 테라로사

석회암의 기반암층 위에는 테라로사라 불리는 2~3m 두께의 석회암 풍화토가 덮여 있는데 이러한 경관을 피복 카르스트라고 한다.

피복 카르스트는 한국과 같은 온대지방의 석회암지대에서 형성되는 특징이 있다. 그 이유는 열대 지역의 토양 생성률보다 온대 지역의 심

● 사진 10-20. 테라로사와 카렌(강원도 삼척시 사직동, 2004.9)

층풍화에 의해 생성된 토양의 집적률이 상대적으로 빠르기 때문이다. 온대 지역은 침식량보다 풍화속도가 빠르기 때문에 풍화토가 두껍게 형성되어 있으며 카렌은 토양층 아래에서 관찰된다(한국자연지리연구회, 2003).

점토질 토양인 테라로사는 붉은색에 가까운데 그 정도는 우리나라의 구릉지에 널리 분포하는 적색토와 비슷하다. 석회암은 회색이므로 그 위에 덮여 있는 테라로사는 석회암의 선명한 용식면(溶蝕面)과 뚜렷이 구분된다. 테라로사는 기반암의 성질을 반영하는 간대토양으로 분류해 왔으나 최근에는 구릉지의 적색토와 같이 과거의 아열대성 습윤 기후와 관련된 성대토양으로 보기도 한다(권혁재, 1999).

(5) 자연교

충북 단양의 석문(石門), 강원도 태백시 동점동의 구문소는 카르스트지형에서 관찰되는 대표적인 용식 자연교이다. 석문은 산 능선부에 걸려 있는 것으로 전형적인 아치 모양이며, 구문소는 곡류하천의 절단 과정에서 만들어진 것으로 지금도 터널을 통해 하천이 흐르고 있어 특이한 경관을 보여주고 있다. 삼척시 죽서루 안에도 소규모의 자연교가 형성되어 있다.

● 사진 10-21. 자연교 석문(충북 단양군 매포읍 하괴리, 2009.9)
석회동굴의 천장부가 무너져 내리고 그 일부가 아치 모양으로 걸려 있다. 사진 뒤쪽 남한강 건너에서 석문을 바라보면 원래의 동굴 모양을 어느 정도 짐작할 수 있다.

● 사진 10-22. 자연교(충북 단양군, 2016.9)
〈사진 10-21〉의 자연교를 강 건너 상공에서 바라본 경관이다.

2) 지하 지형

(1) 석회동굴과 스펠레오뎀

남한의 석회동굴은 태백산맥의 융
기와 신생대 제4기 빙하기 동안 발생
된 수차례의 해수면 승강운동과 관련
해 형성된 것으로 알려져 있다. 따라
서 동굴 입구 주변 고하천의 분포 특
징과 동굴퇴적물들의 편년 자료들을
유기적으로 분석해 보면 태백산맥의
융기 과정을 더 명확하게 설명할 수
도 있다.

우리나라 석회동굴에는 종유석, 석

● 사진 10-23. 석회화단구(강원도 태백시 용연동굴, 2019.7)

순, 석주, 석회커튼, 림스톤, 림스톤폰드, 석회화단구 등 다양한 종류와 형태의 스펠레오뎀이 형성되어 있다. 이 스펠레오뎀들은 주로 동굴 내부에 형성되는데 석회화단구는 동굴 밖에서 관찰된 사례도 보고된 바 있다. 대표적인 지역은 삼척시 신기면 대이리 관음굴전, 노곡면 상반천리 녹반굴전, 가곡면 풍곡리 외삼방 석개재 아래 세개 계곡 등이다(서무송, 1996).

(2) 관광지로 개방된 석회동굴

석회동굴이라고 해서 모든 형태의 미지형이나 스펠레오뎀이 발달한 것은 아니다. 즉 석회동굴별로 암석 구성 성분이 조금씩 다르고 공급되는 지하수의 양과 질, 그리고 주변의 기후 환경이 다양하기 때문에 우리가 실제 현장에서 볼 수 있는 동굴지형들은 극히 다양하고 동굴마다 특징이 있다.

현재 일반인들에게 개방된 석회동굴은 삼척의 환선굴과 대금굴, 울진의 성류굴, 동해의 천곡황금박쥐동굴, 정선의 화암굴, 평창의 백룡동굴, 태백의 용연동굴, 단양의 고수굴, 노동굴, 천동굴, 온달굴, 영월의 고씨굴 등이다.

① 환선굴

해발 800m의 산 중턱에 위치한 국내에서는 가장 규모가 큰 석회동굴이다. 천연기념

- 사진 10-24. 용연동굴의 휴석소(강원도 태백시, 2019.7, 좌)
- 사진 10-25. 환선굴의 유석(강원도 삼척시, 2019.7, 우)

물 178호인 대이리 동굴지대에 속한다. 동굴을 관통해 하천이 흐르고 동굴폭포도 여러 개 발달해 있어 동굴습도가 매우 높은 것이 특징이다. 용식공, 동굴퇴적층, 유석, 기형석순, 휴석소 등을 볼 수 있다.

② 대금굴

대금굴은 환선굴과 함께 대이리 동굴지대에 속해 있다. 국내 석회동굴로서는 가장 최근인 2007년에 개방되었는데, 동굴보호 차원에서 1일 방문자 수를 제한하기 위해 사전 예약을 받아 가이드 안내로 지정된 시간 동안 동굴을 탐방하는 시스템으로 운영된다. 이 동굴의 대표적 경관은 대규모 석순, 유석과 휴석소의 복합체 등이다.

③ 성류굴

성류굴은 한국에서 가장 먼저 개발된 관광동굴이다. 이 동굴의 가장 큰 특징은 크고 작은 동굴호수들이 많다는 점인데, 일부 호수에서는 석순의 일부가 물속에 잠겨 있는

● 사진 10-26. 대금굴의 거대 석순(강원도 삼척시, 2011.1, 좌)
굵기는 1cm, 높이는 5m로서 국내에서는 가장 긴 석순이다.
● 사진 10-27. 성류굴의 물속에 잠긴 석순(경북 울진군, 2019.7, 우)

● 사진 10-28. 천곡황금박쥐동굴의 침식붕(강원도 동해시, 2019.7, 좌)
● 사진 10-29. 천곡황금박쥐동굴 상부에 발달한 돌리네(강원도 동해시, 2019.3, 우)

모습도 볼 수 있다. 지구적 규모의 기후변화와 해수면변동 관계를 한눈에 관찰할 수 있
는 동굴인 것이다.

④ 천곡황금박쥐동굴

천곡황금박쥐동굴은 동해시 한복판에 위치하고 있어 국내 동굴 중에서는 가장 접근
성이 좋다고 할 수 있다. 규모는 작지만 각종 동굴지형이 유형별로 잘 발달해 있고 특히
펜던트, 침식붕, 유석의 일종인 종유폭포, 커튼종유석 등은 다른 동굴에서는 보기 어려
운 동굴지형들이다. 이 동굴의 또 다른 특징은 동굴 위 지표면상에 돌리네와 우발라가
뚜렷하게 발달해 있다는 점이다. 빠른 시간에 효율적으로 석회암 동굴지형을 이해할 수
있는 대표적인 동굴학습장인 셈이다. 원래 천곡동굴로 불려왔으나 2019년 6월부터 천
곡황금박쥐동굴로 공식 명칭이 바뀌었다.

⑤ 화암동굴

화암동굴은 일제강점기 때 금광채굴 과정에서 우연히 발견된 석회동굴이다. 금광산
의 갱도와 연계해 한국의 대표적 테마형 동굴 관광지로 개발되었다. 동굴 규모는 다른
석회동굴에 비해 상대적으로 작지만 곡석과 석화는 이 동굴에서만 가까이서 볼 수 있는
희귀한 동굴생성물이다.

● 사진 10-30. 화암동굴의 석화(강원도 정선군, 2019.7)

⑥ 백룡동굴

　백룡동굴은 오랫동안 비공개 상태로 있었으나 2010년부터 부분적으로 일반인들에게 개방되고 있는 국내 유일의 동굴체험학습장이다. 사전 인터넷으로 예약을 받고 있고 현장에 도착하면 동굴탐사 전용 복장을 갖춘 뒤 해설사 가이드를 따라 약 1시간 30분 동안 동굴 체험이 이루어진다. 동굴 탐험 구간이 다소 험한 곳이 있어 탐방객의 나이는 9~65세로 제한된다. 국내 석회동굴에서는 보기 드문 에그프라이형 석순을 관찰할 수 있다.

● 사진 10-31. 용연동굴의 동굴산호(강원도 태백시, 2019.7)

⑦ 용연동굴

우리나라 석회동굴 중에서는 가장 높은 곳인 해발 920m에 자리한 동굴이다. 이 동굴의 특징적인 경관은 유석, 동굴산호, 휴석소 등이다. 다른 동굴들이 종유석과 석순 위주의 경관으로 되어 있는 데 반해 이곳은 대부분 유석 형태의 스펠레오뎀이 동굴을 채우고 있다. 그리고 이 유석들에는 다양한 크기의 동굴산호들이 자라고 있다. 동굴 입구에 있는 대형 휴석소는 다른 동굴에서는 보기 어려운 경관이기도 하다.

(3) 비공개 석회동굴

삼척 관음굴과 초당굴, 평창 섭동굴, 영월 연하굴 등은 현재 비공개 석회동굴로 되어 있다. 관음굴은 동굴의 많은 구간이 지하수로 잠겨 있어 동굴 형성 초기 모습을 보여주며, 초당굴은 다층구조로 되어 있어 국내에서는 유일하게 대규모 수중동굴과 연결되는 동굴이다. 섭동굴은 가장 다양하고 전형적인 스펠레오뎀을 관찰할 수 있는 동굴이며, 연하굴은 종유석의 단위 밀도가 가장 높은 동굴로 알려져 있다.

● 표 10-2. 주요 석회동굴별 특징적 지형경관

동굴명		특징적 지형경관	비고	
삼척	환선굴	기형 석순, 유석 복합체, 용식공, 동굴퇴적층, 동굴산호, 동굴폭포, 석회화단구	국내 최대 규모	천연기념물 178호 (대이리동굴지대)
	대금굴	거대 기형 석순, 유석, 휴석소	가이드 동반	
울진 성류굴		수중 석순과 종유석, 석순 단면, 균열 석주	• 천연기념물 155호 • 1963년 국내 최초 관광동굴 개방	
동해 천곡황금박쥐동굴		펜던트, 동굴하천, 침식붕, 종유폭포, 커튼종유석	• 자연학습관 운영. • 동굴 상부 돌리네와 우발라 발달	
정선 화암굴		종유폭포, 석화, 곡석	강원도 기념물 33호	
평창 백룡동굴		에그 프라이형 석순	• 천연기념물 260호 • 가이드 동반 탐사형 동굴	
태백 용연동굴		용식공, 유석, 동굴산호, 종유석 단면, 휴석소, 석회화단구	가장 높은 곳(해발 920m)에 위치	
단양	고수굴	휴석소, 석회화단구	천연기념물 256호	
	노동굴	휴석소, 붕암	천연기념물 262호	
	천동굴	종유관, 종유석단면, 수중동굴생성물	충청북도 기념물 19호	
	온달굴	휴석, 붕암, 석화	천연기념물 261호	
영월 고씨굴		수중유석, 석회암층리, 동굴산호	천연기념물 219호	

자료: 권동희(2011a).

KOREAN LANDFORM

제11장
주빙하와 빙하지형

1. 주빙하지형

한국에서 처음으로 주빙하지형을 보고한 사람은 라우텐자흐(Lautensach, 1941)이며, 그 후 국내학자들의 주빙하지형 연구는 1970년대 전후부터 시작되었다. 중위도에 위치한 우리나라의 경우 대부분의 주빙하지형은 지난 빙기의 주빙하 환경에서 형성된 화석지형인 것으로 알려져 있으나 한편 현성의 주빙하지형도 발달한다는 보고도 있다.

일반적으로 고산지대에는 현성의 주빙하지형이 발달해 있고, 저지대에는 화석주빙하지형이 존재하는 것으로 알려져 있는데, 그 형성 시기는 최종빙기인 뷔름 빙기로 추정하고 있다. 백두산은 신생대 제4기 빙하기를 거치면서 빙하와 주빙하지형이 가장 잘 발달한 지역이었으나 화산활동으로 대부분 침식·변형되었다.

1) 주빙하성 풍화층과 결빙구조

(1) 현성지형

현재 우리나라는 온대 몬순 지역으로 시간적·공간적으로 제한된 범위에서 주빙하지형이 발달한다. 김도정(1973a)은 현성의 우리나라 주빙하지형은 동계에 국한된 계절적 상식(霜蝕)과 일주적(日周的) 상식이 혼합된 형태의 토양동결 또는 상식에 의해 발달한다고 보았다.

제11장 주빙하와 빙하지형 **291**

지역적으로는 가장 많은 현성 주빙하지형이 보고된 곳은 중위도이면서 해발고도 (800~1300m)가 높고 적설량이 많은 대관령 일대이다. 이곳에서는 설식와지(hallow nivation), 얼음쐐기(ice wedge) 등의 미지형이 관찰되고 있는데, 특히 대관령 사면 하방 쪽으로 장축을 보이는 얕은 와지에서 관찰되는 터프뱅크트 테라스(turf- banked terraces, 식생으로 피복된 계단상지형)는 설식와지 형성과도 관련이 있는 것으로 추정되었다(한국 자연지리연구회, 2003).

대관령 화강암 지역 전 사면에 걸쳐 덮여 있는 얇은 풍화층도 현성의 주빙하성 기계적 풍화의 산물(기근도, 1999)로 설명된다. 연구자는 이 풍화층이 서릿발 작용(congelation) 과 눈의 작용(nivation)이 상호작용한 결과라고 설명한다.

(2) 화석지형

한반도 각처의 화강암 풍화층에서는 화석화된 주빙하지형이 관찰된다. 김상호(2016) 는 서울 아차산 토양단면(해발 25m)에서 결빙 현상과 관련된 화석 인볼루션(involution, 영구동토층에 발달한 불규칙한 파상구조)을 보고했다. 대관령 지역에서는 지표 아래 5~ 6m, 청주와 동래 지역에서는 10~25m 이상의 깊이에서 결빙구조가 나타나는데 권순식 (2003)은 이를 최후빙기 이후의 고환경에서 형성된 것으로 보았다. 심층의 결빙구조 현상은 일시적 혹은 불연속적인 영구동토가 한반도에 존재했었다는 것을 보여주는 증거가 된다. 오경섭(2006)은 한반도 화강암과 편마암 풍화층, 그리고 단구 피복물 등에서 발견되는 결빙구조를 제4기 주빙하기후 지형 환경에서 만들어진 유물 지형으로 해석했다. 결빙구조는 토양 수분 함량이 높으면서 심층결빙이 가능한 환경에서만 발달하는 것으로 알려져 있다.

2) 구조토

구조토(patterned ground)는 주빙하기후 환경 아래 동결 융해의 반복에 의해 발달하는 주빙하지형의 대표적 경관이다. 자갈이 분급되어 일정한 패턴이 나타나는 것은 다각형구조토(stone polygon), 식생피복에 따른 열전도율의 차에 의해 분급 없이 발달하는 것을 유상구조토(earth hummock)라고 해서 구분한다. 다각형구조토는 지표면의 경사 등에 의해 계단상구조토(stone step), 호상구조토(stone strip)가 되기도 한다.

● 사진 11-1. 유상구조토(제주도 한라산, 촬영: 김태호, 2010.5)

우리나라의 구조토는 고산지대를 중심으로 존재하는 것으로 인정되고 있다. 그러나 과연 이것이 현성의 것인지 아니면 과거 빙기 때의 주빙하 환경에서 발달한 것인지에 대해서는 이견이 많다.

(1) 현성 지형

라우텐자흐(Lautensach, 1941)는 우리나라에서는 처음으로 백두산 해발 2000m 고도 부근에서 현성의 호상구조토와 계단상구조토를 보고했다.

백두산 천지 지역은 툰드라기후 지역에 속하는 곳으로 수분의 동결과 융해가 반복되는 주빙하기후 특성이 나타난다. 백두산 북부지역의 두 지역, 달문 서사면과 소천지 남서부 지역에서 구조토가 발견되었다. 달문 구조토는 거력들에 의해 중앙의 미립 물질이 둘러싸인 분급 형태를 보이며 전체적으로 사면 방향을 따라 계단상구조토가 분포한다. 소천지 구조토는 사면 방향에 따라 원형, 다각형, 선형 등 다양한 형태가 발견된다(최인숙 외, 2010).

김도정(1970)은 한라산 산정 동측사면 해발 1800m에서의 계단상구조토와, 백록담 화구원 남측에서의 유상구조토를 각각 관찰하고 역시 이를 현성의 구조토로 설명했다. 한라산의 백록담 남서쪽 화구원의 초지에서는 지름 50~100cm, 높이 20~30cm의 유상구조토가 10~20cm의 간격으로 수백 개나 형성되어 있다는 것이 확인(권혁재, 1999)되었다. 이곳은 일사량이 적고 기온역전 현상이 잘 일어나며 미립물질과 수분이 풍부해 유상구조토가 발달하기에 적합한 곳이다.

(2) 화석지형

우리나라의 구조토는 주로 제4기 후반에 형성된 화석주빙하지형이라는 주장도 있어 앞으로의 심층적 연구가 주목된다. 김태호(2001)는 주빙하 환경의 지표로서 유상구조토의 기후지형학적인 의의를 밝히기 위해 한라산 백록담 화구저의 유상구조토를 관찰했다. 그 결과 연구 지역의 유상구조토가 현성의 것이라는 결론을 내리기는 어렵다고 했다. 일반적으로 모든 조건이 갖추어진 경우 유상구조토는 급속히 형성되고 비교적 장기간 안정 상태를 유지하며, 형성 이후에도 동결교란작용과 같은 내부 활동은 지속될 수 있는 것으로, 한라산 유상구조토도 이러한 경우에 해당된다는 것이다.

유상구조토는 보통 식생으로 피복되어 있지만 중앙마운드 정상부의 식생 피복이 벗겨져 내부 토양이 노출된 것(frost scar)이 발견된다. 이러한 특징은 구조토 생성 과정에서 형성되기도 하지만 구조토 붕괴 과정에서 발달하기도 하는데 연구자는 한라산 유상구조토의 경우는 후자에 해당된다고 보았다.

3) 애추

(1) 개념과 성인

애추(talus)는 주빙하기후 환경 아래 기계적풍화에 의해 단애면(斷崖面)으로부터 분리되어 떨어진 암설(巖屑)이 사면 기저부에 집적된 지형이다. 스크리(scree)도 같은 용어이다. 우리말로는 '너덜겅' 또는 '너덜지대'(전영권·손명원, 2004)로 표현되고 있다. 애추가 산지사면 전체에 발달한 경우 거대한 돌무지 형태의 애추사면이 만들어진다.

우리나라를 포함한 온대지방의 애추는 대부분 빙기에 형성된 것으로 지금은 활동을 멈춘 것으로 알려져 있다. 이러한 애추는 표면의 암괴가 이끼로 덮여 있거나 암괴를 공급한 절벽의 노두가 신선하지 않으며, 식생의 침입을 받기도 한다. 노출된 암벽은 절리를 따라 기계적풍화를 받기 쉽고, 이 기계적풍화에 의해 형성된 파쇄암설은 암벽의 기저부에 계속 집적되어 암설사면을 형성하게 된다. 단애면으로부터 암설이 낙하될 때 그 크기에 따라 낙하분급(fall sorting)이 일어나 상부에는 작은 암설이, 그리고 하부에는 큰 암설이 쌓이게 된다.

애추는 기계적풍화와 관련된 것으로서 주빙하기후 지역에서 전형적으로 발달하는 것이 보통이다. 현재 주빙하기후 지역이 아닌 지역에 존재하는 대부분의 애추는 과거 빙기의 주빙하기후와 관련해 형성된 화석지형이다.

(2) 관찰과 해석

우리나라의 산간지대에 존재하는 많은 애추들을 화석지형으로 해석하는 데는 이견이 없는 것 같다. 이 애추들은 과거 빙기의 주빙하 환경에서 형성된 것으로, 현재 애추의 배후 단애로부터는 더 이상 암설이 공급되지 않는 것은 물론이고, 단애는 풍화가 진

● 사진 11-2. 애추(강원도 정선군 남면 문곡리, 2019.7)
영월에서 태백으로 이어지는 38번국도 민둥산 휴게소 인근 도로변에 위치한 애추로 현장에는 '테일러스(talus)경관지'라는 안내판이 세워져 있다. 우리나라에서 애추를 관찰하기에 가장 접근성이 좋은 곳이다.

● 사진 11-3. 복합애추사면(경남 밀양시 산내면 삼양리 얼음골계곡, 2008.5)

행되어 이끼 등 식생이 자라고 있거나 그 흔적만 겨우 남아 있는 경우가 많다. 충북 괴
산군 칠성면 쌍곡리 일대의 애추 연구(강신복, 1989)에서는 그 형성 시기가 뷔름 빙기 초
로 보고되었다. 그 증거로는 암설에 형성된 풍화혈, 단애면으로부터의 암설 낙하 중지,
식생 피복 등이 제시되었다.

　　현재 애추가 발달하고 있지는 않지만, 어느 정도는 사면형태가 변형되거나 사면
물질 일부는 사면 아래쪽으로 이동되고 있는 것으로 알려져 있다. 문경지방에 발달
한 애추(도한진, 1982)의 경우, 17개 조사 지점 중 평균경사도 44.6°를 넘는 8개 지점
에서 암설의 이동이 관찰되었다. 연구자는 이러한 암설의 이동에는 여름철 집중호우
와 사면경사 등이 영향을 준 것으로 설명하고 있다. 정선군 화암면 일대의 애추 연구
(장양기, 1993)에서는 암설의 규모가 큰 것(30×30cm)은 움직이지 않지만 이보다 작은
암설들은 이동이 되는 것으로 보고되었다. 최종빙기 때 형성된 태백산지사면의 애추
역시 후빙기 때 2차적 영력에 의해 조정되었다는 견해(전영권, 1991)도 있다. 전영권
(1998)은 의성 빙계계곡 일대의 애추를, 암설만으로 된 표층(1.3m 이하), 세립이 혼재
된 중간층(1.3~2m), 과거 토양층인 기저층(2m 이상) 등 세 층위로 구분하고, 애추 발
달 과정과 이동 여부를 밝히는 데는 애추의 내부 구조를 심층적으로 인식하는 것이

중요함을 강조했다.

4) 암괴류

(1) 개념과 성인

암괴류(block stream)는 입경 30cm 이상의 암괴들이 사면의 경사를 따라 길게 흘러 내리는 모양으로 쌓인 것을 말한다. 우리말로는 돌강 또는 바위강(전영권·손명원, 2004)이라고도 한다. 이에 대해 평지에 넓게 발달한 것을 암괴원(block field)이라고 해서 암괴류와 구분하기도 한다. 보통 산 정상부의 것은 암괴원, 산지 사면(계곡)의 것은 암괴류에 가깝다고 할 수 있다.

달성 비슬산의 경우 대견사를 경계로 해서 그 뒤쪽 고위평탄면 지역은 암괴원이, 그리고 앞쪽 급경사지대에는 암괴류가 분포한다. 그리고 대견사 주변으로는 전형적인 토르들이 발달해 있어 토르, 암괴원, 암괴류들이 서로 유기적인 관계 속에 형성되었다는 것을 잘 보여준다.

암괴류는 연구 초기에 성인적 개념(주빙하기후의 기계적풍화)으로 정의되었지만 지금은 형태적인 개념으로 정의해 다음과 같은 두 가지 성인이 인정되고 있다.

● **사진 11-4. 비슬산 암괴원(대구시 달성군, 2019.4.좌)**
대견사 뒤쪽 고위평탄면상에 발달한 핵석기원의 암괴원이다. 암괴원상에 퇴적물이 쌓이고 여기에 참꽃군락지가 형성되어 있어 암괴원의 일부만 간헐적으로 관찰된다.
● **사진 11-5. 비슬산 대견사 일대의 토르군(대구시 달성군, 2019.5.우)**
이 토르군을 경계로 뒤쪽 고위평탄면에는 암괴원이, 앞쪽 급경사지대로는 암괴류가 형성되어 있다.

● 사진 11-6. 비슬산 암괴류(대구시 달성군, 2016.12)

● 사진 11-7. 비슬산 암괴류에서 자라는 식생(대구시 달성군 유가면 용리, 2009.10)
암괴류를 구성하는 암괴 사이에 식생이 정착하고 있는 것으로 보아 암괴류는 안정화된 것을 알 수 있다.

첫째, 주빙하기원설로, 주빙하기후 환경에서의 기계적풍화 즉 동결파쇄작용(frost shattering)을 강조하는 개념이다. 이 경우 암괴들의 원형도(roundness)는 낮은 것이 특징이다.

둘째, 핵석기원설로서, 온난다습한 환경에서 화학적 심층풍화에 의해 형성된 핵석들이 주빙하기후하에서 솔리플럭션 등에 의해 풍화층이 삭박되면서 지표면으로 노출된 것이 암괴류라고 보는 견해이다. 이 경우 원형도는 높게 나타난다. 이러한 암괴류는 볼더 필드(boulder field)라고도 하는데 권순식(2005)은 이를 우리말로 핵석거력원(核石巨礫原)으로 표현하기도 했다.

이 같은 두 가지 유형의 성인에서 공통점은 암괴류가 직접적이든 간접적이든 주빙하기후 환경을 지시하는 풍화 산물로 인정되고 있다는 것이다. 따라서 이들은 오래전부터 토르의 성인을 밝히는 주요한 지표(Ollier, 1979) 중 하나로 인식되어 왔다.

토르의 성인적 분류에서 팔리오 아크틱 토르(palaeo-arctic tor)는 바로 주빙하기후 환경에서의 기계적풍화를 강조한 것이다. 이 경우 토르의 주변에는 각력 혹은 아원력의 쇄설물들이 존재한다. 파머와 닐슨(Palmer and Neilson, 1972)은 토르 주변에 각진 암괴원과 클리터(clitter)가 존재함을 증거로 이 토르들이 주빙하기후 환경에서 동결파쇄작용과 같은 물리적풍화에 의해 발달했음을 주장한 바 있다. 한편, 토르가 동결파쇄작용으로 붕괴되어 암괴류가 발달한다는 견해(권순식, 2005)도 있다.

2) 관찰과 해석

암괴류는 우리나라 산지 곳곳에서 관찰된다. 대표적인 지역들은 부산 금정산록, 지리산 주능선부, 태백산맥 남부산지, 경남 밀양 만어산, 대구 비슬산 등이다.

이 암괴류들은 초기에 주빙하성 기계적풍화작용에 의해 형성된 것으로 인식되었지만 지금은 여러 연구자들에 의해 대부분 핵석기원의 암괴류인 것으로 밝혀졌다(전영권, 1991; 한국자연지리연구회, 2003). 이 암괴류들의 형성단계는 다음과 같이 요약된다.

1단계: 심층풍화에 따른 핵석 형성(제3기, 제4기 간빙기의 온난습윤한 기후)
2단계: 핵석의 노출과 이동(최종빙기의 주빙하기후)
　　①풍화세립물질의 제거로 핵석 노출

● 사진 11-8. 만어산 암괴류(경남 밀양시 삼랑진읍 용전리, 2016.12)
천연기념물 528호로 지정되었다. 암괴류 상부 쪽에 만어사가 자리 잡고 있다.

● 사진 11-9. 만어산 암괴류를 구성하는 핵석(경남 밀양시, 2009.11)
원형도가 매우 높게 나타나는 것을 관찰할 수 있다.

● 사진 11-10. 주상절리와 관련된 암괴류(전남 화순군 무등산, 2006.6)
천왕봉 일대의 경관으로, 무등산 산록에는 주상절리와 관련된 암괴류가 곳곳에 발달해 있다.

　　　　② 솔리플럭션과 등에 의한 핵석 이동
　3단계: 암괴류 형태 완성(후빙기)
　　　　① 핵석 사이에 존재하는 세립물질의 점진적 제거
　　　　② 핵석 밀집화와 안정화

　우리나라 암괴류에 대한 인식은 부산 금정산록에 존재하는 솔리플럭션 퇴적물연구(권순식, 1977)에서 비롯되었다고 할 수 있다. 연구자는 이 퇴적물들을 구성하는 지름 1~3m 정도의 화강암괴들이 심층풍화기원의 핵석이며 주빙하기후 환경에서 운반 퇴적된 것으로 보았다. 특히 퇴적물 중 거력들은 지하에서의 박리(exfoliation)에 의한 구상풍화(spheroidal weathering)와 관련해 만들어진 것으로 설명했다.

　광주 무등산 암괴류 연구(권혁재, 1999)에서는 이들이 빙기의 젤리플럭션(솔리플럭션 혹은 콘젤리플럭션)과 관련이 깊은 것으로 추정되었다. 연구자는 그 증거로 미립물질의 매트릭스 없이 암괴로만 이루어진 경우 암괴의 장축이 사면 경사방향과 대체로 일치하고 있다는 점, 암괴의 표면에 지중풍화의 흔적이 있고 기반암이 심층풍화를 받은 상태에 있다는 점 등을 제시했다. 무등산 암괴류가 덮여 있는 완경사면을 주빙하성 평활사면(cryoplanation surface)으로 해석한 연구 보고(오종주·박승필·성영배, 2012)는 이러한

● **사진 11-11. 노출된 핵석(대구시 달성군 유가면 용리, 2019.4)**
비슬산 자연휴양림 입구의 호텔 아젤리아 건축 공사 현장에서 발굴된 거대한 핵석군이다. 암괴류의 핵석 기원설
을 뒷받침하는 노두라고 할 수 있다.

사실을 잘 뒷받침하고 있다.

주빙하 지역의 크리오플래네이션은 건조 지역의 페디플래네이션, 습윤지역의 페니플래네이션 등과 함께 지구표면을 평탄화하는 대표적 메커니즘으로 알려져 있다. 무등산의 경우 서석대~장불재 일대에서는 5도 내외의 완경사면과 그 위쪽으로 평균 80°의 단애가 반복적으로 이어지는데, 연구자들은 이를 한반도에 주빙하기후가 존재했을 때 동결과 융해, 그리고 이와 관련된 솔리플럭션, 젤리플럭션과 관련된 사면물질이 이동한 결과로 설명했다. 그 증거의 하나는 입석대를 기준으로 상부사면의 암석노출 연대가 11만 년 전인 데 비해 그 하부 사면의 경우는 훨씬 젊은 약 1만 년 전이라는 것이다.

성영배·김종욱(2003)은 만어산 암괴류를 우주기원 방사성핵종으로 연대측정한 결과, 적어도 3만 8000년 전에 노출되어 현재의 사면에 안정화되었다는 것을 밝힌 바 있다. 설악산 황철봉~귀때기봉 일대 화강암류 기반암 위에 분포하는 암괴원 연구(박경, 2000; 2003)에서는 이곳 암괴류가 현세 이전에 형성되었으며, 지금은 안정화 단계를 넘어 변형 단계에 있다는 것을 보고하고 있다. 연구자는 변형의 원인으로 지의류 성장에 따른 생물학적 풍화에 주목하면서 암괴류상에 발달하는 나마, 그루브 등 풍화혈들이 암괴류를 변형·축소시키고 있다고 했다.

5) 성층사면퇴적층

성층사면퇴적층(stratified slope deposits)은 동결과 융해가 반복되고 솔리플럭션 작용이 일어나는 주빙하기후 환경 아래 조립(모래)과 세립(실트)의 물질이 수 cm씩 교대로 퇴적된 사면퇴적층을 말한다. 그레즈 리테(grèzes litées)라고도 하는데, 전체 퇴적 두께는 수십 m에 이르는 경우도 많다. 성인은 여러 가지가 제기되어 있고, 현재의 주빙하 환경인 고위도 지방에서는 잘 발견되지 않는 등 그 해석에 어려움이 있다. 그러나 일반적으로 과거 주빙하 환경과 관련되어 발달한 화석지형으로 보는 데는 이견이 없다(町田貞 外, 1983).

한국에서는 처음으로 박철웅(2008)이 해남 어란 지역의 주빙하성 성층사면을 조사했고 연구자는 이를 과거 플라이스토세 빙하기 때 형성된 화석지형으로 해석했다.

2. 빙하지형

한반도에서 빙하지형은 고위도이면서 해발고도가 높은 백두산 일대에 극히 부분적으로 존재한다. 이곳 빙하지형은 대부분 리스 빙기와 뷔름 빙기에 주로 만들어졌으나 일부 연구자들은 현재 기후 조건에서도 국지적으로 빙하지형이 형성되는 것으로 주장하고 있다(김태호 외, 2010). 관찰되는 대표적인 빙하지형은 빙식곡, 권곡, 빙하퇴적물 등이다.

1) 화석 빙하지형

백두산 일대의 빙하지형은 화산지형과 혼재되어 있는 경우가 많다. 예를 들어 백두산 화구분지 서쪽 측벽에는 유문암질 용암으로 메워진 U자형 곡저가 관찰된다. 이는 리스 빙기에 발달한 빙식곡으로서 이후 다시 분출된 용암에 의해 매몰된 것으로 보인다.

(1) 권곡

권곡을 관찰할 수 있는 곳은 백두산(2744m), 천지 화구벽, 관모봉(2541m), 남포태산(2435m) 등이다(권혁재, 1999). 특히 천지 화구벽에는 백운봉 권곡 등 천지 방향으로 열린 권곡이 6개 정도 존재하는 것으로 알려져 있다(김한산, 2011). 백두산의 높이는 최근 2750m(북한 측정), 2749.2m(중국 측정)로 각각 보고되었는데 이렇게 높아진 것은 지하 마그마 활동으로 산체가 점차 융기했기 때문인 것으로 보고 있다(김한산, 2011). 관모봉은 함경북도 경성군과 연사군 경계에 있는 산이다. 함경산맥 중앙에 솟아 있으며 한반도에서 백두산 다음으로 높다. 남포태산은 양강도 삼지연군과 보천군 경계에 있는 산이다. 마천령산맥에 솟아 있으며, 대연지봉·백두산·북포태산·소백산·칠보산 등과 함께 백두화산맥을 구성하는 화산지형이다.

● 사진11-12. 7억 년 전의 것으로 추정되는 빙하퇴적물(충북 충주시)
자료: 최덕근(2014).

(2) 빙하퇴적물

빙하퇴적물은 백두 화산체 동부에 있는 무두봉(1900m, 함경북도 무산군에 있는 산으로 백두산의 기생화산 중 하나) 등지에서 발견되며 전체적으로 하한 고도는 1400m 정도이다. 따라서 이 권곡과 빙하퇴적물이 나타나는 두 경계선 사이에는 지금은 비록 부석에 매몰되어 보이지 않으나 과거 형성된 빙식곡이 있었을 것으로 추정된다(김태호 외, 2010).

최근 충주호 인근의 황강리층(옥천누층군)에서는 '눈덩이 지구(snowball earth)' 시절에 퇴적된 것으로 추정되는 빙하퇴적물이 발견되어 관심을 끌고 있다(최덕근, 2016). 눈덩이 지구는 약 7억 년 전(신원생대) 적도에 위치했던 대륙에서 빙하퇴적물을 발견함으로써 당시에는 지구 전체가 약 1km 두께의 빙하로 덮였었다고 보는 개념이다.

(3) 소빙기 빙하지형

소빙기의 산물로 추정되는 빙하지형도 있다. 대연지봉 북쪽 소규모 화산체 북사면에는 작은 퇴적언덕이 있는데 이는 백두산 부석층이 침식되어 형성된 것으로 보인다. 소빙기는 최종빙기(뷔름 빙기) 이후 다시 1450~1850년 사이 일시적으로 지구 기온이 내려간 시기이다.

2) 현세 빙하지형

현재의 기후 조건에서도 해발고도 2200~2300m 이상 되는 백두산 일대는 여름에도 녹지 않고 해를 넘기는 빙편들과 설원[雪原, firn field, 설전(雪田)이라고도 한다]들이 사면이나 곡저에 존재한다. 이 지역에서는 빙편과 설원의 침식작용으로 만들어진 빙식곡으로 추정되는 소규모 지형들이 관찰된다. 이 침식곡들은 백색 부석층과 그 위에 놓인 암회색의 화산재층, 그리고 그 위에 성층된 빙하퇴적물층도 절단하고 있는 것으로 보아 최근의 빙하작용 산물로 보인다.

일부 연구자들은 화구분지 측벽에 존재하는 권곡들도 과거 빙하기의 산물이라기보다 현세의 빙편과 설원에 의해 침식된 지형일 가능성이 높다고 본다. 즉 백두산이 신생대 제4기 전 기간에 걸쳐 활동했기 때문에 분화구 벽에 빙하가 쌓일 수 없었다는 것이다(김태호 외, 2010).

제12장

화산지형

1. 한반도의 화산활동

지각이 안정된 한반도는 지금까지 활화산이 존재하지 않는 것으로 알려져 왔다. 그러나 백두산의 경우 1903년, 1991년에 소규모 화산활동이 있었고 2002년 이후부터 대규모 화산 폭발의 징후도 나타나고 있어 지금은 활화산으로 취급하고 있다.

스미소니언 연구소에서 관리하고 있는 화산데이터베이스에서 활화산의 기준은 1만 년 전 이후, 즉 홀로세 기간의 분출 기록이 있는 화산을 말한다. 이 기준에 따르면 백두산은 물론이고 한라산도 활화산에 해당된다. 1991년에 일본 기상청이 제안한 "2000년 이내 활동한 화산"이라는 더 엄격한 기준을 고려한다고 해도 이 두 화산은 활화산 기준을 충족시키고 있다(박경, 2013).

한반도의 화산활동은 중생대와 신생대에 걸쳐 집중적으로 있었고, 그로 인한 화산지형들이 곳곳에 남아 있다. 국제적으로는 백두산, 한라산, 울릉도, 추가령 등 4곳이 국제화산목록에 등재(윤성효, 2010)되어 있다.

1) 중생대의 화산활동과 지형

중생대에는 한반도 남부, 즉 경상북도에서 전라남도를 연결하는 활모양의 화산대를 따라 활발한 화산활동이 있었다. 이 시기는 아직 일본열도가 떨어져 나가기 전으로 한

● 사진 12-1. 중생대 화산활동으로 형성된 주왕산(경북 청송군 주왕산면, 2012.9)
대부분 응회암과 유문암으로 구성되어 있다. 기암절벽 등 경관이 뛰어나 국립공원으로 지정되어 있다.

반도 일대는 판의 경계부에 놓여 있었고 이로써 강력한 화산분화가 그 경계부를 따라 일어났다(김태호, 2011). 경상누층군의 유천층군에 포함되어 있는 응회암과 집괴암 등은 그 유물이며 광주(화순) 무등산, 청송 주왕산, 의성 금성산 등도 이 시기에 형성되었다. 연천군 전곡읍 일대를 흐르는 한탄강 좌상바위 근처에서도 중생대 화산지형이 관찰된다.

중생대 화산활동의 뚜렷한 흔적 중 하나가 경북 의성의 금성산 칼데라이다. 금성산은 약 7100만 년 전 분화된 화구가 함몰되어 만들어졌던 칼데라에서 침식작용에 의해 주변부는 개석되어 사라지고 그 뿌리 부분만 남아 있는 것이다(유정아, 1999). 위에서 내려다보면 금성산과 그 대각선상에 있는 비봉산을 연결하는 거의 완벽한 형태의 칼데라 고리를 확인할 수 있다. 금성산과 그 주변 산지 사면에는 당시 분출한 화산재가 쌓인 퇴

● 사진 12-2. 의성 금성산 칼데라 흔적(경북 의성군 금성면, 2012.9)
칼데라의 뿌리에 해당되던 부분이 차별침식에 의해 드러난 경관이다.

적층이 뚜렷하게 관찰된다.

2) 신생대의 화산활동과 지형

신생대 제3기 말부터 현세에 걸쳐 독도(250만~460만 년 전), 울릉도(6300만~270만 년 전), 제주도(2만 5000~120만 년 전), 백두산과 백두용암대지(1000~200만 년), 철원·평강 용암대지(27만 년 전)(화산지형발달에서 절대 연대는 연구자마다 다르다. 그러나 상대적인 연대는 대부분 일치한다)와 같은 현재 전형적으로 우리가 볼 수 있는 화산지형이 만들어졌다. 포항 달전리의 주상절리, 울산 해안의 강동화암 주상절리, 경주 양남 주상절리, 강원도 고성군의 운봉산(286m)·오음산(290m) 일대 현무암지형 등도 이 시기에 만들어졌다. 고성의 현무암 산지는 해발고도에 따라 지질구조가 다른 특이한 형상을 하고 있다. 산록부분은 화강암(완경사면)이고 산정부는 제3기 현무암(급경사면)으로 되어 있으며, 사면을 따라 현무암 주상절리 구조를 보이는 암괴류가 발달해 있다.

● 사진 12-3. 신생대 화산지형 운봉산(강원도 고성군, 2011.10)

운봉산은 잘 알려져 있지 않은 신생대 화산지형이다. 산 정상부가 송곳처럼 뾰족해 주변 산지들과 확연히 구분된다. 특이하게 사진 아래쪽은 화강암, 중간부터 정상까지는 현무암으로 되어 있다. 산록지대에는 암괴류가 발달해 있다.

● 사진 12-4. 운봉산의 주상절리(강원도 고성군, 2011.10)

산 정상부 등산로 일대에서 관찰되는 경관이다. 산록지대 암괴류는 이 주상절리들이 붕괴되어 발달한 것이다.

2. 제주도

1) 화산활동

제주도의 화산활동은 신생대 제3기 말인 플라이오세부터 시작되어 역사시대인 서기 1000년대 초기까지 이어졌다. 그러나 화산활동의 절대연대와 충서의 유무 등에 대해서는 학자들에 따라 이견이 있다. 그동안 제주도에서 가장 오래된 화산암의 절대연대는 120만 년 전(서귀포시 용머리 응회암의 포획현무암)으로 알려졌으나 최근에는 220만 년 전(제주시 한경면 판포리)으로 추정되는 화산암이 새롭게 발견되었다(이우평, 2007).

분출시기 구분도 3~10단계 등 다양하다. 특히 초기 화산분출 시기에 대해서는 의견 차이가 크다. 여기에서는 가장 많이 알려진 4단계 발달 이론(박용안·공우석, 2001)을 중심으로 주제별 제주도 형성사를 살펴보기로 한다.

(1) 수성화산활동과 서귀포층 형성(약 220만 년 혹은 70만~120만 년 전)

① 수성화산활동

제주도는 신생대 3기 말(플라이오세)~4기 초(플라이스토세) 사이 대륙붕 위에서 수성(水性)화산활동으로 형성되기 시작했다. 제주도의 기반이 되는 대륙붕 암석은 중생대 화강암과 산성 화산암류이다(제주도 지질공원, 2011).

② 서귀포층 형성

대륙붕에서 분출한 마그마는 물과 접촉하면서 강렬한 폭발 분화가 일어났고 이때 분출한 화산쇄설물들이 쌓여 서귀포층을 만들었다. 이

● 사진 12-5. 서귀포층이 발달한 해안지대(제주도 서귀포시 서흥동, 2016.8)
이곳 패류화석지는 천연기념물 195호로 지정되어 있고 국내 최초인 제주도세계지질공원에 포함되어 있다.

● 사진 12-6. 당산봉(제주도 제주시 한경면 용수리, 2017.4)
수성화산인 당산봉은 응회환과 분석구가 결합된 이중화산이기도 하다.

층은 제주도 육지에서 관찰되는 가장 오래된 지층이다(제주도 지질공원, 2011). 이 서귀포층 아래 기저현무암층이 존재한다는 주장도 있으나 존재를 부인하는 의견도 있다.

③ 수성화산의 육화

수성화산은 부분적으로 육지로 드러나기도 했는데 이때 만들어진 것이 단산, 군산, 용머리, 당산봉 등이다.

④ 해안 용암원정구 형성

제주도 남쪽 해안에 분포하는 급경사의 화산지형(산방산, 문섬, 각수바위 등 용암원정구)도 이 시기에 조면암질 안산암이 국지적으로 분출해 발달한 것으로 알려져 있다. 이 화산들은 제주도 지표에 분포하는 가장 오래된 화산암체이다.

● 사진 12-7. 산방산 용암원정구(제주도 서귀포시 안덕면 사계리, 2017.2)

(2) 용암분출과 제주용암대지 형성(약 30만~70만 년 전)

약 100만 년 동안 이어진 수성화산활동으로 서귀포층은 두껍게 쌓여 물 위로 드러나게 되었고 상대적으로 수성화산활동은 점차 약화되었다. 이에 따라 중기 플라이스토세부터는 용암(표선리 현무암)이 집중적으로 열하분출해 서귀포층을 덮으면서 성장했고, 동서 방향으로 타원형을 이루는 제주도 용암대지(용암평원) 윤곽이 만들어졌다. 이와 함께 기생화산과 용암동굴이 곳곳에 형성되기 시작했다.

(3) 중심분출과 한라산 순상화산체 형성(약 10만~30만 년 전)

시간이 지남에 따라 열하분출은 점차 중심분출로 바뀌었고 이에 따라 한라산 순상화산체가 형성되었다. 제주도의 전체적 지형이 완성된 것이다. 남쪽과 북쪽의 해안지대와 전체 중산간지대를 덮고 있는 제주현무암과 하효리현무암은 이때 분출했다. 16만 년 전에는 한라산 정상 서북벽을 중심으로 한라산 조면암이 분출되어, 종상화산체(용암원정구)의 골격이 만들어졌다.

(4) 후화산작용과 한라산 백록담 분화구 형성(2만 5000~10만 년 전)

후화산작용으로 기생화산 대부분이 형성되었고 백록담 분화구가 형성되었다. 이 과정에서 백록담 용암원정구의 동사면으로부터 백록담 현무암이 분출되어 지금의 종상

● 사진 12-8. 한라산 순상화산체(제주도 제주시, 2010.10)
제주항 앞바다에서 한라산 북측을 바라본 경관으로, 전체적 윤곽은 순상화산체이다.

화산체가 완성되었다.

(5) 마지막 수성화산 성산 일출봉과 송악산 형성(5000~7000년 전)

현세 중기에는 제주도 동쪽과 서남쪽 끝에서 각각 마지막 수성화산활동이 있었고 이로써 성산 일출봉과 송악산이 만들어졌다. 이들은 제주도에서 비교적 젊은 화산지형에 속한다.

① 성산일출봉과 신양리층

성산 일출봉은 학술적으로 중요한 지형인데도 그 형성 시기에 대해서는 그동안 구체적인 보고가 없다가 최근 연구에서 약 5000년 전에 형성된 매우 젊은 화산지형으로 밝혀졌다. 이러한 주장의 근거가 된 것은 현재 성산 일출봉 근처에서 관찰되는 신양리층이다. 이 층에는 조개화석이 다수 들어 있는데 이 조개들은 모두 5000년 전 이후의 것들로 밝혀졌기 때문이다. 신양리층은 성산 일출봉 분출 후 이곳 화산물질이 파도와 해류에 의해 다시 이동되어 쌓인 층이다. 성산 일출봉과 제주도 본섬을 연결시킨 육계사주는 바로 이 지층 형성과정에서 만들어진 것으로 알려졌다(geopark.jeju.go.kr 재인용). 신양리층은 성산읍 신양리 섭지코지해변의 지명에서 비롯되었다. 섭지코지 역시 육계사주에 의해 본섬과 연결되어 있다.

● 사진 12-9. 신양리층(제주도 서귀포시 성산읍 성산리, 2017.2)
신양리층은 성산 일출봉의 화산물질이 다시 이동해 쌓인 것이다. 사진 뒤쪽으로 보이는 곳이 섭지코지이다.

● 사진 12-10. 하모리층(제주도 서귀포시 안덕면 사계리, 2017.2)

② 송악산과 하모리층

성산 일출봉 일대의 신양리층과 마찬가지로 송악산 주변 하모리와 사계리 일대에는 송악산 응회환의 화산성 퇴적물이 쌓여 만들어진 하모리층이 발달해 있다. 이 하모리층은 2004년 선사시대 사람발자국화석이 발견되어 유명해졌다. 하모리층의 형성 시기에 대해서는 약 5000~2만 년 전으로 추정하고 있다.

(6) 역사시대의 화산활동

역사시대의 제주도 화산 분출 기록에 대해서는 시기와 장소 면에서 이견이 보인다. 화산분출은 『세종실록지리지』(1432), 『고려사』(1451), 『신증 동국여지승람』(1530), 『남천록』(김성구, 1679) 등에 기록되어 있는데, 공통된 분출 시기는 1002년(목종 5년), 1007년(목종 10년)으로 되어 있다. 그러나 『남사록』(김상헌, 1601)에서는 1013년(목종 16년) 분출을 언급하면서 그 장소는 '비양도'라고 구체적으로 제시하고 있다. 또한 『신증 동국여지승람』과 『남천록』에서는 1007년 분출 장소는 지금의 '가파도'였을 것으로 추정하고 있다. 일본인 지질학자 나카무라 신타로(中村新太郎, 1925)는 1002년에 비양도, 1007년에 서귀포시 안덕면의 군산에서 분화 활동이 있었던 것으로 추정했다.

그러나 역사시대 분화에 대해서는 구체적 자료가 빈약하고, 특히 비양도에서 신석기

● **사진 12-11. 비양도(제주도 제주시, 2017.2)**
비양봉 정상의 분화구 윤곽이 선명하다.

시대 유물이 발견된다는 점을 들어 역사시대의 비양도 분화 기록에 대해서는 회의적으로 보는 경향도 있다(김태호 외, 2010).

2) 화산활동을 반영한 지형발달

제주도에는 용암의 분출 시기와 환경, 용암의 성질 등과 관련해 다양한 형태의 화산지형은 물론이고 화산활동을 반영한 독특한 형태의 하천과 해안지형이 발달해 있다.

(1) 암석과 지형

화산암은 산화규소, 산화나트륨, 산화칼륨의 상대적 비중에 따라 현무암, 안산암, 조면암 등의 계열로 크게 구분된다. 이를 기준으로 보면 제주도의 화산암은 대부분 현무암이며 지표의 90%를 차지한다. 나머지는 안산암과 조면암류로 되어 있다. 이 암석들의 분포는 결국 제주도 화산지형발달에 영향을 주고 있다(권동희, 2017).

① 화강암을 기반으로 하는 현무암지형

제주도의 기반암은 화강암이다. 별도봉 서북해안에는 직경 10~20cm 정도의 화강암력을 화산회층 속에서 쉽게 발견할 수 있는데, 이는 거문도와 같은 각섬화강암(김상호, 1963)으로 알려져 있다. 제주도는 이 화강암들을 기반으로 하는 대륙판 위로 화산암이 분출해 만들어진 섬으로 대부분 현무암이 지표면을 덮고 있다. 이 같은 화

● 사진 12-12. 화산퇴적암에 포획된 화강암괴(제주도 제주시 우도 검멀래 해안, 2006.6)

산암 분출은 열점(熱點, hot spot)과 관련이 있는 것으로 알려져 있다. 열점이란 지판 내부에서 현무암질 용암이 솟아오르는 곳을 말한다. 울릉도, 제주도, 백두산도 이러한 열점과 관련해 형성된 것으로 알려졌다. 이러한 곳의 현무암은 맨틀에서 직접 올라오며,

유형				대표 사례 지역
동굴	용암동굴			만장굴, 김녕굴, 소천굴, 빌레못동굴, 수산굴 외
	위종유굴			황금굴, 협재굴, 쌍용굴, 당처물동굴, 용천동굴
대지	용암대지(용암삼각주)			우도
화산	복성화산	하와이형 순상화산		한라산
	단성화산	화산쇄설구	분석구	스코리아콘	다랑쉬오름 외 제주 기생화산 대부분
				스코리아마운드	송악산 주변 일부
			수성화산	응회구	성산 일출봉
				응회환(마르)	수월봉, 용머리해안, 하논분화구
			이중화산	응회환 + 분석구	송악산, 당산봉, 두산봉, 서귀포 하논
				응회구 + 응회환	단산
				응회구 + 분석구	소머리오름
		용암원정구		산방산
		아이슬란드형 순상화산		모슬봉
화구	분화구	화구호	복성화산(순상화산)	한라산 백록담
			단성화산(화산쇄설구)	물영아리오름, 사라오름, 물장오리오름, 물찻오름, 어승생오름, 동수악, 금오름.
		함몰화구		산굼부리
용암미지형	주상절리			대포동 지삿개, 색달동 갯깍주상절리대, 영실기암 병풍바위, 범섬 외
	호니토			비양도 애기 업은 돌
	투물러스			한동리 해안, 우도 검멀래 해안
	용암벽			섭지코지

자료: 권동희(2012).

그것이 올라오는 곳은 계속 움직이는 지판과는 관계없이 한자리에 고정되어 있다(권혁재, 1999).

제주의 현무암은 쇄설물질을 주로 하는 분석구로 나타나기도 하고 현무암평원(lava plain)을 이루기도 한다. 대부분 지역은 비현정질(非顯晶質, 육안으로 식별이 불가능한 미세광물로 구성된 암석)인 한라산 현무암으로 덮여 있다. 현무암 분출은 한곳에서만 반복

분출한 것이 아니라 각 구조선을 따라 분출구(vents)가 이동하면서 분출되었다.

② 안산암지형

현무암질 지형은 그 원지형면이 생생하게 존재하는 데 반해 안산암 지역은 이와는 달리 보편적으로 침식이 진행된 것이 특징이다. 대표적인 안산암지형은 서귀포 서쪽 해안취락인 강정리 일대이다. 이곳은 지형이 평탄하고 토양도 두껍게 피복되어 있다. 강정리 일대에서 주목할 만한 곳은 폭 100m, 길이 500m 내외의 암석면이다. 이는 만조 시

● 사진 12-13. 안덕계곡(제주도 서귀포시 안덕면 감산리, 2006.6)
안산암 지역을 창고천이 침식해 만들어놓은 경관이다.

에는 해수로 덮이지만 간조 시에는 노출되고, 파식의 형태도 관찰된다. 이런 점으로 보아 이 암석면은 일종의 파식붕(wave-cut bench)이라는 것을 추정할 수 있다.

안산암 지역 중 하천침식에 따른 지형이 현저하게 발달한 곳은 안덕계곡이다. 이 계곡은 안산암 지역을 창고천(倉庫川)이 3km나 침식해 들어간 심곡(深谷)이다. 이 창고천 동쪽에 솟아 있는 것이 안산암으로 된 월라봉(202m)으로서 침식의 진전으로 해안에서는 거의 70m에 가까운 단애를 형성했다.

③ 조면암지형

조면암과 조면암질 안산암지형은 주로 제주도 남쪽 해안을 따라 존재한다. 보목동의 섶섬, 서귀동의 문섬, 대평리의 박수기정 해안, 산방산 등이 대표적이다. 섶섬, 문섬, 산방산은 하나의 거대한 독립된 돔상 화산체를 이루고 있는 것이 특징이다. 박수기정은 수직절벽으로 둘러싸인 평탄면으로 이루어진 일종의 해안단구 경관을 보여준다(권동희, 2017).

● 사진 12-14. 박수기정 해안(제주도 서귀포시, 2017.2)
응회암층 위에 조면암이 누층으로 놓여 있다.

(2) 화산활동에 의해 지배되는 하천

제주도의 하천은 다른 하천과 달리 단순히 침식작용에 의해 형성된 것이 아니다. 즉 짧고 작은 규모의 하천은 침식과 관련이 있지만 큰 하천들은 대부분 제주도의 화산활동과 관련이 있다. 제주도 하천의 특징은 다음과 같다.

① 남·북 사면 중심의 필종하천

제주도 하천들은 크게 보면 경사방향으로 흐르는 필종하(김상호, 1963)로서 대부분 하천들이 남·북사면에만 발달하는 점이 그 증거이다. 한라산 수계는 전체적으로 한라산을 정점으로 방사상 수계를 이루는데, 남·북사면에 비해 경사가 완만하고 긴 사면과 넓은 용암대지가 발달하는 동·서사면에는 수계의 발달이 빈약(강상배, 1980)하다.

하천의 유로 방향은 제주도의 지형특성상 크게 남사면 하천과 북사면 하천으로 구분된다. 남사면 하천은 북사면 하천에 비해 계곡이 깊으며, 하천 유로상에서 여러 곳의 천

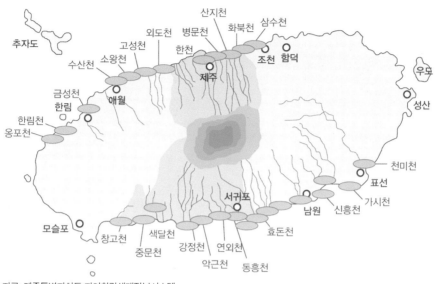

추자도

한천

산지천
외도천   병문천   화북천   삼수천
고성천   조천   함덕
소왕천
수산천
제주

금성천
한림   애월
한림천
옹포천

우도

성산

천미천

표선

가시천

서귀포

남원   신흥천

모슬포   창고천   색달천   강정천   연외천   효돈천
중문천   악근천   동흥천

자료: 제주특별자치도 자연환경생태정보시스템.

이점이 발견되는데, 이러한 천이점에는 폭포가 발달해 있다. 이 같은 남·북사면 간의 하천 특징의 차이는 융기량과 강수량의 차이 때문이다. 즉 남사면은 북사면에 비해 융기량이 현저하고 강수량이 많아 활발한 하각작용이 진행되었다. 북사면에서의 해식 흔적은 70m, 남사면에서는 180m 지점에서 관찰되었다(강상배, 1980). 지질 면에서도 남사

● 사진 12-15. 하각작용이 진행된 효돈천 하류(제주 서귀포시, 2016.8)

면 하류부의 하상과 곡벽이 주상절리가 잘 발달하는 조면암 또는 조면암질 안산암으로 되어 있다는 점도 주요한 요인(한태홍, 1993)이 되었다.

● 사진 12-16. 한라산 남사면을 흐르는 건천 가시천(제주도 서귀포시 표선면 가시리, 2006.6)

② 암석 하상의 건천

하천 하도는 대부분 기반암이 드러난 산지하천의 특징을 보인다. 특히 현무암과 조면현무암의 용암류가 층을 이루며 쌓인 지질적 특징을 반영해 계단상 하상이 많고, 이로써 폭포와 급류가 빈번히 나타난다(김태호 외, 2010에서 재인용). 그러나 투수율이 높은 화산암과 지하에 발달한 동굴 등으로 인해 지표수는 쉽게 지하로 스며들어 연중 유출 하천은 거의 존재하지 않고 대부분 강수 직후에만 유수가 나타난다.

③ 낮은 하계밀도와 직류하도

기반암의 높은 투수율로 인해 지표 유출이 어렵기 때문에 하계밀도는 $0.42km/km^2$로 매우 낮다. 1차수 하천이 많지 않으며 대부분 3~4차수 하천이다(김태호 외, 2010에서 재인용). 하천의 평면 형태는 직류하천이 많다.

④ 하천유로를 변경시키는 동굴

한라산 산록에는 크고 작은 동굴이 발달해 있다. 하천은 동굴 위를 흐르는 경우가 있는데 이때 동굴이 함몰되면 하천 유로는 급격히 변경되어 동굴 바닥을 따라 하천이 흐르게 된다. 김태호·안중기(2008b)는 구린굴에서 이러한 현상이 나타난다는 것을 보고한 바 있다.

(3) 지하수

제주도에는 주수(宙水, perched water)라고 하는 특이한 형태의 지하수가 존재한다. 제주도는 지질특성상 해안에서 내륙산지로 올라가면서 지하수면이 깊어져 물을 구하기가 어렵다. 그러나 내륙산지에서도 쉽게 물을 구할 수 있는 곳이 있는데 이것이 바로 주수 형태로 존재하는 지하수이다. 이는 쇄설물질로 되어 있는 집괴암이나 응회암질의 퇴적물이 불투수층의 구실을 함으로써 그 위에 국부적인 주수층을 형성한 것이다. 산록지대를 올라가면서 곳곳에 나타나는 자연용수, 소택지는 주수층이 지표면에 드러났거나 하도와 만남으로 생기는 현상(김상호, 1963)이다.

(4) 폭포

① 천지연폭포와 정방폭포

이 두 폭포는 같은 안산암 지역인데도 전혀 다른 모습이어서 흥미를 끈다. 천지연폭포는 천지천(연외천, 淵外川)이 하구에서 830m나 두부침식해 후퇴된 결과 경사급변점에 걸린 폭포이다. 그러나 정방폭포는 조금도 후퇴하지 않고 30m 높이의 해안 절벽에 걸려 있다. 그 이유는 정방폭포를 이루는 것은 동홍리 하천인데 이 하천은 천지천에 비하면 훨씬 후기에 형성된 하천이기 때문인 것으로 추정된다. 침식이 거의 진행되지 않고 원지형면 그대로를 흐르는 동홍리 하천이 그 증거이다.

② 천제연폭포

천제연폭포는 상·중·하의 3단으로 되어 있다. 천제연폭포를 만든 천제천은 평상시에는 물이 흐르지 않으며 폭포수는 완전히 지하수 용출에 의존하고 있다. 이곳은 안산암질인데 그 밑에는 2매의 응회암층이 존재한다. 3단폭포는 이러한 지질구조를 따라 진행된 두부침식에 의해 형성된 것이다. 지하수는 상단폭포의 안산암과 응회암 경계부의 동혈(洞穴)로부터 유출되는데 이 유출수는 아래쪽에 있는 중·하단 폭포에 물을 공급(김상호, 1963)하고 있다.

● 사진 12-17. 천지연폭포(제주도 서귀포시 천지동, 2006.6)

● 사진 12-18. 정방폭포(제주도 서귀포시 동홍동, 2016.8)

● 사진 12-19. 천제연폭포(제주도 서귀포시 중문동, 2016.4)
상단 폭포에는 물이 없지만 중단 폭포에는 물이 떨어지고 있다. 상단 폭포 아래 용출소에서 지하수가 흘러나와 물을 공급하고 있다.

북한에서는 이러한 폭포를 '지하수 폭포'라 부르며 그 대표적인 곳인 량강도 삼지연군 소재 '리명수 폭포'를 천연기념물로 지정해 놓고 있다.

3) 동굴

(1) 제주도 동굴의 특징

전반적으로 유동성이 큰 현무암으로 된 제주도에는 만장굴, 빌레못굴 등 60여 개의 용암동굴이 존재한다. 특히 승상용암에 속하는 표선리 현무암이 분포하는 해안지대는

● 사진 12-20. 승상용암(제주도 제주시 협재해수욕장, 2002.2)

40여 개의 용암동굴이 집중되어 있다. 그러나 전체 용암의 분출량에 비해 상대적으로 제주도의 용암동굴 수는 적은데 이는 생성되었던 많은 동굴들이 붕괴되었기 때문이다.

제주도의 용암동굴 중 비교적 붕괴되지 않고 원지형 그대로 신선하게 남아 있는 동굴로서는 금녕굴과 금룡굴이 있다. 두 동굴의 특징은 지표면을 패각사(貝殼砂)가 덮고 있다는 점이다. 이 지역은 해안으로부터 멀리 떨어진 곳이면서도 패각사가 널리 분포되어 있는 곳으로도 유명하다. 동굴을 덮고 있는 패각사의 칼슘 성분이 우수에 의해 녹은 다음 동굴 내부로 흘러들어가면서 다시 침전되었고, 이로써 현무암 공극을 칼슘 성분이 메우게 되어 동굴을 견고하게 만든 것이다(김상호, 1963).

(2) 거문오름과 용암동굴계

거문오름(456m)은 제주시 조천읍 선흘리와 구좌읍 송당리 경계지대에 발달한 대표적인 분석구(噴石丘) 중 하나이다. 2005년 천연기념물(제444호)로 지정되었고 자연생태계가 잘 보전되어 있어 생태탐방로 트레킹 지역으로 인기가 높다. 화산체의 비고(比高)는 112m, 기저 직경 1188m 규모로서 20만~30만 년 전 형성된 것으로 추정하고 있다(김태호 외, 2010).

거문오름 화산체가 열려 있는 북북동 방향으로는 길이 2km, 폭 80~150m, 깊이 15~30m의 용암협곡 또는 붕괴도랑(collapsed trench)이라고 부르는 지형이 발달한다. 이 용암협곡은 화산체의 열려진 부분으로 용암이 흘러나오면서 형성된 용암동굴의 천장이 차별적으로 함몰되어 만들어진 것으로 알려져 있다(김태호 외, 2010에서 재인용).

거문오름 주변에는 '거문오름 용암동굴계'라고 부르는 제주도의 대표적인 동굴군이 분포한다. 이는 거문오름으로부터 분출된 다량의 현무암질 용암류가 북북동 방향으로 지표면의 경사를 따라 해안선까지 흘러가면서 만든 일련의 용암동굴군이다(김태호 외, 2010). 선흘수직동굴, 뱅뒤굴, 웃산전굴, 북오름굴, 대림동굴, 만장굴, 김녕굴, 용천동굴, 당처물동굴 등이 이에 속한다. 만장굴과 김녕굴, 용천동굴 등은 하나로 이어져 그 길이가 약 13km 이상에 달한다.

(3) 위종유굴과 세계자연유산

패각사가 동굴 위에 쌓인 경우에는 패각의 용식이 진전되고 이들이 동굴 내부에 침전됨으로써 석회동굴의 종유석과 같은 스펠레오뎀이 형성된 경우도 관찰된다. 이러한

● 사진 12-21. 대표적 위종유굴인 용천동굴(제주도 제주시, 2007.5)
용암동굴 내부에 다양한 형태의 종유석이 발달해 있다.

동굴은 위종유굴(pseudo limestone cave) 혹은 유사석회동굴로 불린다. 제주도의 동굴 중 협재굴, 쌍룡굴, 용천동굴, 당처물동굴 등은 대표적인 예이다. 특히 1995년에 제주 시 구좌읍에서 발견된 당처물동굴, 그리고 이곳에서 약 1km 떨어진 곳에서 2005년에 발견된 용천동굴은 석회동굴로 착각할 정도로 스펠레오뎀이 동굴 내부를 화려하게 장 식하고 있다. 특히 용천동굴은 세계 최대 규모의 위종유굴로 알려졌고 이로써 거문오름 용암동굴계가 세계자연유산으로 등재되는 데 결정적인 역할을 했다(유홍준, 2012). 국 내에서는 최초로 2007년 '제주 화산섬과 용암동굴'이 유네스코 세계자연유산이 되었다. 여기에는 800m 이상의 한라산 천연보호구역, 거문오름 용암동굴계, 성산 일출봉 응회 구 등 3곳이 포함되었다. 이후 제주도는 유네스코 세계지질공원(geopark), 유네스코 생 물권보전지역으로까지 지정됨으로써 유네스코 자연환경 분야 3관왕을 차지했고 2011년 에는 세계 7대 자연경관으로도 선정되었다.

4) 용암대지

제주도 자체가 용암대지상에 발달해 있으나 그 위에 한라산체가 형성되어 있어 실제 로 용암대지를 관찰하기는 어렵다. 그러나 우도의 평탄한 대지를 용암대지 혹은 용암삼 각주로 보는 시각이 있어 주목된다.

제주시 우도는 우도봉에서 흘러넘친 현무암질 용암이 북서쪽으로 흐르면서 굳어져

● 사진 12-22. 우도 용암대지(제주도 제주시 우도면, 2017.3)

현재와 같은 섬 형태를 갖춘 곳이다. 크게 보면 용암대지의 한 유형이라고 할 수 있다. 그런데 용암의 두께는 우도봉 근처에서는 약 70m, 해안 쪽에서는 30m 정도(이진수, 2014)로 얇아지고 결국 우도봉에서 멀어질수록 경사도가 작아지기 때문에 용암삼각주처럼 보이기도 한다.

5) 화산

(1) 화산체의 유형 분류

① 복성화산과 단성화산

화산은 분화 회수에 의해 복성화산(polygenetic volcano)과 단성화산(monogenetic volcano)으로 구분한다. 각각 다윤회화산(多輪廻火山), 1윤회화산(一輪廻火山)이라고도 한다.

• 복성화산: 시기를 달리해 여러 차례의 분화가 반복되어 발달한 것으로 하와이형 순상화산, 성층화산(strato volcano) 등이 이에 속한다. 우리가 잘 알고 있는 순상화산체는 다윤회성인 것을 하와이형 순상화산, 1윤회성인 것을 아이슬란드형 순상화산으로 구분해 사용한다. 한라산은 대표적인 복성화산으로 하와이형 순상화산에 속한다. 한라산 순상화산체는 매우 완만해, 해발 600~1000m 이상의 산악지대인 한라산국립공원을 대상으로 측정한 자료에 따르면 경사 15° 미만의 사면이 약 71%를 차지한다. 대정읍의

● 사진 12-23. 아이슬란드형 순상화산체 모슬봉(제주도 서귀포시 대정읍 상모리, 2010.10)

모슬봉은 같은 순상화산체이지만 1회성 분출로 만들어진 아이슬란드형 순상화산에 해당된다. 마치 한라산을 축소해 놓은 듯한 모양을 하고 있는데 사면 경사는 8° 정도이다 (김태호 외, 2010). 성층화산은 폭발식 분출에 따른 화산쇄설물과 일출식 분출에 따른 용암류가 겹겹이 쌓이면서 만들어지는 화산체인데 우리나라에서는 관찰되지 않는다.

● 사진 12-24. 단성화산인 성산 일출봉 용암원정구(제주도 서귀포시, 2017.4)
성산 일출봉은 해저분화에 의해 만들어진 화산체가 육지로 드러난 것으로 대표적인 응회구이다. 일출봉의 해발고도는 179m, 화구륜의 폭은 600m로서 높이에 비해 화구가 상당히 크다.

• 단성화산: 1회의 분출로 만들어진 화산체를 말한다. 한라산 주변 산록에 위치한 측화산(기생화산)들은 모두 이에 속한다. 조사자에 따라 차이가 있으나 최대 368개가 존재하는 것으로 알려져 있다. 단성화산이 가장 밀집된 곳은 구좌읍 송당 일대로서 그 분포밀도는 0.38개/km²(김태호·안중기, 2008a에서 재인용)에 달한다. 이 단성화산들은 분화양식과 화산분출물 등의 성질에 따라 화산쇄설구, 용암원정구, 아이슬란드형 순상화산 등으로 구분한다. 구릉 형태를 하고 있는 단성화산은 제주도의 특징적 지형들로서 제주도에서는 오름으로 불린다.

● 사진 12-25. 복식화산의 성격을 보여주는 한라산 정상부 (촬영: 박상은, 1990.4)
한라산은 전체적 윤곽이 순상화산체이지만 백록담이 있는 정상부는 일부 종상화산체로 되어 있어 정확하게는 복합화산체라고 할 수 있다.

② 복식화산과 단식화산
화산체의 구성에 따라서는 복식화산(composite volcano, compound volcano)과 단식화산(simple volcano)으로 구분하기도 한다. 복식화산은 2개 이상의 단식화산체가 하나의 거대한 하나의 화산체에 복합되어 있는 것으로 복합화산이라고도 한다. 한라산은 복성화산이면서 복합화산이기도 하다. 전체적으로 순상화산 형상이지만 산 정상부는 조면암질

안산암으로 이루어진 종상화산체를 하고 있다.

(2) 화산쇄설구

화산쇄설구(pyroclastic cone)는 화산쇄설물이 분화구 주변에 쌓여 만들어진 구릉 모양의 지형을 말한다. 화산쇄설구는 분화양식, 화산체와 분화구의 형태에 따라 분석구(cinder cone), 응회구(tuff cone), 응회환(tuff ring) 등으로 구분한다. 기저직경에 대한 비고의 비율에 따라서는, 1/5~1/6인 것을 분석구, 1/9~1/11인 것을 응회구, 그리고 1/10~1/30인 것을 응회환으로 구분한다(한국자연지리연구회, 2003). 분화 형식 면에서 분석구는 육지 환경에서, 응회구와 응회환은 수중환경에서의 폭발성 분화로 발달한다는 특징이 있다.

① 분석구

분석구는 건조 또는 소량의 물이 존재하는 환경 아래 고철질 마그마가 수백 m 상공으로 분출되는 스트롬볼리식 분화에 의해 형성된다. 분석구는 보통 스코리아콘(scoria cone)이라고 부르기도 하지만, 그 구성물질에 따라 스코리아콘과 경석구(pumice cone)로 세분하기도 한다.

• 스코리아콘: 스코리아콘은 보통 암색(暗色)의 현무암으로 되어 있고 암재구라고도 한다. 대부분의 분석구는 이 스코리아들로 이루어졌기 때문에 보통 분석구와

● 그림 12-2. 화산쇄설구의 유형

분석구(스코리아콘)

응회구

응회환

자료: 한국자연지리연구회(2003) 재인용.

● 사진 12-26. 분석구 내부 구조(제주도 서귀포시, 1991.1)
왕이매로 알려진 분석구이다.

스코리아콘이라는 말이 함께 쓰이는 경향이 있다. 분화구가 없는 소규모의 분석구는 스코리아마운드(scoria mound)라고 하는데, 모슬포 동쪽의 송악산 남쪽해안과과 구좌읍 세화리 다랑쉬오름 북쪽 일대에서 볼 수 있다.

• 경석구: 흰색 계통의 안산암·유문암질의 경석으로 구성된 것을 경석구라고 해서 구분하기도 한다. 일반적으로 물에 뜨는 가벼운 암석으로 알려진 부석은 경석과 같은 말이다.

한라산의 측화산 대부분은 분석구(스코리아콘)이다. 현무암질 스코리아, 즉 '송이'로 이루어진 분석구들은 높이가 대개 50m 내외로서 형성 연대가 오래되지 않았고 빗물의 투수율이 높아 원형이 잘 보존되어 있다.

● 사진 12-27. 스코리아콘 다랑쉬오름(제주도 제주시, 2016.10, 좌상)
● 사진 12-28. 스코리아마운드(제주도 제주시 구좌읍 세화리, 2017.4, 우상)
● 사진 12-29. 응회구 우도 소머리오름(제주도 제주시, 2016.5, 좌하)
● 사진 12-30. 응회환의 잔존지형 수월봉(제주도 제주시 한경면 고산리, 2017.4, 우하)
수월봉은 과거 형성되었던 응회환의 일부가 남아 있는 것이다. 수월봉 응회환은 약 1만 8000년 전 현재보다 해수면이 훨씬 낮았던 최종빙하기 때 해저에서 수성화산분출로 만들어졌다. 수월봉 응회환 분출 연대는 응회암 내의 외래 석영입자들에 대한 OSL(광여기 발광)연대측정으로 최근 밝혀졌다(geopark.jeju.go.kr에서 재인용).

② 응회구

응회구는 화산체가 절구 모양인 것으로서 구상화산, 호마테(homate) 등으로도 불린다. 제주 동부 해안의 성산 일출봉, 우도 소머리오름 등이 대표적인 예로 그 형태가 원형에 가깝게 보존되어 있다.

성산 일출봉은 해저분화에 의해 형성된 대표적인 수중화산으로 화산체가 수중에서 쌓인 화산사암(火山砂巖)으로 되어 있다. 따라서 일출봉은 처음에는 섬이었으나 사주가 발달해 현재는 육지부와 연결되어 있다. '성산(城山)'이라는 명칭은 분화구 바깥이 마치 성벽 모양의 해식애를 이루고 있어 붙여진 것으로 알려져 있다. 성산 일출봉은 파식에 의해 내부구조와 지층이 해안 절벽에 그대로 노출되어 있다는 점에서 특이한 경관을 이루고 있다.

③ 응회환

응회구가 극단적인 형태를 한 것이 응회환이다. 한경면의 수월봉, 대정읍의 송악산, 안덕면의 용머리해안 등이 이에 속한다. 송악산은 보존 상태가 양호하나 수월봉과 용머리해안은 해식에 의해 많은 부분이 소실되었고 일부가 남아 있다. 응회환 원래의 윤곽은 항공사진에서 확인할 수 있다(박용안·공우석, 2001).

④ 마르

독일 아이펠 지방에서 잘 알려진 마르(maar)는 응회환과 유사한 개념이다. 조천읍의 산굼부리는 거대한 화구의 형태적 특성으로 인해 과거에 대표적인 마르로 불려왔다. 그러나 최근의 조사에서 산굼부리는 화산 폭발과 관련된 화산체가 아니라 지하 마그마가 분출해 생긴 공간 위의 지반이 무너져 내린 함몰화구(김태호 외, 2010에서 재인용)인 것으로 밝혀졌다. 산굼부리 분화구는 둘레 약 2km, 깊이 약 100m 정도에 이르지만 주변 평지에 비해 화산체는 매우 낮은 것이 특징이다. 깊은 화구로 인해 내부 사면은 급사면을 이루고 있지만, 외부사면은 극히 완만하고 주변부보다는 10m 정도 높은 정도이다.

• 하논분화구: 국내에서는 제주 서귀포시의 하논분화구가 일종의 마르형 응회환인 것으로 알려졌다. 분화구 중심부에는 큰보름, 눈보름으로 불리는 분석구가 있어 이중화산으로 분류된다. 최대직경 1150m, 둘레 3774m, 고도 53~143m, 상대고도 최대

● 사진 12-31. 마르형 응회환 하논분화구(제주도 서귀포시 호근동-서홍동 일대, 2017.2)

90m 규모로, 화산체에 비해 분화구가 거대한 것이 특징이다. 형성 시기는 약 5만 년 전인 것으로 알려졌다. 분화구 바닥에는 15m 내외의 퇴적층이 쌓여 있는 것으로 조사되었는데 이 화구호는 수심 약 5m 정도로 500여 년 전까지 존재했었고 그 이후에는 논으로 개간되어 논농사를 지어온 것으로 전해진다(권동희, 2017). 지금도 분화구 바닥 몇 군데서 물이 자연용출되고 있고 이 물은 농사를 짓는 데 이용되고 있다. 하논은 큰 논이라는 뜻의 제주어이다.

⑤ 수성화산과 이중화산
• 수성화산(hydro volcano): 수중화산이라고도한다. 단성화산 중 응회구와 응회환(마르)이 수중에서 마그마와 물이 접촉해 폭발성 분화를 일으키면서 형성된 화산이라는

● 사진 12-32. 이중화산체 송악산 응회환(제주도 서귀포시 대정읍 상모리, 2016.4)
송악산 응회환은 단성화산이면서 2개의 분화구가 있는 특이한 구조의 화산체이다. 1차적으로 수성화산분출에 의해 둘레 1.7km 정도의 거대한 응회환 분화구가 형성되었고, 이후 2차 분화에 의해 분석구가 산 정상에 만들어지면서 사진 중앙부에서 관찰되는 둘레 500m 정도의 새로운 분화구가 만들어졌다.

데 착안해 쓰이게 된 용어이다. 고온의 마그마는 천해나 지하수, 지표수의 물과 접촉하면, 대량의 물이 기화하면서 압력이 증대되는데, 이 같은 '비마그마성' 물(수증기)에 의해 폭발적인 분화가 일어나는 화산을 말한다. 수월봉, 성산 일출봉, 우도 소머리오름, 송악산, 용머리, 단산, 당산봉, 서귀포 하논 등이 그 대표적인 예이다. 스코리아콘에 비해 출현 빈도는 훨씬 적으나 제주도 단성화산 가운데 가장 구체적인 연구가 진행된 화산체이다.

제주도의 수중화산은 대부분은 해안 부근에 위치하는데, 독일 아이펠 지방의 마르군은 하천 근처에서만 분포(박용안·공우석, 2001)하는 것으로 알려져 있다.

• 이중화산: 수성화산 중에서 분화 양식과 시기의 차

● 사진 12-33. 송악산 응회환 내부의 2차분화구(제주도 서귀포시, 2016.4)
〈사진 12-32〉에서 응회환 중앙에 보이는 분화구 경관이다.

이에 의해 하나의 화산체 안에 또 다른 화산체가 중첩되어있는 화산체이다. 송악산, 당산봉, 두산봉, 서귀포 하논 등은 응회환 속에 분석구가 들어 있는 것이고, 소머리오름은 응회구 안에 분석구가 중첩된 경우이다. 단산은 특이하게도 응회구와 응회환이 결합된 것으로 알려져 있다.

(3) 용암원정구

제주도 산방산(395m)은 조면암질 안산암으로 된 전형적인 용암 원정구이다. 돔상 화산체 혹은 용암돔이라고도 한다. 형성 이후 지속적인 침식을 받았으나 현재로서는 원형이 잘 보존되어 있다. 전체적으로 순상화산체 윤곽을 보이는 한라산도 자세히 보면 해발 1750m부터 정상까지의 부분은 조면암질 안산암의 용암원정구로 되어 있다. 이곳의 원정구는 한라산의 순상화산체가 완성된 후 솟아오른 것이다. 그러나 백록담 화구가 형성될 당시의 폭발로 일부는 파괴되었고 한라산 정상의 서반부에만 일부 남아 있다.

6) 화구호

(1) 한라산 백록담

한국의 대표적인 화구호는 한라산 백록담이다. 백록담 분화구의 크기는 장경 585m, 단경 375m이다. 화구저에서 가장 낮은 곳의 해발고도는 1838m로서 분화구 바닥까지의 최대 깊이는 약 111m이다. 이 분화구에 물이 고여 백록담 화구호가 만들어졌는데 분화구 동쪽 일부가 담수되어 호수가 형성되었다. 백록담 화구호의 평상시 담수 면적은 1만 6000m², 수면 고도는 1839m, 수심은 1~2m이다(김태호 외, 2010에서 재인용).

(2) 오름의 화구호

백록담 이외에도 한라산의 기생화산 중에는 화구호가 발달한 곳이 몇 곳 있다. 물영아리오름, 물장오리오름, 물찻오름(수성악, 水城岳)은 일 년 내내 물이 고여 있는 습지이며, 어승생오름, 동수악오름, 새미소오름, 금오름, 사라오름 등은 우기에만 습지에 물이 고여 있고 건기에는 바닥이 드러난다.

물영아리오름은 수령악(水靈岳)이라고도 부르는데 물영아리라는 지명은 오름 정상에 늘 물이 고여 있는 분화구라는 뜻에서 비롯되었다. 물영아리 화구호는 2003년 제주

● 사진 12-34. 한라산 백록담(제주도)
자료: 네이버 지도(http://map.naver.com).

● 사진 12-35. 사라오름의 화구호(제주도 서귀포시, 2013.6)

도에서 최초로 환경부 보호습지가 되었고 2006년에는 물장오리오름과 함께 람사르습지에 등록되었다(김태호 외, 2010). 새미소오름에는 삼뫼소(새미소라고도 함)라는 화구호가 있는데, 장경 170m, 단경 100m 정도의 타원형 호수로서 인근 이시돌목장의 용수원으로 활용되고 있다. 금오름은 금악이라고도 하며 왕매라는 화구호가 있다. 사라오름의 화구호는 백록담에서 가장 가까운 곳에 위치한 화구호이다(서무송, 2009).

7) 용암미지형

(1) 주상절리

주상절리는 화산지형을 대표하는 경관 중 하나이다. 제주도의 경우 서귀포 대포동 해안 일대, 성천포에서 월평동까지 약 3.5km에 걸쳐 주상절리가 발달해 있다. 이 주상절리를 만든 암석은 대포동현무암으로 이는 약 25만 년 전 녹하지악(鹿下旨岳) 분석구에서 분출한 현무암이다. 대포동 해안에는 '지삿개' 혹은 '모시기정'이라고 불리는 절경지가 있는데 바로 주상절리가 발달한 해안이다. 이 옛 이름들인 지삿개를 살려 이곳을 '지삿개바위'(고정선·윤성효·홍현주, 2005)라 부른다. 주상절리는 대부분 수직주상절리이지만 간혹 방사상 주상절리(문섬), 경사주상절리(대포동주상절리대)도 존재한다. 정방폭포 해안 근처에는 주상절리가 굳어지기 전에 상부로부터 압력을 받아 휘어진 엔태블러처(entablature) 현상도 관찰된다.

(2) 호니토

지표면을 따라 흐르던 용암은 대기와 접한 부분부터 굳게 되고 그 아래쪽에는 용암터널(용암 튜브)이 만들어진다. 용암 터널을 따라 늦게까지 흐르던 용암이 굳어진 지표면의 틈을 따라 2차 분출하면 호니토(hornito)라 불리는 작은 화산체가 발달한다. 용암기종이라고도 하는데 주로 현무암질 승상용암(ropy lava)에서 잘 발달한다. 승상용암이란 표면이 매끄러운 용암으로 파호이호이(pahoehoe) 용암이라고도 한다. 이에 대해 상대적으로 거친 표면으로 이루어진 것을 괴상 용암 또는 아아(aa)용암이라고 한다.

전형적인 호니토는 제주 비양도 북쪽 해안에서 다수 관찰할 수 있는데 그중 현지에서 '애기 업은 돌'로 불리는 굴뚝 모양의 호니토는 천연기념물로 지정되었다.

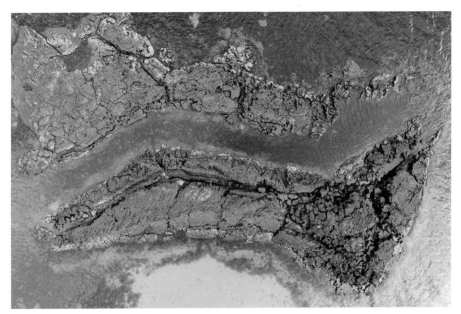

● 사진 12-36. 투물러스(제주도 제주시 구좌읍 한동리 해안, 2016.7)

(3) 투물러스

호니토와 유사한 지형으로 투물러스(tumulus)가 있다. 투물러스는 용암 껍질 부분이 내부 압력과 관련해 주변보다 수 m~수십 m 부풀어 오른 소구릉지형으로 보통 평면 형태는 타원형을 띤다. 제주시 구좌읍 대평리, 한동리, 행원리 해안에 집중적으로 발달해 있다. 투물러스 표면에는 치약구조도 관찰되는데 이는 투물러스가 갈라진 틈으로 뜨거운 액체 상태의 용암이 빠져나오면서 마치 치약을 짜놓은 모양으로 굳어진 미지형이다 (권동희, 2017).

(4) 용암벽

분화구에서 흘러나온 용암은 용암의 이동 통로인 용암수로를 따라 사면 아래쪽으로 흘러내린다. 이때 용암수로 양쪽은 중심부와의 차별 냉각에 의해 먼저 식으면서 자연제방 형태의 용암벽이 만들어진다. 용암제방이라고도 불리는 이 미지형은 제주도 섭지코지 해안에서 관찰된다(권동희, 2017).

● 사진 12-37. 용암벽(제주도 서귀포시 성산읍 고성리 섭지코지 해안, 2016.8)

3. 백두용암대지와 백두산

1) 백두복합화산체

화산활동이 있기 전 백두산 일대의 지형은 매우 평탄했으며 지표면의 상대적인 고도차도 크지 않았다. 지질학적인 증거를 통해 당시 지표면 평균고도는 1500~1800m 정도였을 것으로 추정하고 있다.

백두산은 순상화산 형태의 백두용암대지(해발 900~1900m) 위에 솟아 있는 성층화산이다. 최고봉은 장군봉(2750m)으로 한반도에서 가장 높으며 백두산 주변에는 소형(단성)화산체가 분포한다. 장군봉의 옛 이름은 병사봉·백두봉이었고 당시는 2744m로 알려졌으나 지명이 바뀌면서 북한은 새롭게 측량해 2750m로 밝혔다(김한산, 2011; 다음백과사전).

백두용암대지는 백두산을 중심으로 한반도 북동부와 중국 동북지방에 걸쳐 발달한 한반도 최대 화산지형이다. 규모는 동서 240km, 남북 400km 정도이며 용암층 평균 두께는 200~300m(최대 1300m)이고(권혁재, 1999; 김태호 외, 2010) 경사는 10° 이내(김한산, 2011)의 완경사로 되어 있다.

2) 백두산의 생성

백두산지형은 백두용암대지와 순상화산체 형성 → 성층화산체와 소형화산체 형성 → 백두산 천지 형성 등의 단계를 거쳐 형성되었다(박용안·공우석, 2001; 한국자연지리연구회, 2003; 윤성효, 2010; 김태호 외, 2010).

(1) 백두용암대지와 순상화산체 형성

신생대 제3기 중반(올리고세~마이오세) 북중국 단열대의 단층을 따라 13회 이상의 열하분출이 일어나 현무암 용암대지가 형성되었다. 그 뒤 3기 말(플라이오세)에는 중심분출을 수반한 열하분출로 순상화산체가 형성되었고 결과적으로 현재의 천지를 중심으로 한 순상화산 형태의 백두용암대지 윤곽이 만들어졌다.

(2) 성층화산체와 소형화산체 형성

신생대 제4기 플라이스토세(1만~200만 년 전)에 스트롬볼리식 폭발분화로 조면암질 용암과 화산쇄설물이 교대로 분출해 순상화산체 위에 원추형의 성층화산이 만들어졌다. 플라이스토세 중기 이후에는 백두화산대 선상의 균열을 따라 현무암질 용암이 분출되어 500여 개의 소형 화산체들이 발달했다.

(3) 백두산 천지 형성

신생대 제4기 현세에 들어와 1000년 전쯤(서기 926~939년) 폭발식 분화(플리니식 분화)가 일어났고 현재의 천지(백두산 칼데라)가 만들어졌다. 천지는 단순히 하나의 분화구가 아니며, 중심화구를 비롯해 천문봉 화산 등 최소한 7개 이상의 주변 화구가 함몰에 의해 연합된 것으로 보고되었다(김주환, 2002; 김한산, 2011). 이 당시 분출한 다량의 화산회는 백두용암대지를 덮었고 동해를 건너 일본 혼슈 북동부, 홋카이도 지역까지 날아가 쌓였다.

● 사진 12-38. 칼데라호와 빙식곡(백두산 천지, 2013.3)
칼데라호 왼쪽과 뒤쪽 중앙에 권곡 형태의 빙식곡이 보인다.

그러나 백두산 칼데라가 이때의 분화로 일시에 만들어진 것은 아니며 그 이전에 이미 칼데라 윤곽이 만들어졌던 것으로 알려져 있다. 그 증거로 제시되는 것은 첫째, 칼데라 벽에 빙식 지형인 권곡이 존재한다는 점, 둘째, 백두산 일대에는 더 오래전에 분출한 경석과 화산쇄설물이 분포한다는 점 등이다.

3) 백두산 천지

백두산 천지는 한국에서 유일한 칼데라호이다. 칼데라는 화구(火口)의 일종으로 화산체가 형성된 후 대폭발이나 산정부의 함몰에 의해 2차적으로 형성된 분지를 말한다. 여기에 물이 고이면 칼데라호가 된다. 칼데라는 일반 분화구보다 훨씬 크고 바닥이 상당히 넓어 분지 형태를 띤다. 칼데라분지로 불리는 것은 이러한 이유 때문이다. 칼데라의 어원은 포르투갈어의 칼데리아(calderia)에서 비롯된 말로 '솥'이나 '냄비'를 뜻한다.

백두산 천지는 과거 조선시대 때 대택(大澤), 대지(大池), 달문(闥門), 용왕담(龍王潭) 등의 이름으로 불렸다. 천지라는 이름은 1908년 청나라 유건봉(劉建鋒)이 편찬한 『장백산강지략』에서 용왕담을 천지라 명명하면서부터 사용되기 시작해 지금에 이르고 있다(김태호 외, 2010에서 재인용).

천지의 수면 고도는 2237m, 면적은 약 9.16km²로 불규칙한 타원형 모양이며 안쪽 사면 경사는 70~90°로 절벽을 이룬다. 둘레는 14.4km, 동-서 폭은 3.55km, 남-북 폭은

4.64km이다. 수심은 가장 깊은 곳이 384m이며 평균 213.3m이다. 호수 바닥에는 부석, 자갈, 모래 등이 쌓여 있다. 물의 원천은 대기강수와 일부 지하수로 보충된다.

천지는 한반도 호수들 중 가장 먼저 얼음이 두껍게 어는 호수로서 얼음 평균 두께는 1.5m이다. 호수 물의 총량은 19억 5500만m²이며 천지의 물은 중국 쑹화강(松花江)으로 직접 유입된다(김태호 외, 2010).

백두산 천지는 세계적으로도 가장 높은 곳에 있는 칼데라호로서 경관이 뛰어날 뿐 아니라 학술적으로도 가치가 높아 절대적 보존 관리가 필요한 곳이다. 북한에서는 1980년 1월에 천연기념물 제351호로 지정해 특별히 보호하고 있다.

4) 백두산 일대의 분화구

백두산 화산체 주위에는 많은 소규모 화구호가 분포한다. 이들은 백두산 화산체의 기생화산에 발달한 화구호들이다. 대표적인 것으로는 소천지, 적지, 곡지, 원지, 왕지 등이다. 이중 대표적인 것은 소천지로서 백두산 화구로부터 4km 떨어진 북쪽 산기슭에 위치한다(김한산, 2011).

5) 활화산으로서의 백두산

(1) 백두산 분화의 가능성과 규모

백두산은 역사적으로 서기 1403년, 1668년, 1702년에 화산분화가 있었고 1903년 소규모 분화를 끝으로 한동안 주목할 만한 화산활동을 보이지 않았다. 그러다 2002년 6월 이후 지하 마그마가 활성화되면서 화산 폭발의 전조 현상들이 관측되고 있어 백두산 재폭발에 대한 관심이 높아졌다. 백두산 화산이 정확히 언제쯤 폭발할지에 대해서는 1000년 주기설, 100년 주기설 등과 관련해 여러 주장이 있지만 그 시기를 확정적으로 말할 수는 없다(윤성효, 2010).

만약 백두산이 분화할 경우 그 규모는 현재 지구상에 존재하는 가장 위협적인 화산 중 하나인 것으로 밝혀졌다. 약 1000년 전의 백두산 대폭발 시 화산폭발지수(VEI)는 7.4로 인류 역사상 최대 규모의 화산분화사건으로 기록되었다. VEI는 0~8까지로 표시되며 VEI가 8이면 '슈퍼화산'이라고 불린다. 서기 79년 폼페이시를 매몰시킨 베수비오 화산

은 5, 2010년 4월 분화한 아이슬란드 에이야프얄라요쿨 화산은 4였고, 역사시대 최대 분
화로 기록된 1815년 인도네시아 탐보라 화산은 7.1이므로 상대적으로 백두산 폭발의 규
모가 어느 정도인지는 미루어 짐작할 수 있다(윤성효, 2010; ≪한국일보≫, 2010.11.17).

(2) 백두산 분화의 징후

백두산 분화의 가능성을 주장하는 학자들이 제시하는 징후는 다음과 같다(윤성효, 2010).

- 천지 10~12km 지하에 규장질 마그마방이 존재한다. 백두산 역사시대 분화 시 주
  로 점성이 높은 규장질 마그마가 분출했다. 천지 지하의 규장질 마그마는 엄청난
  양의 용존 고압가스를 함유할 수 있는데, 이 마그마가 지표 가까이 상승하고 임계
  조건을 넘으면 강렬한 대폭발을 일으킬 수 있다.
- 최근 천지 지하 2~5km 하부의 천부 화산지진이 증가하고 있다.
- 천지 주변 외륜산 일부 암반이 붕괴되고 균열이 발생한다.
- 암석 절리를 따라 화산가스가 분출하고 주변 수목 일부가 고사된다.
- 천지 북측의 수평과 수직 연간 이동속도가 활발하다(45~50mm/년).
- 천지 주변 온천수 수온이 높아지고(최대 83℃), 가스성분(He, $H2$ 등)이 증가한다.

그러나 지표면의 이동(팽창)에 대해서는 이견도 있다. 김상완(세종대)교수 팀은 레이
더영상 자료를 통해 얻은 지표팽창 수치는 '3mm/년'으로서 이는 오차 범위 안에 속해
무의미한 것이라고 주장하고 있다(≪한국일보≫, 2010.11.17). 백두산 분화 가능성을 강
하게 제기하는 윤성효 교수의 자료는 GPS 측정 자료이다.

4. 울릉도와 독도

울릉도와 독도는 동해의 거대한 해저화산체 일부가 물 위로 드러난 화산섬이다. 울
릉도와 독도 사이에는 안용복 해산, 독도 남동쪽으로는 심흥택해산과 이사부해산 등의
해저화산체가 존재한다. 울릉도와 독도를 포함해 이들을 연결한 것을 화산섬 연결체
(volcanic chain)라 하는데 울릉도에서 멀어질수록 그 생성 연대가 오래된 것으로 알려

● 사진 12-39. 울릉도 해안지형(경북 울릉군 도동항, 2008.5)

져 있다. 구체적인 해저화산체의 생성 연대에 대해서는 이견들이 많지만, 이러한 관점에서 일부 연구자들은 하와이제도와 같이 열점(hot spot)에 의해 울릉도와 독도 일대의 화산섬이 만들어진 것이라는 주장을 하고 있다.

1) 울릉도

(1) 울릉도의 생성

울릉도는 거대한 해저화산체 일부가 해수면 위로 드러난 것으로, 해저는 순상화산체, 육상은 종상화산체라고 하는 이중 구조를 보인다.

해저화산체는 수심 2200m의 해저로부터 솟아오른 것으로서 울릉도의 최고봉인 성인봉의 높이(983.6m)를 더하면 그 비고는 3000m를 넘는 대형화산이 된다. 해저화산체의 해저 지름은 약 30km이며, 수심 1500m까지의 사면에는 30여 개의 소형 화산체(기생화산)도 관찰된다.

울릉도를 구성하는 기반암의 구조적 특징에 기초해 울릉도 형성 과정은 다음과 같이 요약된다(박용안·공우석, 2001; 김태호 외, 2010; 윤성효, 2010).

① 육상의 순상화산체 형성

제3기 중기인 약 2500만 년 전, 평탄화된 육지부에 현무암이 수차례 분출되어 2000m 이상의 순상화산체가 형성되었다.

② 순상화산체 침수 및 파식대 형성

약 1500만~1700만 년 전, 지금의 동해가 형성되는 과정에서 지반의 광역적인 하강 또는 해수면 상승운동으로 육지부가 침수되어 화산체는 고립된 섬이 되었다. 이후 산정부는 전면적으로 삭박되어 평탄한 파식대가 만들어졌다.

③ 파식대상에 종상화산체 형성

약 1만~270만 년 전, 해저 화산 파식대 위에 수차례의 조면암 중심의 화산분출로 현재와 같은 육상의 울릉도 골격이 만들어졌다. 그 시기를 51만~270만 년 전으로 보는 견해(윤성효, 2010)도 있다.

④ 나리분지와 알봉 형성

약 6300~1만 년 전, 7회 이상의 대폭발과 함몰작용으로 현재의 나리분지가 만들어졌다. 그리고 그 위에 다시 울릉도에서의 마지막 용암 분출로 분석구인 알봉이 형성되었다.

● 사진 12-40. 나리분지와 알봉(경북 울릉군 북면 나리, 2012.11, 좌)
● 사진 12-41. 울릉도 형성 초기에 분출된 현무암질 집괴암(경북 울릉군 울릉읍 도동리 도동항 해안, 2012.11, 우)

(2) 울릉도 종상화산체의 형성과 지질구조

해수면 위 종상화산체는 신생대 제4기 플라이스토세~현세 동안 수회에 걸친 화산분출로 형성되었다. 종상화산체의 지질은 기본적으로 알칼리화산암류이며 산출 상태와 암질에 따라 5단계로 구분된다(김기범·이기동, 2008; 김기범, 2010; 김윤규·이대성, 1983; 원종관·이문원, 1984; 김태호 외, 2010).

① 제1기: 해수면 부근의 현무암질 집괴암과 응회암 분출

섬 둘레를 따라 울릉읍 저동리, 와달리, 도동리, 서면 남양리와 태하리 부근의 해안 저지를 중심으로 분포한다. 비교적 뚜렷한 층리를 보이며, 대체로 해안 쪽으로 급경사를 이루고 있다. 현무암질 집괴암은 대부분 붉게 산화되어 있다.

● **사진 12-42. 붉게 산화된 현무암질 응회암층(경북 울릉군 서면 태하리 황토구미 마을, 2008.5)**
황토굴로 알려진 풍화동굴 안에서 관찰되는 지층으로 하부 현무암질 집괴암과 상부 조면암 사이에 협재되어 있는 응회암층이다. 이 적색층은 현무암질 응회암 위로 분출한 조면암질 용암에 의해 열변성작용을 받고, 더불어 응회암에 포함된 철이 산화되어 형성되었다. 적색층은 일라이트(illite)를 주성분으로 하는 점토성 광물로서 규산알루미나가 주성분이며 미량 성분으로 철산화물(6.4%) 등이 들어 있다(이상진 외, 2008; 오한솔 외, 2010).

● 사진 12-43. 포놀라이트질 암질의 가두봉(경북 울릉군 울릉읍 사동리, 2008.5)
울릉도의 대표적인 헤드랜드이며 전형적인 해식애 경관을 보여준다.

② 제2기: 조면암질 집괴암과 응회암 분출

주로 화산체 남측 사면을 따라 분출했고 현무암질 집괴암 상부에 놓여 있다.

③ 제3기: 조면암질과 포놀라이트질 용암류 분출

주로 화산체 북측 사면을 따라 분출했다. 이때 형성된 조면암질용암층은 급경사를 이루면서 1~2기에 형성된 집괴암 상부를 피복하고 있으며 지금의 울릉도 화산체 골격을 만들었다. 포놀라이트(phonolite)는 조면암과 유사한 암석으로 실리카가 불포화되어 있는 5% 이내의 기공을 가지는 치밀한 암석이다. 이 암석이 분포하는 곳은 대부분 경사가 급한 지형이 발달했는데 가두봉, 송곳봉, 초봉 등이 좋은 예이다.

④ 제4기: 조면암질 부석 분출

강력한 폭발 분화로 인해 나리 칼데라 분지가 형성되었고 미고결 부석물들이 분출했다. 미고결 부석층은 3기 때 형성된 조면암질용암층 위를 넓게 덮고 있다. 이때 분출한 일부 화산재는 편서풍을 타고 일본 긴키(近畿)와 도카이(東海) 지방까지 날아가 2~10cm 두께로 쌓였다.

⑤ 제5기: 칼데라 내에서의 조면암질 안산암 분출

조면암질 안산암은 쇄설구인 알봉을 만들었고 그 결과 칼데라 내의 퇴적분지는 북동쪽의 나리분지와 남서쪽의 알봉분지로 양분되었다. 이로써 울릉도 화산활동은 종료되었다.

울릉도 부석층에서는 한반도에서 가장 젊은 화강암 조각이 발견되었는데 약 59만~62만 년 전의 것으로 밝혀졌다(김미영, 2004). 이 화강암 조각은 울릉도 화산 폭발이 끝날 무렵 땅속에 있던 화강암이 지표로 끌려 올라온 것으로 해석하고 있다. 해양지각에서 기원한 울릉도 화산체 속에서 화강암이 발견되었다는 것 자체가 우선 이례적인데, 이는 해저에서 새로운 대륙지각이 형성되고 있는 것으로 설명되고 있다. 즉 대륙지각이 새롭게 만들어지면서 울릉도는 점차 융기하고 있다는 것이다. 그러나 이에 대한 반론도 많아 앞으로의 연구가 주목된다.

(3) 울릉도지형

울릉도 화산체는 오랫동안의 풍화와 침식으로 원지형은 거의 파괴되었고 화산활동 후기에 형성된 칼데라 분지와 알봉만이 원형을 보존하고 있다(김기범·이기동, 2008; 김기범, 2010; 원종관·이문원, 1984). 전체적으로 조면암 위주의 종상화산체를 반영해 험준한 지형을 보여 나리분지를 제외하면 산지 평균 경사는 14° 이상이다(김만일 외, 2006). 일부 해안(저동항, 남양항, 현포항, 추산항, 천부항 주변 등)을 제외한 대부분 해안에는 높이 약 10~70m 내외의 수직에 가까운 해식애, 해안단구, 해식동, 시스택, 시아치 등이 발달되어 있다(김태호 외, 2010).

① 복합 화산체

울릉도는 동해 해저로부터 솟아 있는 거대한 화산체로서 순상화산체와 종상화산체가 결합된 복합화산체이다. 해저에서 수심 500m(해저에서부터 2000m 높이)까지는 순상화산체이나 그 상부에서 해수면 위에 솟아 있는 화산체는 종상화산체이다.

② 성층화산체(복성화산)

울릉도는 성층화산이면서 복성화산이며 화산체 중앙에 칼데라가 있다. 그러나 울릉도는 단순한 복성화산이 아니고 그 구조는 훨씬 더 복잡한 것으로 알려졌다. 이는 중앙 칼데라 분출 이전에도 모 화산의 측면 곳곳에서 분출이 있었다는 점을 근거로 한다. 물

● 사진 12-44. 울릉도를 대표하는 지형경관(경북 울릉군 북면 현포리)
앞쪽으로 주상절리로 유명한 코끼리바위와 송곳봉이 있고, 멀리 뒤쪽으로 나리 칼데라분지와 그 외륜산 윤곽이 보인다.

론 이 화산체들은 후기 화산쇄설물로 덮였기 때문에 그 하나하나를 구분해 내기는 어렵다(황상구 외, 2011). 울릉도 남서쪽 남양리 부근에서 자기이상을 측정한 결과 현무암질 암류의 화구와 화도가 존재할 가능성이 큰 것으로 조사된 바 있다.

③ 칼데라 분지

나리분지는 해발고도 250~300m, 직경 약 3km에 이르는 삼각형 모양의 분지이다. 분지 동남부와 서남부에는 500m 내외의 급경사 절벽이, 천부리와 추산리 등 북쪽 해안은 200m 정도의 비교적 낮은 산지가 둘러싸고 있다(김태호 외, 2010). 분지에는 함몰에 따른 역삼각형의 단층이 나타나고 있고 분지를 중심으로 북동-남서 방향의 봉래단층과 이와 거의 수직으로 만나는 북서-남동 방향의 도동 단층들이 분포한다(김기범·이기동, 2008; 김만일 외, 2006).

④ 이중화산체(중앙화구구)와 알봉분지

나리분지 형성 이후 다시 폭발성 분화로 인해 분석구인 알봉(538m)이 만들어졌고 이와 함께 분석구 주변으로 알봉분지가 형성되었다. 알봉 형성 당시 분출한 조면안산암질 용암은 저지대를 따라 칼데라 북측으로 유출되었는데 그 일부는 칼데라 내부로 유동했고 그 결과 나리분지와는 구분되는 알봉분지가 만들어진 것이다. 이로써 나리분지와 알봉분지라고 하는 2단의 화구원 구조가 만들어졌다(김기범·이기동, 2008; 권혁재, 1996). 알봉은 나리분지 안에 형성된 일종의 이중화산체이며 일반적으로는 중앙화구구로 알려져 있다.

⑤ 칼데라 외륜산

칼데라 분지를 둘러싸고 있는 외륜산은 울릉도에서 가장 높은 지형으로서 남측의 성인봉(984.5m)에서 시계방향으로 미륵산(905m), 형제봉(717m), 송곳산(608.3m), 나리봉(816.4m), 천두산(961m)으로 이어지는 원형의 능선을 형성하고 있다.

⑥ 주상절리

주상절리는 조면암과 포놀라이트 암질과 관련해 잘 발달(김기범·이기동, 2008)하는데 통구미, 남양리, 추산리 등지에서 관찰된다. 가장 많이 알려진 것은 공암(코끼리바위)과 비파산(국수바위)의 주상절리이다.

포놀라이트가 용암돔 형태로 분출한 경우에는 일반적인 용암류에서 나타나는 주상절리와는 다른 특이한 주상절리가 발달한다. 즉 용암돔의 주상절리는 용암 내외부의 물성 차이로 인해 내부로 갈수록 방향이 휘거나 굵기가 달라진다. 송곳봉, 초봉, 가두봉 등의 주상절리는 포놀라이트와 관련해 형성된 것으로 알려졌는데 특히 초봉의 정상부에서 관찰되는 방사상 주상절리는 전형적인 용암돔 주상절리인 것으로 해석된다. 용암돔이 냉각될 때 빠르게 냉각되는 용암돔 바깥쪽에는 작고 조밀한 주상절리가, 느리게 냉각되는 중심부에는 상대적으로 큰 절리가 발달(심성호 외, 2011)하는 것으로 알려졌다.

2) 독도

독도는 해저화산체의 평정해산(guyot) 위에 발달한 화산섬으로서, 동도(98m)와 서도(168m)를 중심으로 한 89개의 부속도서로 되어 있다. 부속도서 수는 만조 시 수면 위의 면적 1m² 이상인 바위를 측량한 것으로 2005년 정부에서 공식적으로 확정한 것이다.

● 사진 12-45. 독도의 동도(경북 울릉군, 2008.5, 좌)
● 사진 12-46. 독도 동도 숫돌바위(경북 울릉군, 2008.5, 우)
독도의 부속도서 중 하나로 조면암맥으로서 수평방향의 주상절리가 관찰된다. 사진 왼쪽 멀리 서도의 탕건봉과
삼형제굴바위가 보인다.

이전의 공식적 부속도서는 32개였다. 부속도서는 대부분 암초 형태이며, 현재 22곳에
는 숫돌바위, 부채바위, 삼형제굴바위, 코끼리바위, 촛대바위, 탕건봉 등의 공식 명칭이
붙여졌다. 부속도서라는 명칭이 붙은 것은 물밑에서는 이들이 하나의 화산체로 연결되
어 있기 때문이다.

현재 우리가 보는 독도는 이전에 만들어진 거대 해저 화산체의 극히 일부분에 지나
지 않는다. 해저화산체는 순상화산형태를 하고 있으며 평정해산 위의 독도는 용암과 화
산쇄설물이 반복되는 소규모 성층화산이다. 따라서 독도는 일종의 복성화산이라고 볼
수 있다(김태호 외, 2010에서 재인용).

해수면 아래 화산체는 서도보다 10배나 더 규모가 큰 높이 1900m, 바닥의 폭이 25~
30km에 이르는 거대한 원추형 화산체이다. 물 위의 서도까지 합치면 그 높이는 2068m
로서 제주도 한라산(1950m) 화산체보다 118m나 높다. 한국자원연구소는 이 화산체를
'독도해산'으로 이름 붙였다.

(1) 독도의 생성

독도 해저 화산체는 대략 신생대 제3기 말(마이오세~플라이오세)에 여러 번의 화산분출
로 만들어졌다(박계순 외, 2009). 그리고 우리가 현재 보는 물 위의 독도 화산체는 250만~
460만 년 전에 형성된 것으로 알려져 있다(전영권, 2005). 물론 지금의 독도는 당시 화산
체의 극히 일부에 지나지 않는다. 현재의 독도는 원래 화산체의 남서쪽 화구륜(crater

rim)에 해당하는 것이며, 독도를 생성시킨 원래의 화도는 독도로부터 북동쪽으로 수백 m 떨어진 곳에 위치하는 것이라는 주장도 있다(손영관·박기화, 1994).

해저화산체의 수심 200m 부근은 폭 약 11km의 넓고 평탄한 침식면(평정해산)으로 되어 있다. 신생대 제4기 최종빙기 최성기인 1만 8000~2만 년 전에는 해수면이 현재보다 약 140m 낮았고 이때 진행된 파식에 의해 침식면이 형성되었으며, 현세에 들어와 다시 해수면이 상승해 평정해산이 현재의 위치하게 된 것이다(김태호 외, 2010).

(2) 독도의 지형

① 지질과 지형

독도의 지질은 울릉도 화산암류와 비슷한 화학조성의 화산각력암, 응회암, 조면암질 안산암 등으로 구성되어 있으며 전체적으로는 화산쇄설암과 용암류가 번갈아 분출되어 쌓여 있는 구조이다. 화산쇄설물은 풍화와 침식에 약한 특성이 있는데 여기에다 절리나 단층이 함께 발달한 곳은 더 불안정하다(강지현·성효현, 2009). 독도의 지질은 크게 화산각력암, 응회암, 조면암질 안산암 등으로 나눌 수 있다.

② 해안지형과 주상절리

독도는 대부분 해식애와 파식대로 구성되어 있으며 사면 대부분이 해식애라고 할 수 있다. 사면 대부분은 경사가 급한 단애로서 사면의 약 70%가 40° 이상 된다. 해식애에는 타포니가 발달해 있는데 타포니는 주로 괴상응회각력암층이 염풍화작용에 의해 발달한 것으로 알려져 있다. 서도는 동도에 비해 더 높고 봉우리가 뾰족하며 동도는 상대적으로 낮고 완만하다(강지현·성효현, 2009).

경사 5° 이하의 완만한 파식대상에는 다양한 형태의 시스택, 시아치와 같은 침식지형이 발달해 있다. 삼형제굴바위, 권총바위, 장군바위 등은 시스택의 대표적인 예이다. 동도와 서도 사이와 주변에 다양하게 발달한 시스택, 시아치는 바로 독도의 침식과 해체를 보여주는 좋은 증거가 된다.

일부 해안가에는 '몽돌해안'이라 불리는 소규모의 자갈해안도 관찰된다. 자갈은 대부분 원력들인데 이들은 기반암인 각력암 혹은 래피리 응회암의 역들이 떨어져 나와 만들어진 것들이 대부분이다(김태호 외, 2010).

주상절리는 주로 서도를 중심으로 관찰된다. 이곳의 주된 암상은 조면안산암 용암이다(김태호 외, 2010에서 재인용). 주상절리를 가장 뚜렷하게 볼 수 있는 곳 중 하나는 탕건봉이다.

③ 함몰 와지

동도에는 '천장굴'이라 불리는 특이한 와지가 존재한다. 이 와지는 수직동굴 형태를 하면서 아래쪽에서는 측면으로 시아치를 통해 해수와 연결되어 있다. 이 천장굴은 그 형태적 특징 때문에 과거 독도의 분화구로 인식되었으나 지금은 단층작용과 관련된 단층함몰대가 차별침식을 받아 형성된 함몰 와지 혹은 침식와지로 보는 견해가 우세하다(강지현·성효현, 2009). 따라서 현재 독도는 형성 당시 본래의 모습이 아니라 상당 시간 침식을 받은 후의 지형이며, 본래 하나였던 섬이 둘로 나뉘었다는 것을 생각할 수 있다.

5. 철원용암대지

철원용암대지는 현재 북한에 위치한 평강과 연결되는 용암대지이다. 철원·평강용암대지는 신계·곡산용암대지와 함께 제4기의 대표적인 용암대지(이민부·이광률·김남신, 2004)로 한탄강과 임진강을 중심으로 길이 약 95km, 면적 약 125km²에 달한다. 용암대지의 해발고도는 평강에서 약 330m, 철원의 민통선 안에서 약 220m, 지포리에서 약 150m, 전곡에서 약 60m(권혁재, 1999)로 나타나 하류로 갈수록 점점 낮아진다. 이는 용암대지를 만든 용암분출의 장소와 횟수를 반영하는 것이다.

용암대지는, 플라이스토세 후기 추가령구조곡(추가령열곡)을 비롯한 북북동-남남서 주향의 단층선으로부터 열하분출된 현무암질 용암이 기존의 하곡을 따라 흘러내리면서 만들어졌다. 용암분출은 철원 화지리에서 최고 11매, 상월리에서 6매, 전곡 고문리에서 4매, 문산 동파리에서 1매(이민부·이광률·김남신, 2004에서 재인용)로 하류로 내려올수록 줄어들고 있다. 각 현무암층 사이에서는 어떠한 퇴적이나 침식증거가 발견되지 않으므로 분출 시기 간의 차이는 매우 짧은 것으로 생각된다(성영배, 2007).

● 사진 12-47. 철원용암대지(강원도 철원군 동송읍, 2006.5)

1) 지형발달

현재의 철원용암대지는 제4기 동안 ① 고하천(古河川) 운동 → ② 용암분출과 용암대지 형성 → ③ 용암대지상의 퇴적 → ④ 용암대지의 침식과 현 하곡지형발달 등 대략 4단계를 거쳐 형성된 것으로 알려져 있다(이선복, 2005).

(1) 고하천과 백의리층

고하천 운동의 증거로 제시되는 것이 한탄강 상류에서 임진강 하류에 이르기까지 용암층 아래에서 발견되는 백의리층이다. 백의리층은 선캄브리아기의 변성암과 쥐라기 화강암류 등으로 구성된 기반암 위로 고하천이 남긴 사력층이다.

백의리층이라는 말은 연천군 청산면 백의리라는 마을 이름에서 비롯되었다. 이곳 백의리는 용암호(lava lake)에 해당되는 곳이다. 용암호는 용암이 흘러내릴 때 좁은 골짜기를 넘쳐흐른 용암이 넓은 와지를 만나 호수처럼 고이게 되는 것을 말한다. 화산지대에서 용융상태의 것이나 고화된 것 모두에 사용된다.

다양한 종류의 둥근 자갈과 모래가 미고결층으로 혼재하며, 자갈은 풍화가 진행되어 있다.

이 백의리층은 뒤에 분출된 전곡 현무암에 의해 매몰되었는데 그 시기는 약 27만~48만 년 전(박용안·공우석 외, 2001; 성영배, 2007)으로 알려졌다.

(2) 용암분출과 용암대지 형성

① 전곡현무암층과 고토양

백의리층 위에는 제4기에 분출한 전곡현무암(이선복, 2005)이 덮여 있고, 그 위에는 다시 하성/호성 퇴적층과 고토양층이 분포한다. 한탄강을 따라 흘러내려 온 전곡현무암은 6매 혹은 그 이상의 용암류로 구성되었다. 하천침식으로 노출된 전곡현무암의 두께는 대략 10~20m이지만, 동송읍에서 대회산리를 지나 재인폭포에 이르는 구간에서는 높이 40m 이상의 단애가 관찰되기도 하며, 현무암 아래의 기반암이 노출되지 않은 곳도 있다. 여러 매의 용암류와 용암류 사이에서는 간혹 얇은 클링커(clinker, 표면이 매우 거친 작은 암괴)가 관찰되기도 한다.

● 사진 12-49. 전곡현무암상에 발달한 주상절리(경기도 연천군 군남면 황지리 차탄천, 1999.10)

임진강 유역에서 용암은 플라이스토세 중기 종식 무렵에 분출했을 가능성이 크며, 현재 용암층 위에서 관찰되는 두터운 퇴적층은 플라이스토세 후기에 들어와 2만여 년 전 무렵까지 계속된 퇴적작용에 의해 형성된 것이다.

② 용암분출

제4기 우리나라 중부지방에서는 추가령 열곡의 주방향을 따라 열하분출된 현무암질 용암이 많은 계곡과 저지를 메우고 일부는 한탄강을 따라 흘러내려 임진강에 이르렀다. 용암분출은 평강 남서쪽 3km 지점에 위치한 오리산[압산(鴨山), 453m]과 검불랑 북동쪽 4km 지점의 680봉 등 2개의 봉우리를 잇는 선을 중심으로 이루어졌다. 열하 분출 말기에는 분출 양식이 중심 분화로 바뀌면서 지금 우리가 보는 화산체들이 만들어졌다. 이들은 모두 대광리 단층(박용안·공우석, 2001) 위에 위치한다.

오리산은 직경 200m, 깊이 20m의 화구가 있는 소형의 순상화산체로서 맑은 날에는 철원에서 육안으로 관찰이 가능하다. 오리산에서 분출한 용암류는 철원지방을 지나 한탄강을 따라 흘러내린 다음 임진강 하류의 임진각 일대까지 도달했다. 임진강 상류의 용암층은 연천군 군남면 선곡리에 위치한 연천군 취수장 바로 남쪽에서 그 말단부를 찾을 수 있다. 이곳은 한탄강 하곡을 거쳐 흘러내려 온 용암층으로부터 직선거리로 7km 이상 떨어져 있다.

지형도상에서 확인되는 680봉의 분화구 크기는 직경 70m 정도이다. 이곳은 한탄강 유역과 안변 남대천 유역 사이의 분수계에 해당되는 곳으로서 이곳에서 분출한 용암류 중 일부는 추가령구조곡을 따라 북류한 것으로 조사되었다.

③ 용암댐에 의한 일시적 호소 형성

한탄강을 따라 유동한 용암류는 지류가 유입하는 합류점에서 지류를 가로막아 차탄천, 영평천 등지에서 일시적으로 호소를 형성(이민부·이광률·김남신, 2004)했다. 용암 유출 이전의 하천들은 많은 양의 퇴적물을 운반했었으므로 일시적 호소 형성 이후에는 이러한 퇴적물이 두껍게 쌓여 호소성 퇴적층이 발달(김주환, 2002)했다. 뒤이어 호소로 흘러든 용암류는 물속에서 급속히 냉각·고결되어 베개용암(pillowlava)을 만들었다. 베개용암은 한탄강 곳곳에서 관찰되나 궁평리 영평천의 합류점에서 현저(박용안·공우석

● 사진 12-50. 베개용암(경기도 연천군 청산면 궁평리, 2008.1)

● 사진 12-51. 용암대지에 발달한 스텝토(강원도 철원군 동송읍, 2006.5)

외, 2001)하게 나타난다.

④ 용암대지 형성

다량 분출한 용암은 기존 지형기복을 평탄화하면서 대지를 만들었다. 이 과정에서 해발고도가 높은 산지나 구릉지는 용암에 매몰되지 않고 돌출된 채 용암대지상에 존재하게 된다. 우리가 스텝토라고 부르는 이 지형들은 철원평야 일대에서 마치 고립구릉처럼 관찰된다.

(3) 용암대지 개석과 현무암 협곡 발달

용암대지가 형성된 후에는 지표면을 흐르는 한탄강과 그 지류 하천에 의해 새로운 하곡이 만들어졌는데, 이 과정에서 현무암 주상절리의 지질적 특성을 반영해 협곡, 폭포 등이 발달했다.

● 사진 12-52. 현무암대지를 개석하고 흐르는 한탄강(경기도 포천시 관인면 냉정리, 2006.5)

3) 한탄강 유역의 주요 화산지형

한탄강 유역 화산활동은 중생대와 신생대 제4기, 두 차례 있었다. 중생대 화산지형은 일부가 남아 있으며 철원용암대지를 비롯해 현재 한탄강 유역에서 관찰되는 대부분의 화산지형은 제4기에 분출한 현무암과 관련해 발달한 것이다.

(1) 중생대 화산지형

중생대 화산지형의 대표적인 사례는 경기도 연천군 장탄리에 소재하는 좌상바위로 불리는 현무암 단애지형이다. 백악기 현무암 분출로 만들어진 지형으로서 이곳 암석은 보통 장탄리 현무암질 응회암으로 불린다. 현무암에는 분급되지 않은 수 cm~수십 cm 크기의 화산력이 포함되어 있다. 이러한 특징은 이 암석들이 화구 또는 화도(volcanic vent) 부근에 퇴적된 것임을 말해준다(원종관 외, 2010).

좌상바위 부근의 한탄강 하상은 중생대 응회암질 퇴적암으로 되어 있다. 녹회색 또는 담갈색을 띠는 이 퇴적암들에서는 장탄리 현무암 역이 관찰되는 것으로 보아 좌상바

● 사진 12-53. 중생대 현무암으로 된 좌상바위(경기도 연천군 청산면 장탄리, 2019.8)

위보다 더 늦은 시기에 형성된 것으로 판단된다.

(2) 제4기 화산지형

① 주상절리와 판상절리

　한탄강 일대 하천이나 도로변 계곡 등 여러 장소에서 가장 일반적으로 볼 수 있는 경관이 주상절리이다. 주상절리는 기둥 모양의 절리라는 의미이지만 그렇다고 모든 주상절리가 수직인 것은 아니다. 1차로 흐른 용암이 식는 과정에서 다시 2차 용암이 밀려오면 1차 용암은 밀리고 뒤틀리면서 용암 기둥은 기울어지거나 방사상으로 굳어지기도 한다. 전형적인 수직 주상절리가 발달한 하천은 단애가 잘 발달한다.

　간혹 기반암 가까운 곳에서는 현무암 판상절리가 발달하기도 한다. 판상절리는 두꺼운 용암층 무게로 인해 용암층 하부에서 지표면과 나란하게 수평절리가 만들어진 것이다(원종관 외, 2010).

● 사진 12-54. 현무암 판상절리(경기도 연천군 전곡읍 은대리 차탄천, 2017.9)

② 폭포

한탄강 유역에는 현무암 주상절리와 관련된 폭포들이 발달해 있다. 직탕폭포는 한탄강 본류를 가로질러 발달한 것이며 재인폭포와 비둘기낭폭포는 한탄강의 소지류에 발달한 것이다. 이들은 전형적인 두부침식의 모형을 잘 보여준다.

직탕폭포는 한탄강의 두부침식으로 현무암대지가 삭박되는 과정에서 만들어진 폭포이다. 특이한 것은 하천 양안과 하상이 모두 현무암으로 되어 있다는 점인데, 폭포를 경계로 아래쪽은 침식에 의해 기반암인 화강암(김주환, 1997a; 김주환, 2000)이 드러나 있고 폭포 위쪽은 여전히 현무암으로 되어 있다. 이는 폭포 상류의 현무암층이 두부침식에 의해 잘려나가면서 직탕폭포가 만들어졌다는 것을 보여준다. 폭포 상류 하상면에서는 현무암 주상절리가 관찰된다.

재인폭포와 비둘기낭폭포는 한탄강 소지류에 발달한 폭포로 용암이 지류를 따라 역류해 만들어진 용암호에 발달한 폭포이다. 두부침식에 의해 두 폭포 모두 한탄강 본류로부터 지류를 따라 상당히 깊숙이 협곡을 이루며 후퇴해 있다.

● 사진 12-55. 직탕폭포(강원도 철원군 동송읍 장흥리, 1999.9)

● 사진 12-56. 직탕폭포 상부 하상면의 주상절리 구조(강원도 철원군, 1988.5)

● 사진 12-57. 비둘기낭 폭포(경기도 포천시 영북면 대회산리 비둘기낭 마을, 2014.8)

● 사진 12-58. 비둘기낭 폭포 협곡(포천시 영북면 대회산리 비둘기낭 마을, 2011.3)
폭포는 한탄강 본류 쪽 입구로부터 지류를 따라 두부침식이 진행되어 만들어졌다. 그 결과 사진과 같은 협곡이 폭포와 한탄강 본류 사이에 형성되었다.

③ 대교천 협곡

한탄강의 지류 중 하나인 대교천에 발달한 총길이 1.5km의 협곡으로서 천연기념물 (436호)로 지정되어 있다. 직탕폭포 일대와 마찬가지로 하천의 바닥과 양쪽 절벽이 모두 현무암으로 되어 있다. 협곡의 현무암 두께는 평균 25m로 매우 두껍다. 이 용암층은 수차례에 걸쳐 용암이 분출하면서 쌓인 것으로서 현장에서는 2~10m 두께의 용암층이 3개 정도 관찰된다. 이 같은 두꺼운 용암층을 근거로 이곳을 고기 한탄강 유로로 추정하기도 한다(김태호 외, 2010). 과거 하천이 존재하던 골짜기는 주변보다 깊었을 것이므로 그만큼 두껍게 용암이 쌓일 수 있었던 것이다.

● 사진 12-59. 대교천 현무암 협곡(철원군 동송읍 장흥리와 포천시 관인면 냉정리 일대, 2011.3)
대교천 북쪽 하안에서 남쪽 하안을 바라본 경관으로 우측 단애상에서 주상절리가 잘 관찰된다.

6. 동남부해안 제3기 화산지형

경북 포항-경주-울산을 잇는 동남부 해안 지역은 독특하게 신생대 제3기의 화산활동과 관련된 지형들이 존재한다. 제3기는 중생대와 제4기 사이의 지질시대이므로 당시 화산지형들은 오랜 시간이 지나면서 대부분 풍화·침식되어 일부 지역에서만 그 흔적을 찾아볼 수 있다. 이 일대가 우리나라의 대표적인 활단층지대임을 감안하면 제3기 당시에는 상당한 규모의 화산활동이 있었을 것으로 추정된다.

1) 포항 달전리 주상절리

경북 포항시 남구 연일읍 달전리에 발달한 주상절리다. 이곳은 원래 채석장이었던 곳으로 도로 공사에 쓰일 토석을 캐내는 과정에서 우연히 땅 속의 주상절리가 발견된 것이다. 국내에서는 유일한 심층 주상절리인 셈이다. 이러한 특수성과 학술적인 가치로 인해 천연기념물(415호)이 되었고 일반인들에게도 널리 알려진 주상절리가 되었다. 이곳 주상절리를 만든 기반암도 신생대 제3기(약 200만 년 전)의 것으로 알려졌다. 그만

● 사진 12-60. 달전리 주상절리(경북 포항시, 2012.9)
주상절리 핵석이 빠져나와 쌓여 있는 모습은 암괴류를 연상시킨다.

큰 땅속에서 오랜 시간이 지났으므로 주상절리도 온전히 존재하는 것이 아니라, 절리를 따라 전형적인 핵석 형태로 존재한다. 그래서 처음 발견된 1980년대 이후 계속된 붕괴로 인해 핵석이 빠져나오면서 그 형체가 많이 훼손되어 있는 실정이다. 그러나 이 핵석들이 사면 아래쪽에 퇴적되어 있는 모습은 암괴류와 유사한 형태를 하고 있어 풍화지형 관점에서는 또 다른 학습 장소를 제공해 주고 있다.

2) 선바우길 힌디기 바위

포항 호미반도 해안둘레길의 한 구간인 선바우길은 쇄설성 응회암으로 이루어진 절벽지대이다. 기반암이나 지형적 특징이 독특해 많은 여행자들이 즐겨 찾는 포항의 명소 중 하나이다. 이곳에서 가장 인상 깊은 것은 순수한 백토(포항시, 2019)로 이루어진 힌디기 바위이다. 선바우길 응회암 속에는 대부분 백토가 들어 있지만 힌디기는 하나의 거대한 암체가 백토로 되어 있어 여행자들의 눈을 사로잡는다. 백토는 여러 의미로 쓰이지만 대개 점토광물인 몬모릴로나이트(montmorillonite)를 주성분으로 하는 벤토나이트(bentonite)를 가리킨다. 이는 화산재나 응회암 혹은 유리질 유문암이 변질된 백색 점토

● 사진 12-61. 포항 힌디기 바위(경북 포항시, 2019.4)

이다. 국내에서 벤토나이트 광상은 제3기층이 주로 분포하는 포항-경주-울산 등 동남해안에 집중되어 있다(네이버지식백과).

3) 포항 구룡포 삼정리 주상절리

경북 포항시 구룡포읍 삼정리 해안에 가면 아주 특별한 주상절리지대가 나타난다. 이곳 기반암은 신생대 제3기에 분출한 구룡포 안산암(한국지질자원연구원, 2013)이다. 이 일대 주상절리의 특징은 다른 지역에 비해 현저히 가늘다는 점이다. 그리고 주상절리 형태도 수직주상절리는 물론이고 수평주상절리, 경사주상절리 등 다양하다. 보통 공기와 수직적으로 접할 경우 주상절리는 대부분 수직절리가 되지만, 물이나 빙하 등과 횡적으로 만나면서 식을 경우에는 수평절리나 경사진 주상절리가 발달하는(진광민·김영석, 2010) 것으로 알려져 있다.

삼정리 주상절리는 대보해안단구(최성자, 2004)가 개석되어 노출된 해안단애에서 폭넓게 관찰된다. 단구면 퇴적층은 1m 내외로 얇으며 이 퇴적층 아래 풍화된 주상절리가

● 사진 12-62. 삼정리 주상절리해안(경북 포항시, 2013.12)

핵석 형태로 존재한다. 이는 달전리 주상절리지대와 유사한 경관이다.

4) 경주 양남 주상절리

경북 경주시 양남면에는 읍천항과 하서항 사이에 주상절리 파도소리길이 조성되어 있다. 동해안 해파랑길 제10코스에 해당되는 곳으로 주상절리가 집중되어 있어 보통 양남 주상절리로 많이 알려졌다. 그중 대표적 경관인 부채꼴주상절리는 천연기념물 (536호)로 지정되어 있다.

이곳 해안의 기반암은 기공이 거의 발달하지 않은 흑색 현무암으로 암석 내에는 사장석 반정이 주를 이루고 휘석 반정과 감람석 반정은 적은 수로 관찰된다. 흥미로운 것은 짧은 산책로상에 극히 다양한 방향성의 주상절리가 존재한다는 점이다. 그 형태는 부채꼴 주상절리를 비롯해 위로 솟은 주상절리, 누워 있는 주상절리, 기울어진 주상절리 등 다양한데, 읍천항과 하서항의 중간에 있는 부채꼴 주상절리를 기준으로 북쪽에 있는 주상절리들은 대부분 수직으로 서 있고 그 방향도 단순한 반면, 그 남쪽에 있는 주

● 사진 12-63. 양남 해안의 누운주상절리(경북 경주시, 2014.1)

상절리들은 이와는 달리 다양한 방향으로 기울어지거나 누운 형태가 많다는 것이다(김한빛·장윤득, 2016).

수평이거나 기울어진 주상절리는 용암과 빙하의 접촉, 용암 흐름의 정체, 가파른 계곡을 따른 용암의 흐름과 물의 영향과 관련되어 형성된 것으로 알려져 있다. 또한 휘어지거나 환상으로 나타나는 주상절리들은 흐름이 정체된 환경에서 초기에 형성된 주상절리면을 따른 물의 침투에 의해 형성된 것이라는 견해도 있다(김한빛·장윤득, 2016에서 간접 인용).

김한빛·장윤득(2016)은 주상절리의 방향성이 이렇게 다양하게 나타나는 원인을 밝히기 위해 현무암 시료 내에 발달하는 사장석의 라스(lath) 방향을 측정해 마그마가 흘렀던 방향을 추정한 결과, 부채꼴 주상절리를 기준으로 북쪽과 남쪽의 용암 흐름이 달랐을 가능성이 높다는 결론을 얻었다. 즉 읍천항 부근에서는 마그마가 NS 방향으로 거의 일정하게 흐른 반면, 하서항 부근에서는 전체적으로 내륙에서 해안으로 흐르는 경향성을 보이면서도 그 방향은 극히 다양한 것으로 나타났다. 연구자들은 이러한 마그마의 방향성이 주상절리 방향의 다양성을 결정지은 것으로 추정했다. 하서항 일대 좁은 구역 내에서 마그마의 방향성이 매우 다양하게 나타나게 된 것은 하서항 인근의 지형기복이 컸거나 하서항 인근이 마그마가 분출한 화도였기 때문일 수 있다고 보았다.

5) 울산 강동 화암 주상절리와 라바돔

(1) 강동화암주상절리

울산광역시 북구 산하동 화암마을 해안에 있는 주상절리이다. 화암(花巖)이라는 지명은 주상절리 횡단면이 마치 꽃무늬 같다고 해서 붙여진 이름이다. 이곳 주상절리도 포항이나 경주처럼 수직주상절리보다 경사진 주상절리, 누워 있는 주상절리 등이 대부분을 차지한다.

주상절리 직경은 10~60cm인데 수직 주상절리와 누운 주상절리를 비교했을 때 수직 주상절리(10~30cm)보다 누운 주상절리(30~60cm)의 단면 직경이 더 넓은 경향을 보인다. 이는 두 형태의 주상절리가 서로 다른 메커니즘에 의해 형성되었기 때문으로 해석된다(진광민·김영석, 2010). 보통 마그마가 냉각될 때 그 속도가 빠르면 직경이 좁은(가는) 주상절리, 느리면 넓은(굵은) 주상절리가 형성되는 것으로 알려져 있다.

● 사진 12-64. 강동 화암주상절리(울산시 북구, 2014.9)

동남부 해안의 주상절리들은 상당수 해수면 아래에 존재하는 것이 특징이다. 이는 현무암 분출 당시 해수면이 지금보다 낮았을 가능성을 보여준다. 이 주상절리들은 현재 보다 약간 낮은 해수면을 유지했던 제3기 마이오세 후기에 해안에서 분출 또는 관입한 현무암이 바닷물의 영향을 받아 형성되었을 가능성이 높다(진광민·김영석, 2010).

(2) 라바돔(lava dome)

화암주상절리가 발달한 인근 정자해수욕장에서는 넓이 35m, 높이 10m 정도의 크기인 라바돔도 관찰된다. 특이한 것은 라바돔이 방사상 주상절리로 둘러싸여 있다는 것이다. 일반적으로 라바돔은 규장질 화산암지역에서 특징적으로 발달하며 크게 공기 중에서 형성되는 것과 해저에서 형성되는 것으로 나뉜다. 일반적으로 라바돔에 발달하는 방사상의 주상절리들은 그 직경이 안쪽에서 바깥쪽으로 갈수록 감소하는 특징을 보이는데, 이는 라바돔이 형성될 때 내부에서 지속적인 용암이 유입되는 상황에서 냉각이 외부에서 내부로 진행되었다는 것을 보여준다(진광민·김영석, 2010). 이 라바돔의 구체적인 연구를 통해 동남부 해안의 다양한 방향성을 갖는 주상절리의 성인이 더 분명히 밝혀질 것으로 기대된다.

KOREAN LANDFORM

제13장

구조지형

1. 구조지형의 개념

지형형성 작용은 크게 지구내적작용과 지구외적작용으로 구분되고 보통 전자에 따른 것을 구조지형, 후자에 따른 것을 기후지형이라고 구분한다. 물론 지표상의 모든 지형은 이 두 가지 작용이 복합되어 발달하는 것으로 현실적으로 둘을 명확히 구분하기는 쉽지 않다. 그러나 지형발달 메커니즘을 밝히는 차원에서는 이 둘을 구분해 이해하는 것은 많은 도움이 된다.

구조지형은 다시 크게 구조기복과 조직기복으로 구분할 수 있다. 구조기복은 지질구조의 특성에 따른 차별침식으로 만들어진 지형이다. 여기에서 지질구조란 지형발달의 기초가 되는 기반암의 물리적·화학적 특성을 말한다. 조직기복은 지각변동 자체가 특정한 기복을 만드는 것을 말한다. 단층, 습곡 등은 대표적인 지각변동으로 만들어지는 경관들이다.

최근 논의되고 있는 환상구조도 큰 범주에서는 구조지형에 포함시킬 수 있다.

2. 암석과 지형

한반도는 면적에 비해 다양한 암석이 존재하고 그에 비례해 다양한 지형이 발달해 있다. 한반도의 지질은 변성암, 화성암, 퇴적암 순서로 구성되어 있다.

1) 변성암지형

한반도에서 가장 오래된 변성암류는 크게 시생대의 경기변성암복합체, 원생대의 영남변성암복합체와 춘천층군, 연천층군 등으로 구분된다.

기존의 암석이 변성작용을 받으면 풍화와 침식에 저항성이 강해지는 경향이 있어 이 지형들은 오랜 기간 동안 존재하게 된다. 그 대표적인 것이 사암이 변성된 규암, 석회암이 변성된 대리암이다.

● 사진13-1. 규암을 기반으로 하는 통영 소매물도(경남 통영시, 2019.12)

● 사진 13-2. 석회암이 변성된 대리석 채광(강원도 정선군 북면 남곡리, 2006.6)
우리나라의 유일한 대리석 채석장이다.

인천 백령도, 전남 홍도, 경남 통영 등지에는 전형적인 규암을 기반으로 한 지형경관이 발달해 있다. 백령도의 대부분을 차지하는 암석은 약 10억 년 전 원생대 중기에 만들어진 규암층이다(조홍섭, 2018). 백령도의 랜드마크라고 할 수 있는 두무진 해안은 바로 이 규암의 특징을 그대로 반영하는 지형경관이다. 규암을 구성하는 대표적 광물은 풍화에 대한 저항 강도가 가장 높은 광물 중 하나인 석영이다.

석회암은 풍화와 침식에 약하지만, 변성된 대리암은 상대적으로 더 단단해 오래전부터 건축 재료로 활용되어 왔다. 우리나라는 석회암 자체가 흔하지 않아 대리암 지형경관 역시 드물게 관찰된다. 대리암으로 된 대표적인 곳은 인천 소청도 해안의 분바위로 알려진 단애지형이다. 분바위는 일제강점기 때 대리석 채굴지로 이용되기도 했다(조홍섭, 2018). 현재 우리나라에서 유일하게 대리석이 채굴되는 곳은 강원도 정선이다.

2) 화성암지형

화성암의 대부분은 화강암이며 이들은 중생대 쥐라기 말의 대보화강암과 백악기 말의 불국사화강암으로 구분된다. 화강암을 제외한 나머지 화성암은 대부분 화산암이다. 화산암은 중생대에 분출한 것도 있지만 대부분은 신생대 제4기 플라이스토세 화산활동으로 형성된 것이다.

화강암은 지중에서 화학적풍화를 쉽게 받지만 일단 지표에 노출되면 풍화와 침식에 대한 저항성이 강해져 오랫동안 특이한 지형경관으로 존재하게 된다. 지형경관을 결정짓는 주요소 중 하나는 암석에 형성된 구조적 특징(절리, 박리 등)인데, 화강암 지형의 다양성은 이 암석들이 풍화·침식되는 과정에서 암석의 구조적 특징이 반영된 결과이다.

화산암은 용암이 분출해 만들어지는 지형인데 그 용암의 물리적·화학적 특성에 따

● 사진 13-3. 암맥이 노출된 판상 토르(경북 울릉군 노인봉 주변, 2012.11, 좌)
● 사진 13-4. 누운주상절리를 반영한 단애지형(경북 울릉군 통구미 해안, 2012.11, 우)

라 다양한 지형경관이 만들어진다. 화산암의 구조적 특징 중 하나인 주상절리도 화산지형경관을 규정하는 대표적 요인이다. 화성활동에 의해 마그마가 기존의 암석 속으로 관입된 암맥도 차별침식을 유도하는 주요 인자 중 하나이다.

3) 퇴적암지형

● 사진 13-5. 퇴적암 기반의 토르(경북 의령군 탑바위, 2008.3)

퇴적암의 경우 고생대 초의 조선누층군, 고생대 말~중생대 초의 평안누층군, 중생대 쥐라기의 대동누층군, 백악기의 경상누층군, 신생대의 3기층과 4기층으로 구분된다. 고생대 이전에 형성된 퇴적암은 모두 변성암류로 바뀌었다.

퇴적암의 가장 큰 특징은 층리가 발달해 있다는 것이다. 이 층리는 기본적으로 수평을 이루고 있고 이 지층들은 서로 침식강도가 다른 퇴적물(모래, 점토, 자갈 등)이 호층을 이루고 있어 이를 반영한 다양한 지형경관이 발달한다.

경남 고성 상족암 일대, 전북 부안 변산반도의 채석강과 적벽강 일대는 우리나라에서 퇴적암의 특징을 가장 잘 반영한 지형경관이 발달해 있다.

4) 화석

● 사진 13-6. 퇴적암 산지 마이산(전북 진안군, 2017.5)
역암층이 기복 역전되어 만들어졌다.

화석이 산출되는 퇴적암류는 국토의 30%를 차지하는데, 화석 산출 빈도는 퇴적암의 형성시기에 따라 차이를 보인다. 선캄브리아기 퇴적암층은 오랜 지질시대를 거치면서 암질이 변성되고 파괴되었기 때문에 화석산출이 빈약한 반면 고생대 이후의 퇴적층에서는 여러 종류의 화석이 산출된다.

(1) 선캄브리아기

한반도에서 가장 오래된 선캄브리아기 암석에서 발견되는 대표적 화석은 스트로마톨라이트이다. 이는 지구의 탄생과 거의 동시에 지구상에 출현한 바닷속의 생명체(해조류)가 만든 특이한 '암석 화석'으로, 초기 지구 생명체 기원과 대기 중 산소 기원을 밝히는 데 매우 중요한 화석이다.

현재 지구상에서 가장 오래된 것으로 알려진 스트로마톨라이트 화석은 오스트레일리아 노스폴(North Pole)에서 발견된 것으로 35억 년 전의 것이다. 이러한 암석 화석을 만든 해조(海藻)류는 지금도 오스트레일리아 서부 샤크만의 해머린풀에서 살아 있는 생명체로 발견되고 있다. 이들은 35억 년 전부터 바닷속에서 산소를 방출하기 시작해 지금의 대기 속의 산소를 공급해 준 것으로 알려져 있다.

우리나라(남한)에서는 10억 년 전에 만들어진 인천 소청도 스트로마톨라이트 화석이 가장 오래된 것으로 알려져 있고 강원도 영월에서는 5억 년 전 고생대, 경북·대구에서는 1억 년 전 중생대의 것이 발견되었다. 북한에서는 20억 년 전의 스트로마톨라이트가 보고된 바 있다(조홍섭, 2018).

(2) 고생대

한반도는 고생대 전반기인 캄브리아기에서 오르도비스기 동안(약 4억 4000만~5억 7000만 년 전, 1억 년 기간) 바다생물인 삼엽충, 완족류, 두족류 등이 무성했다. 당시 한반도의 강원도 남부에서 충청북도 단양, 문경에 이르는 지역은 바다였다. 석탄기 때 양치식물과 석송류가 최대로 번성하면서 울창한 숲을 만들었고 이후에 페름기가 시작되면서 바다가 후퇴해 현재와 같은 육지 환경으로 변한 것이다. 강원도 삼척 일대에는 이 시대에 형성된 삼엽충, 양치식물 등의 화석이 발견된다.

(3) 중생대

중생대 특히 쥐라기에는 대보조산운동에 의해 소백산맥 등 습곡산맥이 형성되었다. 이 과정에서 지름 수십~수백 km의 호수들과 늪지대가 출현했고 이 시기에 한반도는 공룡들의 활동 무대가 되었다. 이 시기는 또한 격렬한 화산활동이 있었던 시기이도 하다.

● 사진 13-7. 백악기 지층에서 발견된 우흔 화석(경남 의령군 의령읍 서동리, 1989.5, 좌)
● 사진 13-8. 신성리 공룡발자국 화석지(경북 청송군 안덕면 신성리, 2017.8, 우)

이때의 호수들은 뒤에 퇴적분지로 모습을 바꾸었는데 경상계분지(경남 고성, 전남 해남-진도, 함평, 능주, 전북 진안, 격포, 충남 공주, 강원 통리)가 이에 해당된다. 고성 덕명리 해안, 해남 우항리의 백악기 퇴적층에서 발견된 많은 공룡 발자국, 새 발자국, 공룡 뼈 화석 등은 당시에 이곳이 호숫가였다는 사실을 보여준다.

경상남도 의령군 의령읍 서동에 가면 백악기의 신라역암 지층에서 발견된 빗자국(우흔) 화석을 볼 수 있다. 빗자국은 세립사암 또는 사질점판암의 얇은 층에 형성된 것으로 빗방울 자국의 밀도는 1cm²당 1.5개 정도이다. 빗자국 형태는 원형이며 직경은 8~15cm, 깊이는 1mm 내외이다. 이 빗자국 화석은 세계적으로도 드문 것으로 한반도 지질을 연구하는 데 귀중한 자료가 되고 있다. 빗자국 화석이 존재하는 서동 길가 121평의 바위는 천연기념물 196호로 지정·보존되고 있다.

(4) 신생대

제주 서귀포층 패류화석은 한반도에서 대표적인 신생대 화석이다. 서귀포시 서홍동 해안 절벽을 따라 두께 36m, 길이 약 1km에 걸쳐 노출되어 있다. 연체동물화석을 비롯해 완족류, 유공충, 성게, 산호, 고래뼈 등 다양한 해양동물화석이 산출된다. 이 층은 얕은 바다의 따뜻한 해류가 지배적인 환경 아래 퇴적된 것으로 추정된다.

● 사진 13-9. 제주 서귀포층 패류화석(제주도 서귀포시 서홍동, 2010.10)

3. 단층지형

　한반도는 지반이 비교적 안정되어 있어 단층지형의 발달은 미약하지만 단층선 또는
지질구조선을 따라서 형성된 직선상의 골짜기는 비교적 많이 관찰된다.
　강원도 태백시 일대의 고생대 지층들이 백악기 지층 위에 놓여 있는 것과, 경북 문경
의 하부고생대 석회암층이 중생대 지층 위에 놓여 있는 것 등은 오버트러스트(단층횡압
력에 의해 단층면 경사가 10° 이하가 된 단층)이며, 강원도 태백시 일대의 함백산 대단층은
주향이동단층에 해당된다.

1) 주요 단층지형

(1) 지구와 지구대
　한반도의 대표적인 지구(地溝, graben)는 개마고원과 칠보산 사이의 길주·명천 지구
대이다. 이는 제3기 플라이오세 때 단층운동으로 만들어졌고 그 후 화산 폭발로 현재와

같은 지형이 되었다. 주을온천 등 15개 온천이 이 단층선을 따라 분포하며 현재 함경선이 이곳을 지나간다. 제3기 마이오세 이후 개마고원이 융기하고 동해 쪽에 일련의 단층운동이 일어남으로써 형성된 길주-명천 지구대의 동쪽에는 칠보산지루가 자리한다. 칠보산지루의 중앙에 솟아 있는 칠보산(906m)은 단층운동 후 제3기 플라이오세에 있었던 조면암, 현무암 등의 분출(권혁재, 1999)로 만들어진 화산이다.

(2) 단층선곡

단층선곡(fault-line valley)의 대표적인 예는 경주-울산 간의 불국사단층선곡(한국자연지리연구회, 2003), 경부고속도로 경주-양산 간 구간에 해당되는 양산단층선곡(권혁재, 1999) 등이다. 그 밖에 화천-춘천-가평-청평-양수리-광주선, 홍천-인제-진부령선 등도 단층선곡인 것으로 알려져 있다. 불국사단층선곡은 소위 형산강 구조곡이라고 불린 곳이다. 일본의 오카다(岡田, 1998) 등은 울산단층계로, 조화룡(1997)과 황상일(1999)은 불국사단층선이라 칭했다. 양산단층선곡은 영해 부근에서 청하·신광·경주·언양·양산을 거쳐 낙동강 하구에 이르는 구간이다.

● 사진 13-10. 불국사 단층선곡의 북단(경북 경주시, 2020.1)

● 사진 13-11. 추가령구조곡의 일부 구간인 연천 단층대(경기도 연천군, 2006.5)

　서울-원산 간의 추가령구조곡의 일부 구간도 단층선곡이다. 이민부 등(2001a; 2001b)
은 연천-철원 사이에서 연천 단층대, 대광리 단층대를 발견했다. 김주환(1997b)은
IMANEM 탐사기를 이용해 의정부와 동두천 사이 두 지점 사이의 단층구조를 확인했고
의정부와 포천 사이에서도 부분적으로 단층구조를 확인했다. 그리고 김주환(2002)은
추가령구조선이 백악기 혹은 제3기 초에 형성된 주향이동단층과 그 후에 본 구조선이
블록화된 단층작용에 의해 회생된 복합단층곡이라고 규정지었다.

(3) 추가령구조곡

　추가령구조곡은 부분적으로는 단층선곡이지만 전체적으로는 더 넓은 의미에서의
지질구조선과 관련되어 발달한 구조곡으로 보는 견해가 우세하다. 한반도에는 여러 방
향의 지질구조선이 발달하고 있는데 이른바 동북동~서남서의 랴오둥 방향 구조선, 북
북동~남남서의 중국 방향 구조선이 대표적인 예이다. 이 구조선들은 주로 고생대와 중
생대의 지각변동 또는 조산운동에 의해 생긴 것으로 추측된다.

● 사진 13-12. 하회마을 곡류하도변의 삼각말단면(경북 안동시, 2019.8)

(4) 삼각말단면

우리가 비교적 주변에서 쉽게 관찰할 수 있는 단층지형 중 하나는 삼각(산각)말단면이다. 삼각말단면은 단층작용으로 만들어진 단층애가 오랜 기간 동안 개석이 진행되면서 만들어지는 지형으로 단층지대를 유추할 수 있는 주요한 단서가 된다. 우리나라의 경우 단층애는 주로 하천에 의해 개석되므로 삼각말단면도 하천변에서 잘 관찰된다. 일반적으로 가장 많이 알려진 곳이 낙동강 상류 곡류하도 구간에 자리한 안동하회마을, 예천 회룡포 등이다. 삼각말단면이 존재한다는 것은 이것이 '단열 곡류하도'임을 보여주는 증거이기도 하다.

● 사진 13-13. 활단층(경북 경주시 양남면 수렴리, 촬영: 오정식, 2017.12)
햄머가 놓인 곳이 단층 지괴 중 하반이고 그 위가 상반이다. 단층면이 대각선으로 자르고 있는 이 지층은 제4기에 만들어진 해안단구층이다.

2) 활성단층과 지진

한반도는 비교적 지진 안전지대로 알려져 있지만 최근 경주, 포항 일대에서 상당한 규모의 지진이 발생함으로써 정부는 물론 일반 국민들이 지진을 바라보는 관점이 크게 달라졌다. 이 지진들은 활성단층과 직접적인 관련이 있는 것으로 알려

● 사진 13-14. 활단층(경북 포항시 북구 신광면 호리, 촬영: 정수호, 2018.11)
포항 지진으로 인한 액상화가 발생한 흥해분지를 동서로 가로지르는 흥해단층으로 추정되는 노두이다.

졌다. 활성단층이란 신생대 제4기까지도 활동한 단층을 말한다. 우리나라 활성단층은 2012년 기준 163개소로 알려졌는데 이들은 대부분 한반도 동남부의 울산단층(불국사단층)과 양산단층 주변에서 관찰되고 있다.

(1) 주요 활단층

① 울산단층

울산단층은 울산만에서 경주시에 이르는 북북서-남남동 주향의 선구조와 관련된, 길이 약 60km 정도의 단층이다. 불국사단층이라고도 하는데, 불국사 부근에서 보문단자-천북면 갈곡리-강동면 국당리에 이르는 또 다른 선구조와 몇 개의 단층열이 인정된다는 점을 들어 이를 '울산단층계'라고 해야 한다는 주장도 있다.

이 단층은 단층면의 동쪽 지괴가 동해 쪽에서 오는 횡압력에 의해 서쪽 지괴 위로 밀고 올라간 역단층으로, 신생대 제4기 역층(礫層)을 변위시키고 있다. 울산단층 동측에는 운제산(481m), 토함산(754m), 동대산(444m)으로 연결되는 불국사산맥이 발달해 있는데, 산맥 서측 사면은 거의 직선상의 급경사를 이루고 산록에는 단층의 영향을 받아 만들어진 합류선상지가 연속적으로 형성되어 있다.

활단층의 증거가 되는 노두는 말방리, 개곡리, 입실리, 원원사, 이화리, 하동 등지에서 관찰된다. 말방리 노두에서 단층면은 결빙작용으로 형성된 엽리구조를 절단하고 있는데 이는 최종빙기 이후에도 변위되었다는 것을 보여주는 증거가 된다.

입실 노두는 교통이 편리하고, 지층의 변위관계, 단층파쇄대 등이 뚜렷해 활단층 노두가 드문 우리나라에서 교육용으로 활용하기 좋은 노두이다. 이 노두는 경주시 외동읍 입실리 토점 마을 부근 입실천 좌안 절벽에 발달해 있으며, 이곳은 입실에서 불국사 산맥을 넘어 동해안 하서로 가는 도로변에 위치한다. 이 단층의 주향은 남북 방향이며 단층면이 동으로 약 75° 기울어진 역단층(박용안·공우석 외, 2001)으로서 하성단구 역층을 약 5m 이상 변위시키고 있다.

② 양산단층

양산단층은 영덕군 영해에서 신광-경주-언양-양산을 거쳐 낙동강 하구에 이르는 약 200km의 북북동-남남서 방향의 주향이동단층이다. 이 단층은 병행하는 몇 열의 단층선으로 이루어진 것으로 정확하게는 양산단층계에 해당된다. 이 단층은 주로 제3기에 활동한 것으로 알려져 왔으나 최근 연구를 통해 제4기에도 활동했으며, 단층 동쪽의 지괴가 남남서 방향으로 약 25km 변위한 것으로 밝혀졌다. 이 단층선들을 따라서는 선상지 기원의 하성단구(조화룡, 1997)가 연속적으로 발달해 있는데, 북쪽에서부터 청하 서정천 상류 지역, 신광분지, 강동면 단구리 지역, 언양 지역, 양산천 중·상류 지역에 걸쳐 형성 시기를 달리하는 노두가 관찰된다.

(2) 한반도 지진

① 지진 발생 환경

우리나라는 전 지구적 판구조상 동쪽으로 태평양판, 남동쪽으로 필리핀판, 북동쪽으로 북아메리카판과 마주하고 있는 유라시아판 내부에 위치하고 있다. 이러한 지리적 특징 때문에 판 경계부에 위치한 나라와는 달리 한반도는 상대적으로 지진 발생 빈도가 낮고, 재발 주기가 길며 규모도 작은 것이 특징이다. 우리나라에서 발생하는 지진은 주로 지하 50km 이내에서 발생하고 있으며, 인도 대륙의 유라시아판과의 충돌, 태평양판과 필리핀판 섭입의 영향을 받는다. 한반도에서의 지진은 지리적으로 동남권, 남부 내륙과 서해안 지역에 L자형으로 집중적으로 발생하는 분포를 보이고 있다(행정안전부, 2017).

② 지진의 역사

우리나라는 일본, 중국 등 주변 나라에 비해 지진에 안전한 나라로 알려져 왔다. 삼국사기, 고려사, 조선왕조실록 등 역사서를 살펴보면 서기 2년부터 1904년까지 한반도에서는 약 1800회의 유감지진이 있었다. 그러나 인명과 재산 피해의 기록이 있는 피해지진은 약 40여 회로 비교적 적은 수준이었다. 그러나 우리 선조들은 재해 요인으로서 지진을 충분히 인지하고 있었고 특히 불국사 축조 시 이 일대의 활단층 가능성을 반영한 내진설계를 적용한 것(황상일, 2007)으로 알려졌다.

문제는 최근 들어 한반도 내의 지진 빈도와 규모가 점차 커지고 있다는 점이다. 주목할 만한 것은 연평균 50여 회 수준이던 지진 횟수가 2016년 252회, 2017년 223회로 급격히 증가했다는 점이다. 더욱이 일본, 중국 등 지진이 빈발하는 주변국에서 대규모 지진이 발생할 경우 시차를 두고 영향을 받는다는 전문가들의 견해도 있어 지진으로부터 완전히 자유로울 수 없는 상황이다. 통계적으로 중국(북동부 탄루단층 지역)과 일본(서남부 지역)에서 규모 7.0 이상의 지진 발생 후 약 2년 뒤 한반도에 규모 5.0 정도의 지진이 발생할 가능성이 있는 것으로 분석한 사례도 있다(행정안전부, 2017).

③ 울진 성류굴의 고지진 흔적

과거에 발생한 지진은 기록으로는 남지만 야외에서 당시 지진의 실제적 흔적은 관찰하기가 쉽지 않다. 그런데 이런 측면에서 고지진의 흔적을 석회동굴 생성물에서 찾고자 하는 연구가 진행되어 관심을 끌고 있다. 최진혁 등(2012)은 경북 울진의 성류굴에 형성된 스펠레오뎀을 이용해 고지진의 흔적을 추적했다. 연구자들은 스펠레오뎀 중 변형되거나 붕괴된 노두를 관찰해 이들의 변형·붕괴가 지진과 단층작용에 따른 것일 가능성이 높다는 결론을 내렸다. 특히 석주의 중간 부분이 칼로 자른 듯이 변위된 것을 그 중

● 사진 13-15. 성류굴 동굴생성물에서 관찰되는 고지진 흔적(경북 울진군, 2019.7)
변위면에 다시 탄산칼슘이 침전되고 있는 것으로 보아 지진이 발생한 시기는 상당히 오래전인 것으로 추정된다.

거 중 하나로 제시했다. 실제로 2004년 울진 연안에서 규모 5.1의 중규모 지진이 발생한 기록은 이러한 가능성이 충분히 있다는 것을 보여준다. 연구자들은 성류굴 주변에서 확인되는 대규모 제4기 단층인 매화단층과 구산단층이 성류굴 안 동굴생성물의 파괴를 유발시킨 고지진과 밀접한 관련이 있을 것으로 추정했다.

④ 홍성 지진

한반도 지진 역사상 지진에 대한 경각심을 크게 불러일으킨 지진은 1978년에 있었던 규모 5.0의 홍성지진이었다. 진앙지는 충청남도 홍성군 홍성읍 일대, 진원의 깊이는 진앙으로부터 10km였다. 당시 지진으로 건물, 유리창, 문화재 등 다수의 피해가 발생해 2017년 포항지진, 2016년 경주지진 다음으로 큰 피해를 기록하고 있다(행정안전부, 2017).

⑤ 경주 지진

2016년 9월 12일 경북 경주시 남남서쪽 8.7km 지역에서 규모 5.8의 지진이 발생했다. 진원의 깊이는 7km였다. 보통 9·12지진으로 불리는 경주지진이다. 이 지진은 1978년 기상청의 계기지진 관측 이래 역대 최대 규모였다. 이 지진으로 경주, 대구, 부산, 울산, 창원은 물론 수도권을 비롯한 전국 대부분 지역에서 진동이 감지되었고 적지 않은 지진 피해를 입었다. 경주지진은 단층면 분석 결과 전형적인 주향이동단층이 원인인 것으로 밝혀졌다. 주향이동단층이란 좌우로 미끄러지는 힘 때문에 땅이 수평으로 엇갈리는 것을 말한다. 당시 단층운동은 2011년 3월 11일 일본 도후쿠(東北) 지방에서 발생한 규모 9.0의 동일본대지진의 영향으로 한반도에 응력 불균형이 발생함으로써 일어난 것으로 추정하고 있다(국민안전처, 2017).

⑥ 포항 지진

2017년 11월 15일에는 경북 포항시 북쪽 9km 지점에서 규모 5.4의 지진이 발생했다. 진원의 깊이는 15km였다. 당시 이 지진을 일으킨 원인은 복잡한 '역단층성 주향이동단층'이었다. 경주지진이 단순한 주향이동단층이었는 데 반해 포항지진은 여기에 더해 땅이 아래위로 밀려 움직이는 역단층이 강하게 섞였던 것이다. 포항지진의 가장 특징적인 현상은 지진파의 특성과 발생 지역의 지리적인 특성으로 인해 땅밀림과 액상화 현상(liquefaction) 등 다양한 이슈가 발생했다는 것이다. 땅밀림은 지리학에서 보통 토양포행(soil creep)이라고 부르는 현상이다. 이는 토양이 물로 포화됨으로써 중력에 의해 쉽게 사면 아래로 미끄러져 내려가는 현상을 말한다(한국지리정보연구회, 2004). 당시 포항 일부 지역에서 나타난 액상화 현상은 국내 최초로 관찰된 사건으로 기록되었다(행정안전부, 2017).

⑦ 액상화 현상

액상화 현상이란 포화된 모래가 배수가 되지 않는 상태로 변하고 여기에 전단응력을 받으면서 모래 속의 간극수압이 차례로 높아짐에 따라 최종적으로 마치 모래땅이 액체처럼 움직이는 현상을 말한다. 지진 발생과 관련해 이러한 액상화현상이 나타나면 그 위에 서 있던 건물들이 맥없이 무너져 내려 큰 2차적 피해를 입게 된다. 액상화현상에 따른 피해 규모는 지진의 강도와 지속 시간, 모래의 밀도, 지하수면의 깊이 등에 따라 달라지는 것으로 알려져 있다(한국지리정보연구회, 2004).

액상화현상이 일어난 지역에서 구체적으로 관찰되는 미세 경관이 모래화산(sand volcanos)이다. 이는 액상화된 모래층이 그 위의 점토 혹은 실트층을 뚫고 올라와 만들어진 것으로 화산 지역의 쇄설구(스코리아콘)를 닮았다고 해서 붙여진 이름이다. 크기는 수 mm~수 m까지 다양하다(네이버 지식백과).

포항 지진으로 인해 액상화된 모래는 실트질 점토층의 불규칙한 균열면을 따라 주입되어 지표로 분출된 것으로 확인되었다. 한편, 부근에서 현저한 입도 차이를 보이는 렌즈상의 조립질 모래층이 발견되었는데 이는 과거 지진에 의해 액상화된 모래가 주입된 것으로 알려졌다(이호일 외, 2018). 연구자들은 렌즈상의 조립질 모래층 상하위층에서 각각 산출된 탄소연대와 액상화가 발생할 수 있는 최소 지진 규모를 바탕으로 AD 1360~1640년 시기에 규모 5이상의 지진이 발생했던 것으로 추정했다. 경주·포항 지진을 계기로 그동안 우리나라에서는 다소 생소하게 여겨진 이러한 지형학적 개념들이 새롭게 주목을 받고 있고 있다.

4. 습곡과 요곡지형

한국에서는 대규모 습곡지형은 관찰되지 않고 부분적으로 습곡구조를 반영한 지형들이 발달해 있다.

1) 습곡산지의 하천

습곡산지에서는 지층의 주향을 따라 연암층에 직선상으로 길게 발달하는 적종하가 지역적인 경사를 따라 흐르는 필종하로 합류하게 된다. 강원도 삼척의 오십천은 격자상 하계망을 이루며 하천 방향이 지질구조선과 일치하는 적종하이다. 오십천 상류부는 낙동강 상류를 쟁탈했는데, 그 증거가 되는 것이 오십천 미인폭포 남서쪽(통리)에서 나타나는 풍극(wind gap)과 부적합하천(不適合河川, misfit river, misfit stream)이다. 부적합하천이란 계곡과 하천의 규모 면에서 균형이 잡히지 않은 하천, 즉 계곡 규모에 비해 하천이 매우 작거나(과소적합, under fit) 큰(과대적합, over fit) 하천을 말한다. 하천쟁탈 때문에 유량이 감소해 부적합하천이 되면 하천은 제 기능을 못하게 된다(한국지리정보연구회, 2004; 김주환, 2002).

2) 습곡구조

한국에서 습곡구조가 비교적 뚜렷하게 관찰되는 곳은 군산의 말도와 백령도 남포리 등지이다. 이 두 지역의 습곡구조는 선캄브리아기 지층에 형성된 것이다.

말도는 고군산군도 가장 끝에 자리한 작은 섬으로서 습곡구조는 섬의 남동해안 절벽을 따라 발달해 있다. 말도 이외에도 근처 고군산군도 작은 섬들에서도 습곡구조를 관찰할 수 있다.

백령도 남포리 습곡구조는 장촌포구 서쪽해안 약 300m 지점인 용트림바위 바로 건너편 해안 절벽에 있다. 이 습곡구조는 백령도 일대에 광범위하게 분포하는 선캄브리아기 백령층군의 장촌층이 동아시아 일대에 광범위하게 일어났던 고생대 말~중생대 초의 지각변동으로 형성된 것으로 알려졌다(문화재청, http://www.cha.go.kr).

● 사진 13-16. 은대리 습곡구조(경기도 연천군, 2017.9)

전곡 은대리 한탄강변에서도 소규모 습곡구조가 관찰된다. 이곳은 한탄 임진강 국가지질공원의 대표적 지질 명소 중 하나이며 차탄천의 기반암인 고생대 퇴적변성암에 형성되어 있다.

3) 요곡지형

요곡은 근본적으로 전형적인 습곡과는 다른 형태이지만, 습곡의 한 형태인 단사습곡(monoclinal fold)과 같은 개념으로도 쓰인다. 한반도 지형의 근본적인 골격은 요곡운동과 관련이 있다. 한반도 중부지방의 단면을 잘라보면 지형면이 비대칭을 이루고 있는데 이는 한때 단층의 개념을 강조한 경동지괴로 설명되었으나 지금은 요곡융기(僥曲隆起)의 개념이 강조된 경동 지형(권혁재, 1999)이라는 용어가 일반화되었다.

5. 환상구조

지질과 지형적인 구조적 특성에 따라 지형의 평면형태가 환상으로 보이는 것을 환상구조(circular structures)라 한다. 환상구조는 앞으로 많은 연구 성과가 기대되는 분야이다. 박경(2006)은 남한 지역에 분포하는 환상구조를 크게 침식분지, 관입환상구조, 화산함몰체 등 세 가지 형태로 구분하고 있다. 이 외에도 화산암과 변성암 지역의 기반암에서는 미지형으로서의 환상구조도 발견되고 있어 향후 더 구체적인 연구가 필요할 것으로 생각한다.

① 침식분지
화강암 분지와 이를 둘러싼 편마암의 차별침식에 따른 것이다. 침식분지는 전통적으로 풍화지형 혹은 산지지형 연구의 한 분야로 연구되어 온 주제이다.

② 관입환상구조
같은 계열의 관입암체에서 화강암 저반을 둘러싸고 암석이 깔때기 모양으로 관입해 만들어진 것이다. 경기도 양주 지역의 의정부환상구조가 전형적인 예이며, 이는 석류

● 사진 13-17. 도구리알해안의 환상구조(제주도 서귀포시 대정읍 신도2리, 2017.2)

석을 포함하는 화강암과 회색의 흑운모 화강암 사이의 차별풍화에 의해 형성된 것으로
알려져 있다.

③ 화산함몰체

화산암층이 분포하는 지역에서 화산분출과 붕괴로 형성된 것이다. 광주환상구조를
포함해 남부 지방에만 약 20개 정도 분포하는 것으로 보고되고 있다.

④ 기타

제주도 서귀포시 대정읍의 도구리알해안에 발달한 조수웅덩이는 화산암의 절리구
조와 관련되어 형성된 대표적인 소규모 환상구조라고 할 수 있다.

제14장

지형과 문화

1. 문화자원으로서의 지형

응용지형학 관점에서 보면 지형은 경제적·문화적 가치가 있는 문화적 자원이다. 더 가치 있는 지형경관을 천연기념물이나 자연유산 등으로 지정해 이를 보존하면서 관광이나 문화적·교육적 자원으로 활용하는 연구가 활발해지고 있는 것은 이러한 개념을 반영하는 것이다. 이와 관련해 최근 새롭게 등장한 개념이 바로 지오투어리즘(geotourism)과 지오파크(geopark, 지질공원)이다.

1) 문화유산지형

우리나라의 경우 지형경관을 하나의 문화유산으로서 바라보기 시작한 것은 지형을 자연유산(천연기념물, 천연보호구역, 명승)의 한 범주로 취급하기 시작하면서부터라고 할 수 있다. 지리학에서 취급하는 지형경관은 주로 천연기념물이나 명승과 관련이 깊다.

천연기념물 지형은 대표적인 관광자원이다. 한국의 천연기념물 중 지형경관과 관련된 것은 84개(2019년 기준)이다(부록 참조). 문화재청의 문화유산 유형 분류에서 천연기념물 관련 지형은 자연유산 중 천연기념물과 천연보호구역에 포함된다. 천연기념물에서는 지구과학 기념물(지질지형, 천연동굴, 고생물, 자연현상), 천연보호구역에서는 문화와 자연결합성(경관과 과학성, 영토적 상징성)에 지형경관이 속해 있다.

● 표 14-1. 문화유산으로서의 지형경관

문화 유산				
	유적건조물*			
	유물*			
	기록유산*			
	무형유산*			
	자연유산	명승	역사문화명승	
			자연명승	
		천연기념물	문화역사 기념물*	
			생물과학 기념물*	
			지구과학 기념물	지질지형
				천연동굴
				고생물(화석)
				자연현상
		천연보호구역	문화 및 자연결합성	경관 및 과학성
				영토적 상징성
			자연과학성	특수생물상
				해양생물상

주: * 상세분류 생략.
자료: 문화재청(http://www.cha.go.kr) 참고, 저자 재구성.

● 사진 14-1. 융기파식대로 알려진 명승 17호 태종대(부산시 영도구, 2009.4)

명승은 자연유산의 하나로서 문화경관과 자연경관으로 구분되는데 지형경관은 이 중 자연경관에 속한다. 문화재청에서 지정한 명승지 중 지형경관과 관련된 것은 60개 (2019년 기준)이다(부록 참조).

2) 지오투어리즘

지오투어리즘은 문화유산으로서 지형을 바라보는 관점에서 한걸음 더 나간 개념이다. 즉 문화유산으로서의 지형이 주로 보존적 측면을 강조한 것이라면 지오투어리즘은 다양하고 우수한 지형과 지질 자원이 나타나는 지역을 관광상품 등으로 적극 활용하는 것이다(전영권, 2005b).

지오투어리즘 연구에서 지적되는 공통적인 내용은 탐방객 입장에 따라 유형별, 체류시간별 학습탐방로를 개발하고, 이 코스들에서 관찰할 수 있는 지형경관명칭, 형성원인, 특성, 지형판별 등을 알기 쉬운 내용으로 만드는 방법을 제안하고 있다는 점이다. 특히 여러 연구에서 강조하는 것은 지형에 대한 전설적 내용의 설명 위주에서 탈피해 더 과학적이면서도 알기 쉬운 자료(사진, 모식도, 해설 등)를 제시해 주어야 한다는 점이다. 관광객들에게는 관광책자, 안내 표지판(해설판), 관광 가이드 설명 등을 통해 지형경관에 대한 내용을 제공하는데, 이들에 대한 정보 수준의 질을 높이고 그 양을 대폭 늘려야 한다는 지적이 많다. 아울러 지역의 문화, 역사 등과 연계한 스토리텔링(storytelling) 개발을 통해 한국만이 가지는 세계적인 지오투어리즘 자원 발굴의 필요성(전영권, 2010)도 강조되고 있다.

3) 지질공원

지질공원은 지오투어리즘 측면에서 가치 있는 지형을 능동적으로 관리하고자 하는 시스템이다. 환경부는 2012년 1월 '자연공원법'을 개정하면서 우리나라의 우수한 지질·지형자원을 관리하고 활용할 수 있는 '국가지질공원인증제도'를 시행하기로 했다. 이에 따라 지오투어리즘 등을 중심으로 응용지형학에 관심을 두고 연구를 진행해 온 지형학자들 사이에서도 국내 지질공원과 관련된 제반 문제에 적극적 관심을 기울이게 되었다.

● 표 14-2. 지질공원 현황(2019년 기준)

구분		대표 지형경관
강원고생대	영월군	고씨굴, 문곡리 건열구조 및 스트로마톨라이트, 무릉리 요선암 돌개구멍, 물무리골 생태습지, 선돌, 청령포, 한반도 지형
	정선군	백복령 카르스트, 동강, 소금강, 화암동굴
	평창군	고마루 카르스트, 백룡동굴
	태백시	검룡소, 용연동굴, 구문소 전기고생대 지층과 하식지형
강원평화지역	고성군	능파대, 송지호해안, 화진포
	양구군	두타연, 해안분지
	인제군	내린천 포트홀, 대암산 용늪
	철원군	고석, 대교천 현무암 협곡, 삼부연폭포, 직탕폭포, 철원용암대지
	화천군	곡운구곡, 비래암, 양의대 하천습지
경북동해안	경주시	골굴암 타포니, 양남 주상절리
	영덕군	고래불 해안, 철암산 화석산지
	울진군	덕구계곡, 불영계곡, 성류굴, 왕피천
	포항시	구룡소 돌개구멍, 내연산 12폭포, 달전리주상절리, 호미곶 해안단구
무등산권(세계지질공원)	광주시	무등산 정상3봉, 무등산 풍혈, 서석대
	화순군	무등산 정상3봉, 광석대, 덕산 너덜, 무등산 풍혈, 운주사 층상응회암, 입석대, 적벽, 지공너덜, 화순고인돌 장동응회암
	담양군	덕산 너덜, 무등산 풍혈
백령·대청	백령도	두무진, 진촌리 현무암, 사곶해변, 콩돌해안, 용틀임바위
	대청도	옥중동해안사구, 농여해변과 미아해변, 서풍받이, 검은낭
	소청도	분바위와 월띠
부산		금정산, 낙동강 하구, 오륙도, 태종대
울릉도·독도	울릉도	국수바위, 나리분지, 노인봉, 봉래폭포, 삼선암, 성인봉, 알봉, 죽도, 코끼리바위
	독도	독립문바위, 삼형제바위, 숫돌바위, 천장굴
전북서해안권	고창군	병바위, 심원갯벌, 운곡습지와 고인돌군
	부안군	적벽강, 채석강, 직소폭포
제주도(세계지질공원)		만장굴, 산방산, 용머리해안, 서귀포패류화석층, 성산일출봉, 수월봉, 중문 대포 주상절리, 천지연폭포, 한라산
진안·무주권	진안군	마이산, 구봉산, 천반산, 운일암반일암, 운교리삼각주퇴적층
	무주군	용추폭포, 외구천동지(파회, 수심대, 나주통문), 오산리구상화강편마암, 적성산 천일폭포, 금강벼룻길
청송 (세계지질공원)		기암 단애, 만안자안 단애, 면봉산 칼데라, 방호정 감입곡류천, 백석탄 포트홀, 절골 협곡, 주방천 페퍼라이트, 주산지, 청송 얼음골

구분		대표 지형경관
한탄·임진강	연천군	재인폭포, 은대리 수평절리와 습곡구조, 차탄천 주상절리
	포천군	교동 가마소, 구라이골, 대교천 현무암 협곡, 포천 아우라지 베개용암, 화적연, 멍우리협곡, 비둘기낭 폭포

자료: 각 지질공원 웹사이트 참고, 저자 수정.

    지질공원이 국립공원과 다른 점은 크게 두 가지이다. 첫째, 지오사이트(geosite)라고 하는 핵심적인 지형·지질 명소로 구성된다. 둘째, 가치가 있는 지오사이트를 단순히 지정·보호하는 차원을 넘어 지역 주민의 소득증대사업으로, 일반인과 학생들의 교육 장소로 적극 활용한다. 따라서 지질공원의 성공 여부는 지오사이트들을 어떻게 구성하고 이들을 하나의 주제로 묶어내는가에 달려 있다고 할 수 있다. 이러한 차원에서 지질공원의 응용지형학적 연구 과제는 지오사이트에 대한 체계적이고 학술적인 콘텐츠 개발, 지오사이트를 연결하는 스토리텔링 등이 중심이 되어야 한다(권동희, 2011e).

    2019년 현재 지질공원으로 지정된 지역은 제주도, 울릉도·독도, 부산, 강원평화지역, 청송, 무등산권, 한탄·임진강, 강원고생대, 경북동해안, 전북서해안권, 백령·대청, 진안·무주 등 12곳의 국가지질공원이다. 이 중 제주도, 청송, 무등산은 세계지질공원이기도 하다.

● 사진 14-2. 전북서해안권 지질공원 ─ 심원갯벌(전북 고창군 심원면 만돌리, 2017.10)

● 사진 14-3. 울릉도·독도 지질공원 - 비파산 국수바위(경북 울릉군, 2012.11)

2. 지형과 생활문화

1) 토지이용과 입지

(1) 경제행위

지형조건은 전통적으로 1차 산업이 주요한 소득원이었던 시대에 특히 경제행위에 영향을 주는 첫째 요인이 되었다. 서해안 갯벌(이윤화, 2006)의 경우 지형적 특성에 따라 다양한 경제활동이 각각 나타나는 것으로 조사되었는데, 넓은 모래갯벌은 조류를 이용한 안강망어업이, 일조시수가 많은 혼합갯벌은 염전이, 그리고 뻘갯벌은 패류양식이 주를 이루는 것으로 되어 있다.

(2) 취락입지

취락입지에서 지형의 역할은 시대 혹은 취락의 기능마다 조금씩 달랐다. 청동기시대 생활 주거지로 선호된 지형은 선상지(월배)와 자연제방(신천)이었던 것으로 보고된 연구(황상일·윤순옥, 1998)가 있는데, 이는 사력이 많고 토양이 부드러운 이 지형들이 석제나 목제, 골각기 등을 사용하기 쉬웠기 때문인 것으로 설명된다.

읍성의 입지 조건으로서 지형을 관찰한 연구(박의준, 2002)에서는 광주읍성의 경우 그 입지에 직접적인 영향을 준 것은 충적평야이지만, 외적 방어와 산림자원 공급처로서의 산지지형도 주요한 조건이었다는 것을 밝혔다.

(3) 장묘문화

지석묘의 입지와 축조 방식도 지형적 조건과 밀접한 관계가 있는 것으로 밝혀졌다 (박철웅·김인철, 2012). 연구자들은 사례 지역인 전라남도 화순군 도곡면 효산리, 춘양면 대신리 일대 지석묘의 경우, 그 장축 방향이 주변에 존재하는 토르나 암괴류 등 자연 암괴들의 장축 방향과 일치한다는 점을 관찰하고, 이를 통해 지석묘를 축조하는 과정에서 사면의 상부에 놓인 암괴를 이동하지 않고 암괴 하부를 파내고 굄돌을 돌려가며 먼저 받친 후, 남은 흙을 파내어 유구를 넣고 막음돌로 막은 후 흙으로 덮은 것으로 추정했다.

또한 지석묘들은 사면의 중·하부에 집중적으로 분포하는데 이는 과거 빙기 때 한반

● 사진 14-4. 사면 암괴를 활용한 화순 고인돌(전남 화순군 도곡면 효산리, 2017.12)
보통 효산리-대신리 지석묘군으로 불린다. 무등산권 지질공원에서는 '화순고인돌 장동응회암'이라는 명칭의 지질명소로 지정되어 있다.

● 사진 14-5. 입산봉 오름을 이용한 공동묘지(제주도 제주시 구좌읍 김녕리, 2017.1)

도에 도래한 주빙하기후와 관련한 솔리플럭션과 같은 매스무브먼트의 작용에 의해 암괴들이 자연스럽게 사면 아래로 흘러내린 것을 활용했기 때문이라고 연구자들은 해석하고 있다. 그 증거로 제시된 것은 주변 토양 성분들이 각력 혹은 아각력의 특징을 보이고 일라이트를 중심으로 하는 1차 점토광물로 되어 있다는 점이다.

현대사회에서도 토지이용 측면에서 지형적 조건을 가장 잘 반영하는 것 중 하나가 묘지이다. 산지가 많은 우리나라의 경우 대부분의 묘지들은 취락이나 경작지가 들어서기 어려운 산사면을 이용해 조성되고 있다. 제주도의 경우 오름의 사면은 묘지가 들어서기에는 최적의 장소로 선택된 곳이다.

2) 문화 전파

산맥은 일반적으로 문화 전파에서 장애물로 인식되지만 산맥의 연속성이 주변보다 상대적으로 낮아지는 지역, 즉 구조선을 따라 하천과 계곡이 이어지는 지역은 자연스럽게 문화 전파의 통로 역할을 한다. 충청남도 남동부 지역에서 나타나는 세 종류의 논매기소리(얼카덩어리류, 잘하네류, 상사소리류)의 공간적 분포 특성과 전파에 대한 연구(유재진·장동호, 2014)에서는 이 지역의 논매기소리 분포가 주로 구조선이 하도의 발달을 유도한 지류 하천의 유로를 따라 나타나는 경향이 있다는 것을 밝혔다. 즉 얼카덩어리류는 연구 지역의 북쪽에서 북동-남서 방향으로 달리는 차령산맥의 연속성이 낮은 곳으로 전파된 후 남하해 금산 지역까지 전파되었고, 상사소리류는 전라도로부터 소백산맥 북서사면의 평야지대를 통해 논산 지역으로 전파되었거나 소백산맥 서사면 근처의 내륙 산간 내 금강의 지류 하곡을 따라 전파되었을 가능성이 있다는 것이다. 충청북도 남부를 중심으로 발달한 잘하네류는 대전 또는 금산 지역을 통해 남쪽으로 전해진 것으로 추정되었다.

3. 풍화지형과 돌문화

인간생활문화에 가장 직접적으로 영향을 주는 것은 비교적 작은 규모의 지형들이고, 일반적으로 우리 눈에 잘 띄는 이 경관들은 주로 풍화지형들이다. 풍화지형은 그 성격상 모양이 특이하고 상대적으로 단단하기 때문에 사람들에게 강력한 인상을 주고, 오랫동안 생활 주변에 존재하면서 우리 생활문화에 깊숙이 영향을 주었다.

1) 암석 신앙

(1) 화강암 지역
한반도에서 단일 암석으로 가장 넓게 분포하는 화강암은 생활 주변에서 가장 흔하게 접할 수 있는 암석이다. 따라서 우리 조상들은 자연스럽게 화강암을 건축 재료, 생활 도구, 신앙 대상 등에 활용했다. 궁궐과 산성, 불교 사찰의 불상과 탑, 민간 신앙의 대상이 된 마을 어귀의 남근석 등 한국의 다양한 문화 유적과 유물은 대부분 화강암을 기반으로 한다.

화강암은 지하 깊은 곳에서 형성된 암석으로 일단 지표에 노출되면 풍화 속도가 느려지면서 오랫동안 침식되지 않고 그 형태를 유지한다. 또한 화강암은 광물 입자가 균

● 사진 14-6. 강화 보문사 마애관음보살상(인천시 강화군, 2011.8)
낙가산 화강암 돔 중턱의 판상절리 암벽을 이용해 높이 920cm, 너비 330cm의 마애불을 조각했다. 인천광역시
유형문화재 제29호이다.

일하기 때문에 비교적 섬세한 가공과 조각이 가능하다. 이러한 화강암의 암석학적 특징
은 한국의 자연경관과 전통문화에 큰 영향을 주었다.

설악산 울산바위와 금강산 만물상의 웅장하고도 수려함, 수도 서울을 아름답게 장식
해주는 북한산과 도봉산의 암봉들, 그리고 고도 경주 남산을 비롯해 한반도 구석구석마
다 새겨진 수많은 마애불상, 이들은 모두 화강암이 우리에게 안겨준 귀중한 자연적·문
화적 선물이다.

(2) 비화강암 지역

암석의 일반성과 특수성은 지극히 상대적인 개념이다. 즉 화강암이 한반도의 일반
적 특징이기는 하지만 화산 지역인 제주도와 울릉도는 물론 내륙의 일부 화산암 지역에
서는 그 반대가 된다. 현무암이나 응회암, 조면암 같은 화산암이 상대적으로 더 지배적
인 이 지역들에서는 당연히 이 암석들과 관련된 돌문화가 탄생되었다.

전남 화순 운주사는 '천불천탑'으로 유명한 곳이다. 운주사에 이 같은 신화가 탄생한

● 사진 14-7. 화산쇄설암과 불상(전남 화순군 운주사, 2013.3)

데는 천불천탑의 재료가 된 화산성쇄설암이라고 하는 암석적 특성도 영향을 주었을 것으로 생각된다. 화산성쇄설암은 일종의 퇴적암이므로 층리가 잘 발달해 있어 화강암에 비해 기반암을 떼어내어 가공하기가 비교적 수월하다. 그러나 암석 자체가 거칠기 때문에 화강암처럼 세밀하게 부처의 모습을 표현하지는 못했다.

(1) 토르와 암석 신앙

한반도 화강암 산지 곳곳에는 크고 작은 마애불(磨崖佛)이 무수히 많다. 이는 전통적으로 믿어온 암석 신앙에 불교 신앙이 합쳐진 결과이다. 우리 조상들은 불교가 들어오기 오래전부터 바위를 신앙의 대상으로 삼았는데, 신라에 불교가 들어온 이후 지금까지 믿어온 바위 속에 새로운 신앙의 대상인 부처가 존재한다고 믿음으로써 신앙인들의 정성 어린 손길로 바위 속의 신들이 부처와 보살의 모습으로 재탄생하게 된 것이다.

바위가 신앙의 대상이 되기 위해서는 바위가 독립되어 있으면서 특징적인 형태를 띠어야 하고 어느 정도의 크기가 있고 단단해야 한다. 이러한 암석학적 특징에 가장 잘 어울리는 것이 바로 화강암지대의 토르이다. 화강암은 한반도 전체에 걸쳐 분포하며 국토

면적의 약 30%를 차지한다. 단일 암석으로는 최대인 것이다. 이것이 한반도에 바위 신앙이 보편적으로 뿌리내릴 수 있었던 배경 중 하나이다.

(2) 풍화혈과 암석 신앙

암석 신앙의 대상이 되는 대표적인 것으로는 감실(숭배 대상을 모시는 장소), 부침바위(소원을 비는 대상이 되는 바위), 알터(성스러운 바위구멍, 알바위, 성혈) 등(박경, 2017)이 있는데, 이들의 대부분은 풍화혈에 해당된다. 풍화혈 중 특히 규모가 큰 타포니는 특히 감실로서의 활용 가치가 매우 높다. 가장 대표적인 사례는 경주 골굴암 타포니이다. 타포니 자체가 국가지질공원 명소가 된 이곳에서는 '여궁'으로 불리는 타포니 자체가 숭배 대상이면서 삼신당을 모시는 감실 역할을 하고 있다. 울릉도 태하리에서는 타포니가 마을 주민들의 기도처로 이용되고 있다. 알터에 해당되는 포항 석병리 성혈바위, 울산 방기리 알바위는 나마에 해당된다.

문제는 암석 신앙의 대상이 되는 경관들이 대부분 풍화작용에 따른 '자연지형'인데도 민간신앙을 다루는 민속학에서는 이들을 지나치게 '인공지형'으로 설명하고 있다는 점이다. 이러한 관점에서 지형학자와 민속학자 간의 학제적 연구를 통해 비지리학 전공자들이 쉽게 이해하고 받아들일 수 있는 더 대중적인 '공통 언어'를 발굴하고 보급하려

● 사진 14-8. 골굴암 타포니(경북 경주시 양북면 안동리, 2019.4, 좌)
● 사진 14-9. 태하리 타포니(경북 울릉군, 2012.11, 우)

● 사진 14-10. 석병리 성혈바위(경북 포항시, 2013.12)

는 노력이 따라야 한다는 점이 강조된다(박경, 2017).

(3) 암괴류와 암석 신앙

경남 밀양의 만어산(萬魚山)에는 만어사라는 절이 있다. 이곳은 경상남도 기념물 152호로 지정된 어산불영(魚山佛影)으로 유명한 곳이다. 이는 만어산 기슭에 수 m 내외의 크고 작은 바위들이 널려 있는 거대한 너덜지대, 즉 암괴류를 말한다.

어산불영이란 "용왕의 아들을 따르던 만 마리의 물고기들이 변해 돌이 되었다"라는 전설이 전해져 붙여진 이름이다. 이 어산불영 뒤쪽에는 용왕의 아들이 변해 만들어졌다는 미륵바위를 모시는 미륵전이 있다. 미륵바위는 5m 높이의 자연석으로서 암괴류를 구성하는 핵석 중 하나이다. 어산불영의 너덜과 미륵바위는 화강암의 풍화와 침식으로 만들어진 것으로서, 자연과 문화가 접목된 한국 돌문화의 전형을 보여준다.

미륵은 현재는 보살이지만 먼 미래에 부처가 되어 중생을 구원한다는 미래불의 신앙 개념이다. 한국의 경우 대부분 마을에 미륵이라 불리는 돌부처가 거의 없는 곳이 없을 정도로 미륵 신앙은 대중 속에 깊이 파고들어 있다. 그 이유는 새로운 세상을 약

● 사진 14-11. 만어사 미륵전 내부의 미륵바위(경남 밀양시 삼랑진읍 용전리, 2009.11, 좌)
● 사진 14-12. 암괴류 한가운데 세워진 만어사 미륵전(경남 밀양시, 2009.11, 우)
미륵전 우측 하단부에 미륵바위 일부가 바깥으로 돌출된 모습이 보인다.

속한 미륵 신앙이 고통스러운 현재의 삶을 살아가던 민중에게 큰 위로가 되었기 때문
이다.

2) 바위지형과 관광

산지지형이 대부분인 한반도에
는 다양한 이름의 바위지형이 존재
한다. 특히 동해안처럼 이 산지들이
바닷가에 인접해 있는 지역에서는
여러 유형의 바위지형들이 집중되
어 있는 데다 접근성이 좋아 그 활용
성이 높다. 동해안의 낭만가도(강원
도 고성~삼척)에서 관광자원으로 활
용가능성이 높은 80개의 바위지형
을 조사한 자료(권동희, 2013)에 따
르면, 바위지형 중 가장 비중이 높은

● 사진 14-13. 송지호 해변 부채바위(강원도 고성군 죽왕면,
2013.3)
관광자원으로 이용되는 대표적인 바위지형이다. 부채바위는 풍화지형
면에서는 토르, 해안지형 면에서는 시스택에 해당되는 경관이다.

● 사진 14-14. 한탄강 마당바위(강원도 철원군, 2017.1)
마당바위는 거대한 핵석이 한탄강변에 노출되어 발달한 경관으로 판상절리와 박리현상을 동시에 이해할 수 있는 노두이다. 이곳은 매년 1월 한탄강 얼음트레킹이 개최되는 한여울길 2코스 '주상절리길(태봉대교~고석정)' 구간에 들어 있다.

것은 풍화지형(61%)이며, 이들은 대부분 지형학적으로 타포니(33%), 핵석(27%), 토르(22%), 나마(10%), 그루브(4%), 박리(4%) 등에 해당하는 것으로 나타났다.

바위지형들의 명칭은 대부분 그 바위의 고유한 형태로부터 비롯된 경우가 많다. 따라서 그 명칭을 통해 그 바위의 성인 등 지형학적 특성도 유추할 수 있어 학습 자료로서도 매우 유효하다. 목포 갓바위(타포니), 강원도 고성 부채바위(시스택), 철원 한탄강 마당바위(판상절리, 박리), 서울 인왕산 선바위(타포니), 전북 고창 병바위(토르), 울릉도 코끼리 바위(시아치) 등은 좋은 예들이다.

3) 돌문화의 지리학

(1) 화강암의 세계 경주 남산

① 화강암 산지

경주 남산은 북쪽의 금오봉(468m)과 남쪽의 고위봉(494m) 등 두 개의 큰 봉우리 사이를 잇는 능선과 계곡 전체를 합쳐서 부르는 이름이다. 남산은 통일 신라의 수도였던 서라벌(경주)의 진산(鎭山)으로서 '경주의 남쪽'에 위치한 산이라는 뜻이 있다. 각각 금오산(金鰲山), 고위산이라고도 부르는데 금오산은 산의 형태 면에서는 '금(金)빛 자라(鰲)가 경주 시내 쪽으로 목을 길게 빼고 있는 것처럼 생겼다'고 해서 붙여진 이름이다. 금오산은 우리 가요 「신라의 달밤」의 가사 "아, 신라의 밤이여, 불국사의 종소리 들리어 온다~ 금오산 기슭에서 노래를 불러보자. 신라의 밤 노래를~"에도 등장한다.

남산은 전형적인 불국사화강암 산지인데 경주 일대 화강암은 다시 토함산화강암(화강섬록암), 남산화강암(알카리화강암), 흑운모화강암 등 세 가지 유형으로 구분하기도 한다(좌용주 외, 2002). 토함산화강암은 토함산 일대, 남산화강암은 남산 일대, 그리고 흑운모화강암은 두 산지 사이에 분포한다. 나머지 지역은 퇴적암, 충적층 등이 분포한다. 토함산 정상에는 석굴암이, 그 아래 산록에는 불국사가 자리 잡고 있다.

● 사진14-15. 나원리5층석탑(경북 경주시, 2020.1)
이 탑은 경주 남산에서 가져온 화강암으로 만든 것이다.

② 화강암 석재 공급지

우리나라 대표적인 불교 유적인 석굴암, 불국사, 그리고 남산 세계 문화유산은 모두 화강암과 밀접한 관련이 있다. 흥미로운 것은 토함산 정상에 있는 석굴암의 경우 토함산화강암을 그대로 사용했으나 비교적 석재 운반이 쉬웠던 불국사의 경우는 일부 토함산의 것을 제외하고는 대부분 남산화강암을 사용했다는 점이다. 이 외에도 남산화강암을 운반해 만든 석탑 등이 경주 일대에서 발견되는데, 그 대표적인 예는 남산 북쪽 8km 지점에 있는 나원리5층석탑이다(좌용주 외, 2002; 좌용주 외, 2004; 조기만·좌용주, 2004).

남산을 신성시 여겼던 당시에 남산화강암을 채취해 다른 곳으로 옮겨 사용했다는 것을 상당히 이례적인 것으로 보는 학자들도 있다. 그만큼 남산화강암이 석재로서 높이 평가를 받았다고 할 수 있다. 경주 남산 곳곳에 남아 있는 수많은 석탑과 석불이 결코 우연히 만들어진 것은 아닌 것이다.

③ 석탑과 마애불로 장식된 노천불교박물관

남산에는 예부터 "절집이 하늘의 별만큼이나 많다"라는 말이 전해진다. 이를 증명이라도 하듯 남산에는 사방으로 펼쳐진 능선 골짜기를 따라 147곳의 절터, 118기의 불상과 96기의 석탑이 들어서 있다. 경주 남산을 '노천 박물관'이라고 하는 것도 과장은 아니다. 이렇듯 한국의 대표적인 불교 문화재가 꽉 들어찬 경주 남산은 한국 불교미술의 보고로 인정을 받아 2000년 12월 세계 문화유산으로 지정됐다.

경주 남산이 이렇듯 세계적인 노천 박물관이 된 데는 불교가 들어오기 전부터 있었던 바위 신앙이 큰 영향을 준 것으로 전문가들은 해석하고 있다(경주남산연구소, http://www.kjnamsan.org). 먼 옛날부터 남산의 바위 속에는 하늘나라의 신들과 땅 위의 선신(善神)들이 머물면서 이 땅의 백성들을 지켜준다고 믿었으며, 불교가 전래된 이후에는 산속, 바위 속의 신들이 부처와 보살로 바뀌어 불교의 성산(聖山)으로 신앙되어 온 것이다.

④ 자연친화적인 석탑과 마애불

남산에 있는 불교문화재의 가장 큰 특징은 이들이 비록 인공 구조물이기는 하지만, 극히 자연친화적이라는 것이다. 반반한 바위에는 불상을 새기고, 평탄한 터에는 절을 세웠으며 높이 솟은 암봉에는 탑을 세웠는데 이들은 모두 절묘하게 자연과 조화를 이루도록 했다.

남산 불교 문화재에서 가장 돋보이는 것이 마애불(磨崖佛)이다. 마애불은 대부분 보른하르

● 사진 14-16. 자연친화적인 남산 늠비봉 오층석탑(경북 경주시, 2019.3)
늠비봉은 경주 남산 부흥사 바로 앞에 솟아 있는 봉우리이다. 산꼭대기에 솟아 있는 바위 윗면을 깎아내어 기단을 만들고 그 위에 탑을 쌓았다.

트, 토르 등 크고 작은 화강암 풍화지형을 자연스럽게 활용했다. 즉 입체적으로 조각된 것도 있지만 대부분 큰 인공미를 가하지 않고 바위 면에 자연스럽게 새긴 마애불상이 많은 것이다.

● 사진 14-17. 토르를 활용한 경주 남산 칠불암 마애불상군(경북 경주시 남산동, 2019.4)

(2) 점판암의 지형지리학

① 점판암의 지리적 입지

충북 단양에서 시작해 보은을 지나 청주, 그리고 충남 아산, 전북 김제에 이르는 지역은 한반도 지체구조상 '충청분지'에 해당된다. 이는 과거 옥천지향사(옥천변성대)로 불렸던 곳이다. 이 지역은 예부터 점판암이라고 하는 독특한 특성을 지니는 암석이 생산되는 곳으로 유명한데 그 중심에 보은이 있었다.

② 점판암의 광물학적 특징

점판암은 변성퇴적암 중 하나이다. 점토 성분이 주로 쌓여 만들어진 퇴적암을 이암 (셰일)이라고 하는데 이 퇴적암이 열과 압력을 받으면 판암 → 편암 → 편마암 순서로 새로운 성질의 변성암이 만들어진다.

점판암은 판암(slate)의 한 종류이다. 판암 중 변성 정도가 약해 점토 성분이 뚜렷하게 남아 있는 것이 점판암이고, 이보다 더 변성작용이 진행되어 새로운 광물질인 운모가 형성되어 있는 것이 운모판암이다. 그러나 일반적으로 판암 자체를 점판암이라고 부르는 경향이 있다.

점판암의 가장 큰 특징은 구조적으로 잘 쪼개진다는 것이다. 따라서 자연 상태에서 손쉽게 넓적하고 얇은 형태의 돌판을 떼어낼 수 있고 암석 자체는 상당히 단단하기 때문에 우리 선조들은 이를 온돌의 구들장, 지붕, 돌담 등에 아주 긴요하게 사용했다.

③ 점판암의 문화경관

충북 보은은 우리나라 점판암의 대표적 산지였고 주변에서 이 점판암을 쉽게 구할 수 있었던 주민들은 지붕을 올리고 담을 쌓는 데 점판암을 지혜롭게 활용했다. 그 중심에 회인면 고석리 마을이 있다.

1980년대 초만 하더라도 고석리는 우리나라 대표적인 점판암 마을이었다. 지리학과 건축학을 공부하는 많은 이들이 이 마을을 찾았다. 그러나 아쉽게도 2019년 현재 고석리에 남은 돌지붕집은 단 두 채뿐이다. 그나마 다행인 것은 마을 곳곳에 남아 있는 돌담들이 옛 정취를 아쉬운 대로 간직하고 있다는 것이다.

고석리가 점판암 마을이 된 데는 지리적 입지도 한몫했다. 마을 주변에는 크고 작은 점판암 채석장이 있었는데 마을에서 만난 한 주민의 말로는 채석장에서 하루 두 번 정도 발파 작업을 할 때면 수시로 마을로 날아드는 돌조각들 때문에 '민방위 훈련'을 방불

● 사진 14-18. 점판암 채석장의 흔적(충북 보은군 회인면 고석리, 2019.5, 좌)
채석장의 폐석들을 등고선 형태로 쌓아놓아 무너져 내리는 것을 막고 있다.
● 사진 14-19. 고석리 마을 점판암 지붕(충북 보은군 회인면, 2019.5, 우)

● 사진 14-20. 고석리 마을 점판암 돌담(충북 보은군 회인면, 2019.5, 좌)
● 사진 14-21. 법주사 여적암 청석탑(충북 보은군 속리산면 사내리, 2019.5, 우)

케 하는 대피 소동이 벌어지기도 했다고 한다. 25번국도가 지나는 고석 삼거리에서는 아주 독특한 형태의 이질적인 석축 경관을 볼 수 있다. 처음보면 그 용도를 짐작조차 하기 어렵지만 가까이 다가가 자세히 살펴보면 점판암 채석장에서 나온 폐석을 등고선식으로 쌓아놓은 인공산라는 것을 알 수 있다.

산성을 쌓는 데는 많은 돌이 들어간다. 당연히 주변에서 쉽게 구할 수 있는 돌을 사용할 수밖에 없는 구조물이다. 보은의 삼년산성과 호점산성, 단양의 온달산성에는 이 점판암들이 상당수 들어가 있다.

점판암은 석탑을 쌓는 데도 요긴하게 쓰였다. 보은 법주사 여적암, 충주 창룡사, 아산 세심사, 김제 금산사 등지에 가면 바로 이 점판암을 사용한 특별한 모양과 색을 지닌 '청석탑'을 볼 수 있다.

④ 점판암의 경제적 가치

한반도에도 상당수의 우라늄 광산이 분포한다. 그중 특히 주목을 받고 있는 곳이 바로 대전, 옥천, 보은, 금산을 잇는 충청분지 지역이다. 2007년 당시 조사 자료에 따르면 이 일대 우라늄 광맥에는 1억 톤의 우라늄이 매장되어 있고, 이는 2조 원대의 경제적 가치가 있는 것으로 되어 있다.

현재로서는 경제성이 없어 실제 우라늄을 채굴하고 있지는 않지만 끊임없이 그 개발의 필요성과 가능성이 제기되고 있어 언젠가는 이 일대가 한반도의 대표적 우라늄 광산 지대로 떠오를지도 모를 일이다. 2019년 5월, 광업진흥공사는 본격적인 우라늄 광산 개발에 대비해 이 일대 약 120km에 걸친 우라늄 광맥에 대해 재조사를 벌이고 있다고 밝힌 바 있다.

핵심 지형 답사코스

차례

1. 경기 북동부(1박 2일)

❖코스

서울 ▶ 의정부 ▶ 동두천 ▶ 전곡 ▶ 연천 ▶ 철원 ▶ 동송 ▶ 고석정 ▶ 갈말 ▶ 이동 ▶ 서울

〈지형도 정보〉
1/25000: 의정부 · 지포
1/50000: 철원 · 갈말

┇ 답사 포인트

① 사패산 토르: 의정부시 호원동 사패산 능선에 있는 토르로 지역 주민들 사이에서는 사과바위 혹은 반쪽바위로 불린다. 전철을 이용할 경우 회룡역에서 하차해 회룡골 국립공원 매표소 방향으로 진입한 다음 등산로를 따라 오르면 된다. 호암사 방향의 시멘트 길을 따라 오른 뒤 호암사 입구 좌측 계곡을 건너는 등산로를 이용해도 된다.

➡ 지형도, 1/25000 「의정부」 참조.

② 전곡 주상절리: 전곡읍4거리에서 322번 지방도를 따라 좌회전해서 약 0.7km 진행하면 도로 우측으로 100m 정도 구간에 걸쳐 용암대지와 주상절리를 관찰할 수 있다. 이곳에서 다시 0.3km 더 진행하면 차탄천을 건너는 장진교가 있는데 다리를 건너 좌회전해 다리 밑으로 빠져 하천을 따라 올라가면 왼쪽으로 용암대지 단애와 주상절리를 관찰할 수 있다.

➡ 지형도, 1/50000 「철원」 참조.

③ 연천 및 대광리 단층곡과 선상지: 차탄천변이 단층곡을 따라 흐르고 있으며 그 좌우 사면에서 합류선상지를 관찰할 수 있다.

➡ 지형도, 1/50000 「철원」 참조.

④ 현무암 용암대지와 스텝토: 철원읍과 동송읍에 걸쳐 현무암 용암대지로 이루어진 철원평야를 관찰할 수 있다. 그리고 곳곳에서 스텝토도 관찰된다.

➡ 지형도, 1/50000 「철원·갈말」 참조.

⑤ 직탕폭포 두부침식 ➡ 지형도, 1/25000 「지포」 참조.

⑥ 대교천 현무암 협곡: 동송읍 고석정 관광지를 끼고 한탄강을 따라 포천 냉정리 저수지 쪽으로 접근한다. 저수지를 오른쪽으로 끼고 농로를 따라 들어가면 현무암 협곡을 조망할 수 있다.

➡ 지형도, 1/50000 「갈말」 참조.

⑦ 연곡리 선상지와 단층대 ➡ 지형도, 1/50000 「갈말」 참조.

2. 경기 남서부(1박 2일)

⫶코스

서울 ▶ 성남 ▶ 남한산성 ▶ 화성 ▶ 제부도 ▶ 대부도 ▶ 인천 ▶ 강화 ▶ 김포 ▶ 서울

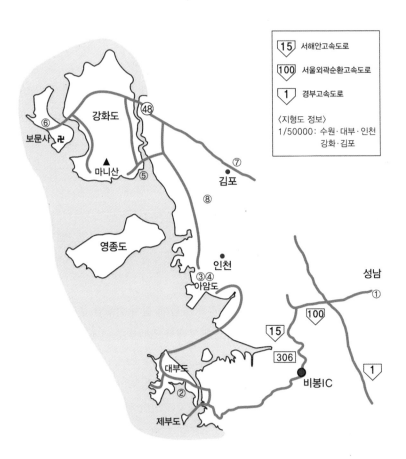

답사 포인트

① 남한산성 고위평탄면: ➡ 지형도, 1/50000 「수원」 참조.

② 제부도·대부도 갯벌: 서해안고속도로를 이용할 경우 비봉IC에서 빠져나간다. 1번국
도로를 이용할 경우에는 수원역을 지나면서 오산 방향으로 진행하다가 바로 나오는
지하도에서 우회전해 306번 지방도를 따라 비봉-사강으로 진행한다. 다시 309번 지
방도로 서신까지 간 다음, 336번으로 후회전해 송교리를 지나면 제부도가 나온다.
➡ 지형도, 1/50000 「대부·수원」 참조.

③ 아암도 해안공원의 나마: 송도 신시가지 조성지 해안에 조성되어 있다. 공원 맞은
편에는 대형 공영 주차장이 있다. 일출 전과 일몰 후에는 해안 출입이 통제된다.
조수간만의 차가 심하므로 물때를 잘 맞추어가야 제대로 볼 수 있다.
➡ 지형도, 1/50000 「인천」 참조.

④ 작약도 구상풍화: 인천 연안부두에서 20분 정도 배를 타고 들어간다. 2006년 이후
부터는 작약도 출입이 통제되고 있다.
➡ 지형도, 1/50000 「인천」 참조.

⑤ 염하와 갯벌 ➡ 지형도, 1/50000 「김포」 참조.

⑥ 석모도 판상절리: 보문사 '눈썹바위'로 많이 알려진 곳이다.
➡ 지형도, 1/50000 「강화」 참조.

⑦ 김포평야 ➡ 지형도, 1/50000 「김포」 참조.

⑧ 한강하류 배후습지 ➡ 지형도, 1/50000 「김포」 참조.

3. 강원 북부(2박 3일)

❖ 코스

서울 ▶ 인제 ▶ 원통 ▶ 서화 ▶ 해안 ▶ 미시령 ▶ 속초 ▶ 양양 ▶ 강릉 ▶ 횡계 ▶ 속사 ▶

율전리 ▶ 홍천 ▶ 서울

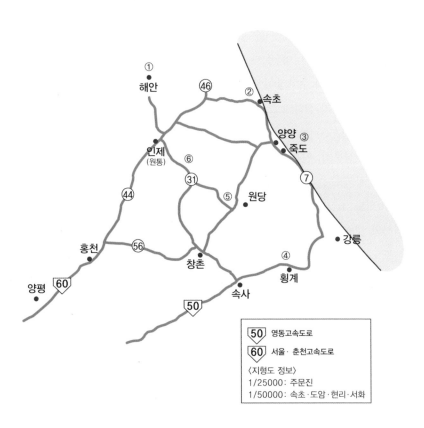

답사 포인트

① 침식분지와 산록완사면: 원통에서 서화방향 453번 도로를 따라 해안면으로 진입해 관리사무소에서 신고서를 작성하고 을지전망대로 올라간다. 해안분지 촬영에는 20mm 정도의 광각렌즈가 필요하다. 월요일은 을지전망대 휴장일이다.
▶ 지형도, 1/50000 「서화」 참조.

② 영랑호 핵석과 토르: 영랑호 리조트 쪽으로 진입해 시계방향의 일방통행로를 따라 영랑호를 돌아보면 곳곳에서 거대한 핵석과 토르를 관찰할 수 있다.
▶ 지형도, 1/50000 「속초」 참조.

③ 죽도 타포니와 나마 ▶ 지형도, 1/25000 「주문진」 참조.

④ 횡계 고위평탄면: 옛 영동고속도로로 진입해 옛 대관령 휴게소(서울방향)에 주차한 다음 도보로 '양떼목장'으로 진입한다.
▶ 지형도, 1/50000 「도암」 참조.

⑤ 내린천 감입곡류: 영동고속도로에서 속사IC나 진부IC에서 빠져나와 6번이나 31번 국도를 이용하면 속사삼거리가 나온다. 이곳에서 운두령을 넘어 약 35km 되는 곳에 창촌삼거리가 있다. 인제 쪽에서 올 때는 상남리에서 진입할 수도 있다. 이곳은 31번, 56번 국도의 분기점으로서 양수교 직전에서 56번(→ 양양·속초) 도로를 따라 약 10km 들어가면 원당삼거리가 나오고 여기에서 446번(→ 상남) 지방도를 따라 약 5.7km 가면 된다.
▶ 지형도, 1/50000 「현리」 참조.

⑥ 내린천 포트홀: 도로변에서 쉽게 볼 수 있는 곳 중의 하나가 대내마을 입구 내린교 부근이다. 내린교는 31번 국도에서 귀둔·한계령으로 가는 2번, 5번 지방도 분기점 사이에 있다. 5번 분기점에서는 1km, 2번 분기점에서는 7km 되는 지점이다. 내린교에서 내려다보면 상류 쪽 하상에 포트홀이 집단적으로 발달해 있다.
▶ 지형도, 1/50000 「현리」 참조.

4. 강원 남부(2박 3일)

✦ 코스

서울 ▸ 원주 ▸ 구학리 ▸ 제천 ▸ 영월 ▸ 태백 ▸ 도계 ▸ 대이리 ▸ 삼척 ▸ 동해 ▸
강릉 ▸ 서울

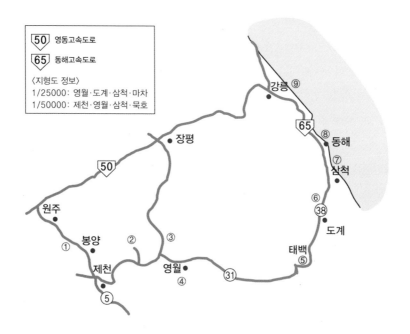

⁙ 답사 포인트

① 구학리 구하도와 하안단구: 원주를 통과할 경우에는 5번국도, 그렇지 않은 경우에는 55번 중앙고속도로를 이용한 뒤 신림IC로 빠져나가 용암천에 있는 탁사정 유원지를 찾으면 된다. 구하도는 탁사정 유원지 맞은편에 마치 말발굽 형태로 관찰된다.
➡ 지형도, 1/50000「제천」참조.

② 서면 선암마을 감입곡류와 하안단구: 제천-영월 사이 국도에서 연당IC로 빠져 59번 국도를 따라 평창으로 향하다 보면 북쌍삼거리가 나오는데 이곳부터 안내표지판이 잘 되어 있다. ➡ 지형도, 1/50000「영월」참조.

③ 북면 문곡리 스트로마톨라이트 화석지 ➡ 지형도, 1/50000「영월」참조.

④ 방절리 구하도와 미앤더 핵: 방절리는 영월의 유명 관광지인 청령포 맞은편에 위치해 있으므로 찾기가 비교적 쉽다. ➡ 지형도, 1/25000「영월」참조.

⑤ 통리 협곡과 두부침식 ➡ 지형도, 1/25000「도계」참조.

⑥ 대이리 환선굴 ➡ 지형도, 1/25000「마차」참조.

⑦ 성남동 돌리네지대: 삼척문화예술회관에 주차한 뒤 걸어 올라가면 단구 형태의 카르스트 평탄지가 펼쳐진다. 시간이 되면 계속 동쪽으로 진행하다 삼척여고 혹은 사직동 방향으로 내려가면 다양한 카렌과 테라로사를 관찰할 수 있다.
➡ 지형도, 1/25000「삼척」참조.

⑧ 추암해수욕장의 해안카렌과 시스택: 동해-삼척을 잇는 7번 국도에서 갈라져 들어간다. 그 입구는 동해와 삼척 행정 경계선 가까이에 있다.
➡ 지형도, 1/25000「삼척」참조.

⑨ 정동진 해안단구: 기본적으로 동해고속도로를 이용하는데 정동진 방향으로 진입하는 데는 두 가지 방법이 있다. 첫째, 삼척 쪽에서 접근할 경우, 동해고속도로에서 옥계IC로 빠져나와 금진리 방향으로 들어간다. 둘째, 강릉에서 접근할 경우, 정동진 교차로에서 빠져나가 심곡리 방향으로 들어간다. 정동초등학교를 지나 삼거리(버스정류장이 있음)에서 '조각공원'으로 올라간다. ➡ 지형도, 1/50000「묵호」참조.

5. 서해안(2박 3일)

▶ 코스

서울 ▶ 서산 ▶ 태안 ▶ 안면도 ▶ 홍성 ▶ 김제 ▶ 부안 ▶ 서울

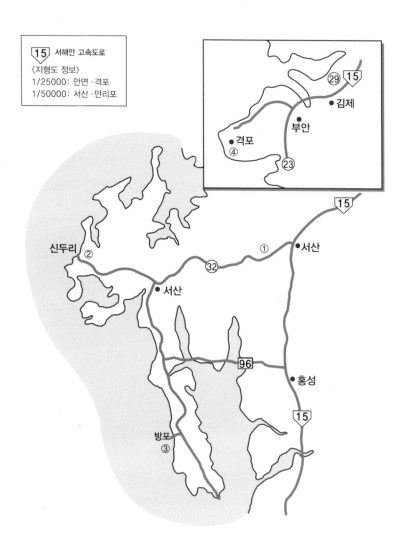

답사 포인트

① 굴포운하지와 인공습지: 15번 서해안고속도로에서 서산IC를 이용한다. 32번 국도를 따라 태안 쪽으로 7.8km 가면 605번 지방도(→ 구도·팔봉)가 갈라지는 어송리 삼거리(대문다리)가 나온다. 여기에서 계속 32번 국도를 따라 1.9km 정도 더 가면 오른쪽으로 고성초등학교가 나오는데 학교 담을 오른쪽으로 끼고 들어가면 된다. 약 0.4km 가면 작은 갈림길이 나오는데 왼쪽으로 계속 시멘트 도로를 따라 들어가면 고성초등학교에서 약 1.1km 되는 지점에 굴포운하지 안내판이 나온다. 대형버스는 입구에 세워놓아야 하고 승용차는 현장까지 접근이 가능하다. 굴포운하를 좀 더 자세히 관찰하려면 인평리 3구 14번지의 이기용 씨 댁을 찾으면 된다. ▶ 지형도, 1/50000「서산」참조.

② 신두리 해안사구와 습지 ▶ 지형도, 1/50000「만리포」참조.

③ 방포해안의 시스택과 육계사주: 안면읍 내에서 약 1.2km 들어가면 갈림길이 나오는데 여기서 오른쪽으로 0.5km 가면 방포해수욕장이고 왼쪽 길로 0.8km 정도 가면 꽃지해수욕장이다. 이 일대는 암석해안, 모래해안, 자갈해안이 동시에 나타나는 매우 독특한 곳이다. 밀물과 썰물의 차이가 심한 때는 바닷속의 갯벌 또는 파식대가 드러나 섬과 육지 또는 섬과 섬이 수 시간 동안 연결되는 현상이 나타난다. 이곳에서는 이 섬들을 '-여(嶼)'라고 부른다. '여'란 '물에 잠긴 땅'이라는 뜻으로서 만조 때 이곳이 물에 잠긴다는 사실을 알려주는 지명이다. 꽃지해수욕장 앞에 있는 '자문여'도 이 중 하나로서 자문여는 간조 시에는 그 앞쪽에 있는 '할미할아비바위'와 연결되고 만조 때는 분리된다. 할미할아비바위는 처음에는 시스택 형태로 발달했을 것으로 생각되나 지금은 오히려 사주(砂洲)가 발달해 육계도의 형태를 하고 있다. ▶ 지형도, 1/25000「안면」참조.

④ 채석강 파식대와 해식애 ▶ 지형도, 1/25000「격포」참조.

6. 호남(3박 4일)

코스

서울 ▶ 순천 ▶ 여수 ▶ 완도 ▶ 해남 ▶ 영암 ▶ 광주 ▶ 서울

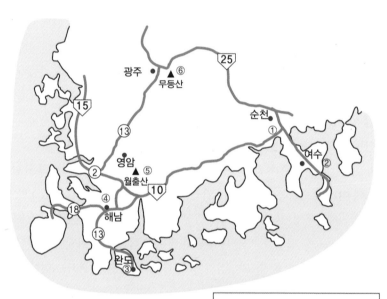

10	남해고속도로
15	서해안고속도로
25	호남고속도로

〈지형도 정보〉
1/25000 : 성전
1/50000 : 순천·여수·완도·해남·광주·독산

⠿ 답사 포인트

① 순천만 연안습지: 순천시를 중심으로 동쪽의 여수반도와 서쪽의 고흥반도에 둘러
  싸인 광활한 연안습지이다. 순천 시내에서 8km 정도 떨어져 있으며 행정구역상
  도사동과 해룡면, 별량면 일대 39.8km의 해안선으로 둘러싸인 21.6km²의 갯벌
  로 되어 있다. 호남고속도로를 이용할 경우 서순천IC에서 빠져나와 17번, 18번 도
  로를 이용해 접근하면 된다. 순천 시내에서 순천만까지 택시를 이용할 경우 15분
  정도 소요되며 요금은 6000원 정도이다. 순천역에서 인안동까지 다니는 66번,
  67번 시내버스를 이용해도 된다.
  ➡ 지형도, 1/50000 「순천」 참조.

② 만성리해수욕장의 검은 모래 해안 ➡ 지형도, 1/50000 「여수」 참조.

③ 정도리 구계 등의 자갈해안 ➡ 지형도, 1/50000 「완도」 참조.

④ 공룡발자국 화석지 ➡ 지형도, 1/50000 「해남」 참조.

⑤ 월출산 구정봉의 나마 ➡ 지형도, 1/25000 「성전」 참조.

⑥ 무등산 주상절리: 제2순환도로를 이용한 다음 두암IC에서 빠져나가 원효사지구로
  진입한다. 호남고속도로를 이용한 경우에는 동광주 IC에서 진출한다. 무등산도립
  공원 관리사무소 근처 주차장에 주차한 다음 일단 장불재로 올라간다. 이곳 주상
  절리는 입석대, 서석대, 규봉 등 세 곳에 분포하는데 시간이 없는 경우 입석대-서
  석대 코스가 적당하다. 장불재까지는 도로가 있으나 일반차량은 진입이 불가능하
  고 도보로 약 2시간 20분 소요된다. 장불재에서 입석대-서석대는 왕복 1~2시간
  정도 소요된다.
  ➡ 지형도, 1/50000 「광주·독산」 참조.

7. 영남 북동부(2박 3일)

코스

서울 ▶ 경주 ▶ 포항 ▶ 감포 ▶ 울산 ▶ 부산 ▶ 김해 ▶ 밀양 ▶ 서울

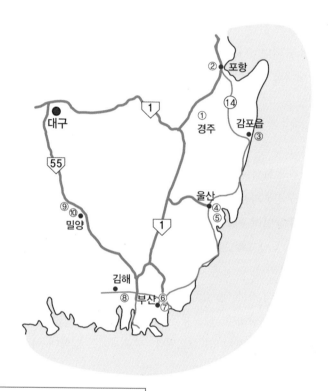

| 1 | 경부 고속도로 |
| 55 | 대구·부산간 고속도로 |

〈지형도 정보〉
1/25000 : 감포·동래·부산·남명
1/50000 : 포항·불국사·울산·양산·김해·동곡

◼◼ 답사 포인트

① 경주 선상지 ➡ 지형도, 1/50000「불국사」참조.

② 달전리 주상절리: 1번 경부고속도로를 이용할 경우 경주IC로 진입, 7번 국도를 이용해 포항으로 간다. 포항 시내 입구에 검문소가 있고 검문소를 지나면 철도건널목이 있다. 여기에서 좌회전해 달전리(자명동)까지 간 다음 다시 좌회전해 작은 다리를 건너 '석산' 방향으로 간다.

➡ 지형도, 1/50000「포항」참조.

③ 감포 해안단구 ➡ 지형도, 1/25000「감포」참조.

④ 정족산 무제치늪 ➡ 지형도, 1/50000「양산」참조.

⑤ 울산 강동 화암 주상절리 ➡ 지형도, 1/50000「울산」참조.

⑥ 금정산 토르: 부산시 온천동 금강공원에서 케이블카를 타고 금정산에 오른 다음 케이블카 승강장에서 제2망루로 올라간다. 여기에서 계속 서쪽으로 진행하면 남문이 나오는데 이를 지나 제1망루까지 간다. 여기에서 상학봉 가는 길에 전형적인 탑형 토르가 있다. 왔던 길을 되돌아올 수도 있지만 시간 여유가 있다면 제1망루에서 제2망루까지 와서 북쪽으로 발길을 돌려 제3망루-제4망루-북문-고담봉까지 갔다가 다시 북문-범어사로 내려오는 길도 있다. 곳곳에서 토르, 나마, 박리현상 등을 관찰할 수 있다. 제1망루에서 만덕동으로 걸어 내려가도 된다.

➡ 지형도, 1/25000「동래」참조.

⑦ 태종대 파식대와 해식애 ➡ 지형도, 1/25000「부산」참조.

⑧ 낙동강 삼각주 ➡ 지형도, 1/50000「김해」참조.

⑨ 얼음골 애추 ➡ 지형도, 1/50000「동곡」참조.

⑩ 만어산 암괴류 ➡ 지형도, 1/25000「남명」참조.

8. 영남 남서부(2박 3일)

▪️코스

서울 ▶ 대구 ▶ 달성 ▶ 창녕 ▶ 창원 ▶ 거제 ▶ 고성 ▶ 사천 ▶ 서울

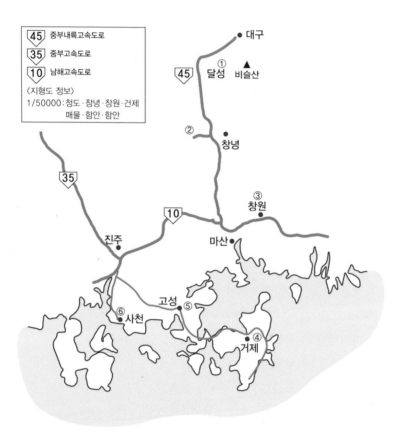

⁝ 답사 포인트

① 비슬산 암괴류와 고위평탄면: 45번 중부내륙고속도로를 이용한 다음 현풍IC에서 빠져나가 소재사 방향의 등산로로 진입한다. 자연휴양림 입구 매표소 앞의 주차장에 주차하고 등산로를 따라 올라가다 보면 좌측에 애추, 우측으로 암괴류가 있다. 2시간 정도 더 올라가면 정상 부근에 고위평탄면이 펼쳐진다. 5월에 가면 고위평탄면을 덮고 있는 진달래 평원을 감상할 수 있다.

⏩ 지형도, 1/50000 「청도」 참조.

② 우포늪 ⏩ 지형도, 1/50000 「창녕」 참조.

③ 주남저수지: 10번 남해고속도로에서 북창원IC나 동창원IC를 이용해 진입하면 된다. 45번 중부내륙고속도로를 이용해 진입한 경우에는 북창원 IC가 빠르다. 3개의 저수지로 되어 있는데 이 중 동판저수지가 전형적인 습지경관으로 되어 있다.

⏩ 지형도, 1/50000 「창원」 참조.

④ 거제 학동해수욕장과 여차몽돌밭해수욕장의 자갈해빈과 암석해안

⏩ 지형도, 1/50000 「거제·매물」 참조.

⑤ 고성 공룡화석지 ⏩ 지형도, 1/50000 「함안」 참조.

⑥ 사천 선상지 ⏩ 지형도, 1/50000 「삼천포」 참조.

한국의 문화유산
(천연기념물과 명승)
지형경관

차례

● 표 1. 지형경관 관련 천연기념물(2019년 5월 기준)

순서	연도	구분	번호	명칭	소재지
1	1962	지질지형	69	운평리 구상화강암	경북 상주시
2	1962	천연동굴	98	제주 김녕굴 및 만장굴	제주 제주시
3	1962	고생물	146	왜관 금무봉 나무고사리 화석산지	경북 칠곡군
4	1963	천연동굴	155	울진 성류굴	경북 울진군
5	1965	경관 및 과학성	170	홍도 천연보호구역	전남 신안군
6	1965	경관 및 과학성	171	설악산 천연보호구역	강원 속초 외
7	1966	천연동굴	177	익산 천호동굴	전북 익산시
8	1966	천연동굴	178	삼척 대이리 동굴지대	강원 삼척시
9	1966	경관및과학성	182	한라산 천연보호구역	제주 제주도
10	1968	고생물	195	서귀포층의 패류화석	제주 서귀포시
11	1968	고생물	196	의령 신라통중의 우흔	경남 의령군
12	1969	천연동굴	219	영월 고씨굴	강원 영월군
13	1970	고생물	222	함안층의 새발자국 화석	경남 함안군
14	1970	지질지형	224	밀양 남명리의 얼음골	경남 밀양시
15	1970	천연동굴	226	삼척 초당굴	강원 삼척시
16	1971	천연동굴	236	제주도 용암동굴지대(소천·황금·협재굴)	제주 제주시
17	1974	지질지형	249	무주 구상화강편마암	전남 무주군
18	1976	천연동굴	256	단양 고수동굴	충북 단양군
19	1979	천연동굴	260	평창 백룡동굴	강원 평창군
20	1979	천연동굴	261	단양 온달동굴	충북 단양군
21	1979	천연동굴	262	단양 노동동굴	충북 단양군
22	1979	지질지형	263	제주 산굼부리 분화구	제주 제주시
23	1980	지질지형	267	부산 전포동의 구상반려암	부산 부산진구
24	1982	영토적 상징성	336	독도 천연보호구역	경북 울릉군
25	1984	천연동굴	342	제주 어음리 빌레못 동굴	제주 제주시
26	1993	고생물	373	의성 제오리 공룡발자국 화석산지	경북 의성군
27	1996	천연동굴	384	제주 당처물 동굴	제주 제주시
28	1997	고생물	390	진주 유수리 백악기 화석산지	경남 진주시
29	1997	지질지형	391	옹진 백령도 사곶 사빈(천연비행장)	인천 옹진군
30	1997	지질지형	392	옹진 백령도 남포리 콩돌해안	인천 옹진군
31	1997	지질지형	393	옹진 백령도 진촌리 감람암포획현무암 분포지	인천 옹진군
32	1998	고생물	394	해남 우항리 공룡익룡 새발자국 화석산지	전남 해남군
33	1998	고생물	395	진주 가진리 새발자국과 공룡발자국 화석산지	경남 진주시
34	1999	고생물	411	고성 덕명리 공룡과 새발자국 화석산지	경남 고성군
35	2000	고생물	413	영월 문곡리 건열구조 및 스트로마톨라이트	강원 영월군
36	2000	고생물	414	화성 고정리 공룡알 화석산지	경기 화성시
37	2000	지질지형	415	포항 달전리 주상절리	경북 포항시
38	2000	고생물	416	태백 장성 전기 고생대 화석산지	강원 태백시
39	2000	고생물	417	태백 구문소 전기고생대지층 및 하식지형	강원 태백시
40	2000	고생물	418	보성 비봉리 공룡알 화석산지	전남 보성군
41	2000	경관 및 과학성	420	성산 일출봉 천연보호구역	제주 서귀포시
42	2000	영토적 상징성	423	마라도 천연보호구역	제주 서귀포시
43	2001	지질지형	431	태안 신두리 해안사구	충남 태안군
44	2003	고생물	434	여수 낭도리 공룡발자국 화석산지 및 퇴적층	전남 여수시

순서	연도	구분	번호	명칭	소재지
45	2003	지질지형	435	달성 비슬산 암괴류	대구 달성군
46	2004	지질지형	436	한탄강 대교천 현무암 협곡	경기 포천시 등
47	2004	지질지형	437	강릉 정동진 해안단구	강원 강릉시
48	2004	지질지형	438	제주 우도 홍조단괴 해빈	제주 제주시
49	2004	지질지형	439	제주 비양도 호니토(hornito)	제주 제주시
50	2004	지질지형	440	정선 백복령 카르스트지대	강원 정선군
51	2005	지질지형	443	제주 중문 대포 해안 주상절리대	제주 서귀포시
52	2005	지질지형	444	제주 선흘리 거문오름	제주 제주시
53	2005	지질지형	464	제주 사람발자국과 동물발자국 화석산지	제주 서귀포시
54	2005	지질지형	465	무등산 주상절리대	광주 동구
55	2006	천연동굴	466	제주 용천동굴	제주 제주시
56	2006	천연동굴	467	제주 수산동굴	제주 서귀포시
57	2006	고생물	474	사천 아두섬 공룡화석 산지	경남 사천시
58	2006	지질지형	475	고성 계승사 백악기 퇴적구조	경남 고성군
59	2007	고생물	477	하동 중평리 장구섬 화석산지	경남 하동군
60	2007	고생물	487	화순 서유리 공룡발자국 화석산지	전남 화순군
61	2008	천연동굴	490	제주 선흘리 벵뒤굴	제주 제주시
62	2008	고생물	499	남해 가인리 화석산지	경남 남해군
63	2009	지질지형	500	목포 갓바위	전남 목포시
64	2009	지질지형	501	군산 말도 습곡구조	전북 군산시
65	2009	지질지형	505	진도 동거차도 구상 페페라이트	전남 진도군
66	2009	지질지형	507	옹진 백령도 남포리 습곡구조	인천 옹진군
67	2009	지질지형	508	옹진 소청도 스트로마톨라이트 및 분바위	인천 옹진군
68	2009	천연동굴	509	정선 산호동굴	강원 정선군
69	2009	천연동굴	510	평창 섭동굴	강원 평창군
70	2009	지질지형	511	태안 내파수도 해안지형	충남 태안군
71	2009	지질지형	512	대구 가톨릭대학교 스트로마톨라이트	경북 경산시
72	2009	지질지형	513	제주 수월봉 화산쇄설층	제주 제주시
73	2010	지질지형	517	제주 물장오리 오름	제주 제주시
74	2011	경관 및 과학성	524	창녕 우포늪 천연보호구역	경남 창녕군
75	2011	지질지형	525	신안 작은대섬 응회암과 화산성구조	전남 신안군
76	2011	지질지형	526	제주 사계리 용머리해안	제주 서귀포시
77	2011	자연현상	527	의성 빙계리 얼음골	경북 의성군
78	2011	지질지형	528	밀양 만어산 암괴류	경남 밀양시
79	2012	지질지형	537	포천 한탄강 현무암 협곡과 비둘기낭폭포	경기 포천시
80	2013	지질지형	542	포천 아우라지 베개용암	경기 포천시
81	2013	지질지형	543	영월 무릉리 요선암 돌개구멍	강원 영월군
82	2014	고생물	548	군산 산북동 공룡과 익룡발자국화석산지	전북 군산시
83	2015	천연동굴	549	정선 용소동굴	강원 정선군
84	2017	지질지형	552	거문오름 용암동굴계 상류동굴군 (웃산전굴, 북오름굴, 대림굴)	제주 제주시

연번	연도	구분	번호	명칭	소재지
1	1970	자연명승	1	명주 청학동 소금강	강원 강릉시
2	1971	자연명승	2	거제 해금강	경남 거제시
3	1972	자연명승	3	완도 정도리 구계등	전남 완도군
4	1979	자연명승	6	울진 불영사 계곡일원	경북 울진군
5	1979	자연명승	7	여수 상백도·하백도 일원	전남 여수시
6	1997	자연명승	8	옹진 백령도 두무진	인천 옹진군
7	2000	자연명승	9	진도의 바닷길	전남 진도군
8	2003	자연명승	10	삼각산	경기 고양시
9	2003	자연명승	11	청송 주왕산 주왕계곡 일원	경북 청송군
10	2003	자연명승	12	진안 마이산	전북 진안군
11	2004	자연명승	13	부안 채석강·적벽강 일원	전북 부안군
12	2004	자연명승	14	영월 어라연 일원	강원 영월군
13	2005	역사문화명승	15	남해 가천마을 다랑이 논	경남 남해군
14	2005	자연명승	16	예천 회룡포	경북 예천군
15	2005	자연명승	17	부산 영도 태종대	부산 영도구
16	2006	자연명승	18	소매물도 등대섬	경남 통영시
17	2007	자연명승	24	부산 오륙도	부산 남구
18	2008	자연명승	37	동해 무릉계곡	강원 동해시
19	2008	자연명승	39	남해 금산	경남 남해군
20	2008	자연명승	41	순천만	전남 순천시
21	2008	자연명승	43	제주 서귀포 정방폭포	제주 서귀포시
22	2008	역사문화명승	44	단양 도담삼봉	충북 단양군
23	2008	역사문화명승	45	단양 석문	충북 단양군
24	2008	역사문화명승	46	단양 구담봉	충북 단양군
25	2008	역사문화명승	47	단양 사인암	충북 단양군
26	2008	역사문화명승	48	제천 옥순봉	충북 제천시
27	2008	역사문화명승	49	충주 계립령로 하늘재	충북 충주시
28	2008	역사문화명승	50	영월 청령포	강원 영월군
29	2009	자연명승	54	고창 선운산 도솔계곡 일원	전북 고창군
30	2009	역사문화명승	55	무주 구천동 일사대 일원	전북 무주군
31	2009	자연명승	69	안면도 꽃지 할미할아비바위	충남 태안군
32	2010	자연명승	72	지리산 한신계곡 일원	경남 함양군
33	2010	역사문화명승	73	태백 검룡소	강원 태백시
34	2011	자연명승	75	영월 한반도 지형	강원 영월군
35	2011	자연명승	76	영월 선돌	강원 영월군
36	2011	자연명승	77	제주 서귀포 산방산	제주 서귀포시
37	2011	자연명승	78	제주 서귀포 쇠소깍	제주 서귀포시
38	2011	자연명승	79	제주 서귀포 외돌개	제주 서귀포시
39	2011	자연명승	83	사라오름	제주 서귀포시
40	2011	자연명승	84	영실기암과 오백나한	제주 서귀포시
41	2012	자연명승	85	함양 심진동 용추폭포	경남 함양군
42	2012	자연명승	90	한라산 백록담	제주 서귀포시
43	2013	자연명승	93	포천 화적연	경기 포천시
44	2013	자연명승	94	포천 한탄강 멍우리협곡	경기 포천시

연번	연도	구분	번호	명칭	소재지
45	2013	자연명승	95	설악산 비룡폭포계곡 일원	강원 속초시
46	2013	자연명승	96	설악산 토왕성폭포	강원 속초시
47	2013	자연명승	97	설악산 대승폭포	강원 인제군
48	2013	자연명승	98	설악산 십이선녀탕 일원	강원 인제군
49	2013	자연명승	99	설악산 수렴동·구곡담계곡 일원	강원 인제군
50	2013	자연명승	100	설악산 울산바위	강원 전역
51	2013	자연명승	101	설악산 비선대와 천불동계곡 일원	강원 속초시
52	2013	자연명승	103	설악산 공룡능선	강원 전역
53	2013	자연명승	104	설악산 내설악 만경대	강원 인제군
54	2013	역사문화명승	105	청송 주산지 일원	경북 청송군
55	2013	자연명승	106	강릉 용연계곡 일원	강원 강릉시
56	2013	역사문화명승	108	강릉 경포대와 경포호	강원 강릉시
57	2014	역사문화명승	110	괴산 화양구곡	충북 괴산군
58	2017	자연명승	112	화순적벽	전남 화순군
59	2018	자연명승	113	군산 선유도 망주봉 일원	전북 군산시
60	2018	자연명승	114	무등산 규봉 주상절리와 지공너덜	전남 화순군

참고문헌

강대균. 2002. 「충청남도의 해안사구」. 고려대학교 박사학위논문.

강대균. 2003. 「해안사구의 물질구성과 플라이스토세충: 충청남도의 해안을 중심으로」. ≪대한지리학회지≫, 38(4), 505~517쪽.

강대균. 2004. 「소규모 임해충적평야의 수리체계: 불갑천 하류의 충적지와 해안사구를 중심으로」. ≪대한지리학회지≫, 39(6), 863~872쪽.

강대균. 2015. 「편마암과 한국의 지형발달」. ≪한국지형학회지≫, 22(1), 43~54쪽.

강병국·최종수. 2006. 『한국의 늪』. 지성사.

강상배. 1980. 「제주도 남·북사면지형의 비교연구」. ≪지리학연구≫, 5, 157~181쪽.

강승삼. 1975. 「한국의 화산 지형」. ≪청주대학학보≫, 20, 46~55쪽.

강승삼. 1976. 「선상지 지형과 삼각주·산록완사면·애추에 대하여」. 『청주대학논문집』 9, 433~447쪽.

강신복. 1989. 「쌍곡리 일대에 분포하는 애추사면 퇴적물의 퇴적시기 고찰」. 공주대학교 석사학위논문.

강영복. 1973. 「화강편마암에 발달한 적색토에 관한 연구」. 서울대학교 석사학위논문.

강영복. 1977. 「계양산산록면에 발달한 토양단면 특성에 관한 조사연구」. ≪지리학≫, 15, 17~25쪽.

강영복. 1978. 「한국의 적색토 풍화과정의 특성」. ≪지리학≫, 18, 1~12쪽.

강영복. 1986. 「지형형성작용·토양생성작용·풍화작용」(대한지리학회 추계학술대회 발표요약문), 21~23쪽.

강영복. 1987. 「고적색토의 토양지형 생성적 특성」. ≪지리교육논집≫, 18, 38~54쪽.

강영복·박종원. 2000. 「쌍천 하성단구의 토양 특성」. ≪대한지리학회지≫, 35(2), 159~176쪽.

강원도교육청. 1993. 『강원의 자연 제4집(지질편)』.

강지현·성효현. 2009. 「라이다 데이터를 이용한 독도의 지형분류와 사면안정성연구」. ≪한국지형학회지≫, 16(3), 15~27쪽.

경주남산연구소. http://www.kjnamsan.org

고성욱. 1991. 「오십천의 유로분석」. 동국대학교 석사학위논문.

고의장. 1965. 「한국의 산록완사면 지형에 대한 연구」. 경희대학교 석사학위논문.

고의장. 1977. 「산록완사면 발달사에 관한연구」. 『지역개발논문집』 7, 1~15쪽.

고의장. 1982. 「지리산 화엄사 선상지에 관한 분석적 연구」. ≪지리학총≫, 10(박노식 교수 정년퇴임 기념호), 18~29쪽.

고의장. 1984. 「제주도와 울릉도의 지형경관에 관한 비교연구」. ≪지리학연구≫, 9, 481~506쪽.

고의장·이승곤. 2000. 「태안 해안 국립공원의 관광지형학적 특성」. ≪지리학연구≫, 34(1), 27~38쪽.

고정선·윤성효·홍현주. 2005. 「제주도 대포동현무암에 발달한 지삿개 주상절리의 형태학 및 암석학적 연구」. ≪암석학회지≫, 14(4), 212~225쪽.

구자용·박의준·김영택. 2005. 「GIS 공간중첩 기법을 이용한 내륙습지 경계 재설정」. ≪지리학연구≫, 39(4), 563~574쪽.

구홍교. 2001. 「토양분석을 통한 지리산 왕등재 습지의 특성연구」. ≪지리학논총≫, 37, 1~18쪽.

국립환경과학원. 2008. 「전국해안사구정밀조사보고서」.

국립환경과학원. 2010. 「한국의 대표지형: 산지, 하천」.

국민안전처. 2017. 「9.12지진백서」.

국토지리정보원. 2012. 「1:25000 수치지형도 '울릉'도폭」.

국토해양부 국토지리정보원. 2007. 「대한민국 국가지도집」.

국토해양부 국토지리정보원. 2008. 「한국지리지: 총론편」.

권동희. 1982. 「서울 근교 화강암산지에 발달한 Tor 현상에 관한 연구」. 동국대학교 석사학위논문.

권동희. 1985. 「금정산의 Tor 현상에 관한 연구」. ≪지리학≫, 32, 11~22쪽.

권동희. 1987. 「한국산지에 발달한 Tor 현상에 관한 연구」. 동국대학교 박사학위논문.

권동희. 1992. 「토어(tor)현상의 기후지형학적 해석」. ≪지리학연구≫, 22, 59~72쪽.

권동희. 1997. 「제2차 자연환경 전국 기초조사에서의 지형경관 조사방법과 활용」. ≪사진지리≫, 6, 35~46쪽.

권동희. 1999. 「한국의 화강암 지형」. ≪한국지형학회지≫, 6, 41~46쪽.

권동희. 2000a. 「덕유산 국립공원 일대의 지형경관 특성과 활용방안」. ≪지리학연구≫, 34(2), 73~85쪽.

권동희. 2000b. 「흙이 다르면 사람살이도 다르다」. ≪작은 것이 아름답다≫, 4월호, 31~35쪽.

권동희. 2000c. 「덕유산 국립공원 일대의 지형경관 특성과 활용방안」. ≪지리학연구≫, 34(2), 73~86쪽.

권동희. 2001a. "Recent Progress in Korean Studies on Granite Landforms." ≪地形≫, 22~23쪽.

권동희. 2001b. 「발왕산 지역의 지형경관 특성과 활용방안」. ≪지리학연구≫, 35(3), 249~260쪽.

권동희. 2002a. 「지형경관과 관련된 천연기념물 지정 현황과 문제점 그리고 대안」. ≪사진지리≫, 12, 69~78쪽.

권동희. 2002b. 「가평 지역의 지형경관 특성과 활용방안」. ≪지리학연구≫, 36(3), 217~226쪽.

권동희. 2003. 「강릉 석병산 지역의 지형경관 특성과 활용방안」. ≪지리학연구≫, 37(2), 127~137쪽.

권동희. 2004a. 「화천 사명산 일대의 지형경관 특성과 활용방안」. ≪지리학연구≫, 38(2), 115~125쪽.

권동희. 2004b. 「포천·동두천 일대의 지형경관 특성과 활용방안」. ≪한국지형학회지≫, 11(4), 11~19쪽.

권동희. 2005. 「삼척 사금산 일대의 지형경관 특성과 활용방안」. ≪한국지형학회지≫, 12(1), 13~23쪽.

권동희. 2006a. 「횡성·홍천 지역의 지형경관 특성과 활용」. ≪한국지형학회지≫, 13(4), 1~7쪽.

권동희. 2006b. 『지리이야기』(개정판). 한울.

권동희. 2006a. 「한국의 습지 지형 연구성과와 과제」. ≪한국지형학회지≫, 13(1), 25~34쪽.

권동희. 2006b. 「한국의 해안지형 연구성과와 과제」. ≪한국지형학회지≫, 13(2), 23~35쪽.

권동희. 2007. 「제주 특별자치도의 지형관광자원: 세계지연유산 지정 후보지로서의 재조명」. ≪한국사진지리학회지≫, 17(1), 9~20쪽.

권동희. 2008. 『한국지리 이야기』. 한울.

권동희. 2009. 「한국의 응용지형학 연구성과와 과제」. ≪한국지형학회지≫, 16(3), 1~13쪽.

권동희. 2010a. 「천연기념물 지형의 지리학적 분석」. ≪한국사진지리학회지≫, 20(1), 17~26쪽.

권동희. 2010b. 『개정판 지리이야기』. 한울.

권동희. 2011a. 「지오사이트로서 석회동굴의 지형학적 특성」. ≪한국사진지리학회지≫, 21(1), 45~55쪽.

권동희. 2011b. 「한탄강 유역 화산 지형의 지오파크 지정 가능성」. ≪한국사진지리학회지≫, 21(2), 33~42쪽.

권동희. 2011c. 「화강암이 선물한 한반도 경관과 문화」. 국가브랜드위원회(story of korea Korea

권동희. 2011d. 「한탄강 유역 화산 지형의 지오파크 지정 가능성」. ≪한국사진지리학회지≫, 21(2), 33~42쪽.

권동희. 2011e. 「제주도 지오파크의 발전적 콘텐츠 개발: 산방산·용머리 해안을 중심으로」. ≪한국지형학회지≫, 18(3), 1~10쪽.

권동희. 2012. 「제주도 지형지」. ≪한국사진지리학회지≫, 22(1), 1~12쪽.

권동희. 2013. 「동해안 낭만가도의 바위지형경관 특성과 활용방안」. ≪대한지리학회지≫, 48(6), 803~818쪽.

권동희. 2017. 『드론의 경관지형학 제주』. 푸른길.

권동희. 2018. 『여행의 지리학』. 황금비율.

권동희·박희두. 1993. 『토양지리학』. 교학연구사.

권동희·정태홍·이재천·김선희. 1993. 『한국의 자연관광』. 백산출판사.

권순식. 1977. 「동래금정산록의 solifluction 퇴적물에 관한 연구」. 서울대학교 석사학위논문.

권순식. 1978. 「부산시 범어사 주변의 Blok Field에 관하여」. ≪지리학논총≫, 5, 49~54쪽.

권순식. 1987. 「한반도 화강암 풍화층에 발달된 제4기 후반의 주빙하결빙구조에 관한 연구」. 서울대학교 박사학위논문.

권순식. 1988. 「화강암 거력 퇴적물에 관한 연구」. ≪지리학논총≫, 15, 29~44쪽.

권순식. 2003a. 「화강암 풍화층의 결빙구조」. ≪지리학연구≫, 37(3), 285~294쪽.

권순식. 2003b. 「화강암 풍화층의 특성과 결빙포행」. ≪한국지역지리학회지≫, 9(4), 534~545쪽.

권순식. 2005. 『사면이동의 지형학』. 다락방.

권혁재. 1973a. 「우리나라 하천의 유황과 하천 지형」. ≪지리학회보≫, 6.

권혁재. 1973b. 「낙동강 삼각주의 지형연구」. ≪지리학≫, 8, 8~23쪽.

권혁재. 1974. 「황해안의 간석지발달과 그 퇴적물의 기원」. ≪지리학≫, 10, 1~12쪽.

권혁재. 1975a. 「한국의 해안지형과 해안분류의 제문제」. ≪교육논총(고려대 교육대학원)≫ 3, 73~88쪽.

권혁재. 1975b. 「호남평야의 충적지형에 관한 지리학적 연구」. ≪지리학≫, 12, 1~20쪽.

권혁재. 1976. 「낙동강 하류지방의 배후습지성 호소」. ≪지리학≫, 14호.

권혁재. 1984. 「한강 하류의 충적지형」. ≪고려대학교 사대논집≫, 9, 79~113쪽.

권혁재. 1989. 「논산평야」. ≪사대논집≫, 14, 129~148쪽.

권혁재. 1996. 『한국지리: 총론편』. 법문사.

권혁재. 1999. 『지형학』(제4판). 법문사.

권혁재. 2000. 「한국의 산맥」. ≪대한지리학회지≫, 35(3), 389~400쪽.

권혁재. 2004. 『남기고 싶은 우리의 지리이야기』. 산악문화.

기근도. 1999. 「대관령 일대의 지형·토양 환경」. 한국교원대학교 박사학위논문.

기근도. 2002a. 「소황병산 일대의 주빙하 환경」. ≪한국지형학회지≫, 9(1), 45~60쪽.

기근도. 2002b. 「자연지역으로서의 태백산지」. ≪한국지역지리학회지≫, 8(4), 468~479쪽.

기근도. 2008. 「경상좌도 동천구곡의 지형적 특성」. ≪한국지형학회지≫, 15(2), 95~109쪽.

기근도·김영래·조헌. 2007. 「경상우도 동천구곡의 지형적 특성」. ≪한국지형학회지≫, 14(3), 123~136쪽.

기근도·이민호. 2002. 「지형을 중심으로 한 대전 지역의 이해」. ≪한국지역지리학회지≫, 8(2), 229~246쪽.

김귀곤. 2003. 『습지와 자연』. 아카데미서적.

김기범. 2010. 「울릉도 화산체의 지구물리학적 연구: 나리 칼데라를 중심으로」. 『한국암석학회·(사)한국광물학회 2010년 공동학술발표회 논문집』, 27~28쪽.

김기범·이기동. 2008. 「울릉도의 화산층서와 단층에 대한 연구」. ≪지질학회지≫, 18(3). 321~330쪽.

김대식. 2013. 「우리나라 동해안 해안선의 장기적 변화 2: 남부 동해안」. ≪한국지형학회지≫, 20(3), 27~39쪽.

김대식·이광률. 2013. 「우리나라 동해안 해안선의 장기적 변화 1: 중부 동해안」. ≪한국지형학회지≫, 20(2), 1~13쪽.

김대식·이광률. 2015. 「동해안 해안선과 해빈의 계절적 변화」. ≪대한지리학회지≫, 50(2), 147~164쪽.

김대현. 2004. 「식생의 공간적 분포와 토양·지형·거리 요소들 사이의 관계에 관한 연구」. 서울대학교 석사학위논문.

김도정. 1970. 「한라산의 구조토고찰」. ≪낙산지리≫, 1, 3~10쪽.

김도정. 1972. 「서울 근교의 화강암풍화에 대한 기후지형학적 고찰: 특히 백운대 및 인수봉 지역을 중심으로」. ≪낙산지리≫, 2, 41~49쪽.

김도정. 1973a. 「한국의 상식(霜蝕)의 유형」. ≪지리학≫, 8, 1~7쪽.

김도정. 1973b. 「한국의 화산 지형」. ≪지리학회보≫, 7, 1~9쪽.

김만일·장광수·석희준·김형수. 2006. 「인공수압파쇄 적용을 위한 울릉도 화산암류 저류특성 평가」. The Journal of Engineering Geology, Vol.16, No.2, pp.125~134.

김만정. 1970a. 「국토개발을 위한 영남권의 응용지형학적 연구」. 문교부학술연구보고서.

김만정. 1970b. 「낙동강상류지역의 지형분류에 관한연구」. ≪안동교대 논문집≫, 제3집.

김만정. 1972. 「개발을 위한 지형분류의 Mesh 법적 평가에 관한 연구」. ≪안동교대 논문집≫, 제5집.

김명옥. 1993. 「경주지역의 산록완사면에 관한 연구」. 성신여자대학교 석사학위논문.

김미령. 2003. 「제주도 하천의 하계망 분석」. 제주대학교 석사학위논문.

김미영. 2004. 「울릉도 부석층에 포함된 화강암 암편에 대한 암석성인 연구」. 이화여자대학교 석사학위논문.

김범훈·김태호. 2007. 「제주도 용암동굴의 보존 및 관리 방안에 관한 연구」. ≪한국지역지리학회지≫, 13(6), 609~622쪽.

김상호. 1959. 「한국 선상지 연구」. 『경희대논문집』, 2, 1~28쪽.

김상호. 1961. 「한국중부지방의 지형발달」. 『서울대학교 논문집: 이공계 10』, 111~123쪽.

김상호. 1963. 「제주도의 자연지리」. ≪지리학≫, 1, 2~14쪽.

김상호. 1964. 「추가령열곡에 대한 고찰」. ≪사대학보≫, 6(1), 156~161쪽.

김상호. 1971. 「한국의 지형구」. ≪지리학≫, 6, 1~24쪽.

김상호. 1973. 「중부지방의 침식면 지형연구」. 『서울대학교 논문집: 이공계 21』, 85~115쪽.

김상호. 1977. 「한국의 산맥론」. ≪자연보존≫, 19, 1~4쪽.

김상호. 1979. 「신지형학」. ≪지리학과 지리교육≫, 9, 236~245쪽.

김상호. 1980. 「한반도의 지형형성과 지형발달 서설」. ≪지리학연구≫, 5, 1~15쪽.

김상호. 1983. 「한국의 지형 연구에 있어서 문제점과 전망」. ≪지리학논총≫, 10, 27~40쪽.

김상호. 2016. 『한반도 지형의 형성』, 1~3권, 두솔.

김서운. 1973. 「한국 남동단부(방어진-포항) 해안에 발달하는 단구에 관한 연구」. ≪지질학회지≫, 9(2), 89~21쪽.

김성환. 2005. 「낙동강 하구둑 건설과 삼각주연안 사주섬 지형변화」. 서울대학교 박사학위논문.

김성환. 2009. 「낙동강 삼각주연안 사주섬 퇴적환경 연구」. ≪한국지형학회지≫, 16(4), 119~129쪽.

김성환·서종철·박경. 2008. 「수문과 지형 특성에 의한 신두리 해안사구 습지의 유형분류」. ≪한국지형학회지≫, 15(3), 107~118쪽.

김성환·윤광성. 2008. 「제2차 전국자연환경조사 지형분야의 성과와 제3차 조사의 특징」. ≪한국지형학회지≫, 15(4), 75~86쪽.

김영래. 2005. 「한반도 중남부 화강암과 편마암의 풍화특색」. 한국교원대학교 박사학위논문.

김영래. 2007. 「영주-봉화 분지의 화강암 지형 경관의 특색」. ≪한국지형학회지≫, 14(3), 71~90쪽.

김영래. 2011. 「경남 고성의 화강암 적색 풍화층의 특색과 성인에 관한 논의」. ≪한국지형학회지≫, 18(1), 57~71쪽.

김우관·전영권. 1988. 「기후지형학의 연구동향: pediment와 주빙하 지형을 중심으로」. 경북대 사회대 지리학과. ≪지리학논구≫ 9, 1~15쪽.

김윤규·이대성. 1983. 「울릉도 북부 알카리 화산암류에 대한 암석학적 연구」. ≪광산지질≫, 16(1), 19~36쪽.

김종연. 2011. 「한국의 기반암 하상침식지형 연구」. ≪한국지형학회지≫, 18(4), 35~57쪽.

김종연. 2013. 「지형 자원 활용을 위한 지형분류도 작성 연구: 교암도폭을 사례로」. ≪한국사진지리
    학회지≫, 23(4), 142~160쪽.

김종연. 2015. 「아야진 구릉에 분포하는 풍화대와 토양의 특성에 대한 연구」. ≪한국사진지리학회
    지≫, 25(4), 67~86쪽.

김종연. 2016. 「전남 신안군 우이도 풍식력에 대한 연구」. ≪한국사진지리학회지≫, 26(4), 89~105쪽.

김종욱. 1983. 「사천 와룡산 서쪽 산록면의 형상과 형성과정에 관한 연구」. ≪지리학논총≫, 10,
    359~369쪽.

김종욱. 1991. 「응용지형학의 전망과 과제」. ≪지리학논집(공주대학교 지리교육과)≫, 17(1),
    75~83쪽.

김종욱. 1996. 「한국 지형학의 50년 회고와 전망: 토론」. ≪대한지리학회지≫, 31(2), 121~123쪽.

김종욱·이민부·공우석·김태호·강철성. 2008. 『한국의 자연지리』. 서울대학교출판부.

김종휘·정의진·김정환·윤운상. 2005. 「단양지역 내 석회암 지역에 발달하는 용식지형의 특성」.
    ≪지질학회지≫, 41(1), 45~58쪽.

김주환. 1973. 「Joint와 하천유향과의 관계 고찰」. 서울대학교 석사학위논문.

김주환. 1979. 「일본 지질학자들의 한국 지질·지형관 편모: 1900~1945년을 중심으로」. 서울대 사
    범대 지리교육과. ≪지리학과 지리교육≫, 9, 246~255쪽.

김주환. 1997a. 「직탕폭포와 고석정 주변의 지형」. ≪사진지리≫, 5, 45~62쪽.

김주환. 1997b. 「추가령열곡 내 의정부~동두천 간에 발달한 단층구조의 구조지형학적 해석」. ≪지
    리학연구≫, 31, 19~26쪽.

김주환. 2000. 「한탄강 일대의 지형정보에 관한 연구」. ≪지리학연구≫, 34(3), 137~150쪽.

김주환. 2002. 『지형학』. 동국대학교 출판부.

김주환. 2009. 『구조지형학』. 동국대학교 출판부.

김주환. 2010. 『기후지형학』. 동국대학교 출판부.

김주환·권동희. 1990a. 「아암도의 Gnamma에 관한 연구」. ≪지리학≫, 42, 1~11쪽.

김주환·권동희. 1990b. 『지구환경』. 신라출판사.

김주환·이혜은·권동희·안재섭. 2001. 『지표공간의 이해: 지리학적인 접근』. 푸른세상.

김주환·장재훈. 1978. 「한국의 화강암에 발달된 Salt Weathering현상에 관한 기후지형학적 연구」.
    ≪지리학연구≫, 4, 29~53쪽.

김지인·최성희·이기욱·이신애. 2019. 「경기육괴 서남부 가로림만의 지곡리층 혼성편마암 저어콘
    에 대한 SHRIMP U-Pb 연대」. ≪지질학회지≫, 55(2), 191~205쪽.

김창환. 1992. 「한국 남서지역의 구릉지에 관한 연구」. 동국대학교 박사학위논문.

김창환. 2009a. 「한국에서의 지오파크 활동과 지리학적 의미」. ≪한국지형학회지≫, 16(1), 57~66쪽.

김창환. 2009b. 「DMZ와 그 인접 지역의 지형경관 조사와 활용방안」. ≪한국지역지리학회지≫,
    15(3), 317~327쪽.

김창환. 2011a. 「지오파크(geopark) 명칭에 대한 논의」. ≪한국지형학회지≫, 18(1), 73~83쪽.

김창환. 2011b. 「강원도 DMG 지리공원(geopark)의 지오사이트 선정과 스토리텔링」. ≪한국사진

지리학회지≫, 21(1), 117~134쪽.

김추윤. 2004.6.14. "특집: '한반도의 보고, 한탄강'". ≪경기일보≫.

김추윤. 2005. 「한탄강 유역의 자연경관에 대한 사진지리학적 접근」. ≪한국사진지리학회지≫, 15(2), 1~26쪽.

김추홍·손일. 2010. 「산지차수에 근거한 남한 지역의 산지구분」. ≪한국지형학회지≫, 17(2), 1~13쪽.

김태석. 2010. 「묵논습지에 관한 연구: 약사전 습지를 중심으로」. 동국대학교 석사학위논문

김태석·권동희. 2014. 「한국 돌리네 습지의 형성 요인」. ≪한국지형학회지≫, 21(2), 83~96쪽.

김태호. 2001. 「한라산 백록담 화구저의 유상구조토」. ≪대한지리학회지≫, 36(3), 233~246쪽.

김태호. 2006. 「한라산 천연보호구역의 지형」. 제주특별자치도 한라산연구소 엮음. ≪한라산천연보호구역학술조사보고서≫.

김태호. 2009. 「제주도 산지 습지의 지형특성: 1100고지습지와 물영아리오름 습지를 사례로」. ≪한국지형학회지≫, 16(4), 35~45쪽.

김태호. 2011. 「한국의 화산지형 연구」. ≪한국지형학회지≫, 18(4), 79~96쪽.

김태호·안중기. 2008a. 「제주도 스코리아콘의 유출 특성: 어승생오름 소유역을 사례로」. ≪한국지형학회지≫, 15(2), 55~65쪽.

김태호·안중기. 2008b. 「한라산 구린굴의 천장 함몰로 인한 병문천의 유로 변경」. ≪대한지리학회지≫, 43(4), 466~476쪽.

김태호·장동호·지광훈·이성순. 2010. 『위성에서 본 한국의 화산 지형』 한국지질자원연구원.

김한빛·장윤득. 2016. 양남주상절리군의 유향에 대한 예비연구. 2016 추계지질과학연합회 하술대회, 구두발표 7-8.

김한산. 2011. 『백두산 화산』. 시그마프레스.

김혜자. 1982. 「서울 부근의 Tafoni 현상에 관한 연구」. 상명여자대학교 석사학위논문.

김혜자. 1983. 「도봉산과 불암산지역의 Joint. Tor, Tafoni에 관한 연구」. ≪동국지리≫, 5호.

네이버 지식백과. http://www.terms.naver.com

다음 백과사전. http://www.enc.daum.net

대한지질학회. 1999. 『한국의 지질』. 시그마프레스.

도윤호·문태영. 2002a. 「울주군 무제치 제1늪의 지표보행성 갑충군의 다양성 구조」. ≪한국습지학회지≫, 4(1), 33~42쪽.

도윤호·문태영. 2002b. 「양산 원효산 화엄늪에서 육화에 따른 곤충군집의 천이」. ≪한국습지학회지≫, 4(2), 13~22쪽.

도한진. 1982. 「TALUS의 이동에 관한 연구: 문경지방을 중심으로」. ≪동국지리≫, 3, 19~38쪽.

라우텐자흐(H. Lautensach). 1998. 『코레아 I : 답사와 문헌에 기초한 1930년대의 한국지리, 지지, 지형』. 김종규·강경원·손명철 옮김. 민음사.

류순호 외. 2002. 『토양사전』. 서울대학교 출판부.

무니크와, 케네디·김종욱·최정헌·최광희·변종민. 2004. 「신두리 지역의 전사구(前砂丘)에 대한

　　　OSL 연대 측정 및 지형발달」. ≪대한지리학회지≫, 39(2), 269~282쪽.

무니크와, 케네디·최광희·최정헌·박경·김종욱. 2005. 「태안군 운여 해안의 해안사구체에 대한 퇴
　　　적 및 루미네서스 연대측정」. ≪한국지형학회지≫, 12(1), 167~178쪽.

문현숙. 1981. 「한반도 중남부 화강암지대에서의 분지 지형발달과 유형분류에 관한 연구」. ≪건국
　　　지리학보≫, 3, 3~11쪽.

문현숙. 2005. 「습지의 발달환경과 특성: 경기도 산지를 중심으로」. 동국대학교 박사학위논문.

문화재청. http://www.cha.go.kr

박경. 2000. 「설악산국립공원에서 발견되는 암괴원에 관한 고찰」. ≪대한지리학회지≫, 35(5),
　　　653~664쪽.

박경. 2003. 「설악산 국립공원 지역 아고산대의 암괴원 기원과 연대에 관한 고찰」. ≪대한지리학회
　　　지≫, 38(6), 922~934쪽.

박경. 2006. 「남한 지역에 나타나는 환상구조에 관한 지형학적 연구」. ≪한국지형학회지≫, 13(1),
　　　59~70쪽.

박경. 2007. 「해안사구의 편년에 관한 연구」. ≪지리학연구≫, 41(2), 139~149쪽.

박경. 2009. 「서해안과 도서지역에 나타나는 타포니 현상에 관한 연구」. ≪한국지형학회지≫,
　　　16(4), 73~84쪽.

박경. 2013. 「백두산 화산관련연구동향-휴화산/활화산 논쟁과 관련하여」. ≪한국지형학회지≫,
　　　20(4). 117~131쪽.

박경. 2017. 「풍화지형에 대한 지형학적 분석과 고고민속학적 접근에 관한 비교 연구 – 타포니와
　　　나마, 감실과 알터를 중심으로」. ≪한국지형학회지≫, 24(3), 119~131쪽.

박경·김지영. 2014. 「폭포의 지형학적 분류에 관한 연구」. ≪한국지형학회지≫, 21(4), 85~96쪽.

박경·손일. 2007. 「제주도 김녕·월정사구의 OSL 연대 측정결과와 그 의미」. ≪한국지형학회지≫,
　　　14(2), 33~41쪽.

박경·손일·장은미. 2004. 「제주 김녕-월정사구의 발달과정에 관하여」. ≪한국지역지리학회지≫,
　　　10(4), 851~864쪽.

박계순·박준석·권병두·김창환·박찬홍. 2009. 「포텐셜 자료를 이용한 울릉분지와 독도 주변 지체
　　　구조 연구」. ≪한국지구과학회지≫, 30(2), 165~175쪽.

박기화 외. 2006. 『제주도지질여행』(증보판). 한국지질자원연구원·제주발전연구원.

박노식. 1963a. 「수도권의 지형」. 수도 광역조사보고서.

박노식. 1963b. 「지리산지형」. 지리산지개발보고서.

박노식. 1964. 「한국 5대강유역의 토지이용을 위한 지형분류연구」. 『경희대논문집』.

박노식. 1966. 「대관령산지지형」. 대관령산지종합개발방향.

박노식. 1971. 「한국의 지형구」. ≪지리학≫, 6, 1~24쪽.

박노식·박동원. 1976. 「지리학 30년(1945~1975)의 회고와 전망: 지형학」. ≪지리학≫, 13, 7~12쪽.

박동원. 1967. 「한강력의 원형도와 형태에 관한 연구」. 서울대학교 석사학위논문.

박동원. 1975. 「우리나라 서해안의 간석지유형」. ≪지리학회보≫, 14.

박동원. 1980.「고군산군도의 지형」.≪한국자연보존협회 조사보고서≫, 19, 37~60쪽.

박동원. 1983.「한국의 지형연구에 있어서의 문제점과 전망」.≪지리학논총≫, 10.

박동원. 1985.「김제·정읍 일대에 분포하는 뢰스상 적황색토에 대한 연구」.≪지리학≫, 32, 1~10쪽.

박동원·박승필. 1981.「울릉도와 독도의 지형. 한국자연보존협회 조사보고서」19, 37~ 50쪽.

박동원·오남삼. 1981.「제주도 파식대에 대한 지형학적 연구」. 서울대학교 사회과학대학 지리학과.≪지리학논총≫, 8, 1~10쪽.

박동원·유근배. 1979.「우리나라 서해안의 사구지형」.≪지리학논총≫, 6, 1~10쪽.

박미영. 2011.「홍도 지형 자원을 활용한 지오투어리즘」.≪한국지역지리학회지≫, 17(1), 109~121쪽.

박병수. 1979.「한반도 중남부에서의 화강암 분포지역의 분지지형에 관한 연구」. 건국대학교 석사학위논문.

박병수·손명원. 1997.「안계분지의 지형발달」.≪한국지역지리학회지≫, 3(1), 51~62쪽.

박병수·손명원. 1998.「문경의 자연지리」.≪한국지역지리학회지≫, 4(2), 15~30쪽.

박수영 외. 2000.『습지학원론: 한국의 늪』. 은혜기획.

박수진. 1993.「수문화학적 자료를 통한 화강암질 유역의 화학적 풍화특성에 관한 연구」.≪지리학≫, 28(1), 1~15쪽.

박수진. 2004.「생태환경 특성 파악을 위한 지형분류기법의 개발」.≪대한지리학회지≫, 39(4), 495~513쪽.

박수진. 2009a.「한반도 평탄지의 유형분류와 형성과정」.≪대한지리학회지≫, 44(1), 31~55쪽.

박수진. 2009b.「한반도에 '고위평탄면'이 존재하는가?」.≪한국지형학회지≫, 16(2), 91~110쪽.

박수진. 2014.「한반도 지형의 일반성과 특수성, 그리고 지속가능성」.≪대한지리학회지≫, 49(5), 656~674쪽.

박수진·손일. 2005a.「한국산맥론(Ⅰ): DEM을 이용한 산맥의 확인과 현행 산맥도의 문제점 및 대안의 모색」.≪대한지리학회지≫, 40(1), 126~152쪽.

박수진·손일. 2005b.「한국산맥론(Ⅱ): 한반도 '산줄기 지도' 제안」.≪대한지리학회지≫, 40(3), 253~273쪽.

박승필. 1996.「무등산 지역의 지형특성에 관한 연구」.≪한국지형학회지≫, 3(2), 115~134쪽.

박용안. 1969.「방사선탄소 C14에 의한 한국 서해안 침수 및 침강현상규명과 서해안에 발달한 반담수-염수습지 퇴적층에 관한 층서학적 연구」.≪지질학회지≫, 5(1), 57~66쪽.

박용안·공우석 외. 2001.『한국의 제4기 환경』. 서울대학교 출판부.

박의준. 2000a.「순천만 염하구 퇴적과정의 시·공간적 변이」. 서울대학교 박사학위논문.

박의준. 2000b.「해안습지 성장률의 공간적 특성에 관한 연구: 순천만 염하구 해안습지를 사례로」.≪한국지역지리학회지≫, 6(3), 153~168쪽.

박의준. 2001.「해안습지 발달과정에 대한 연구동향과 과제」.≪지리학연구≫, 35(1), 27~44쪽.

박의준. 2002.「우리나라 남부 지역 읍성지의 지형경관 분석: 광주읍성을 사례로」.≪지리학연구≫, 36(4), 299~312쪽.

박의준·김성환·윤광성. 2005. 「우리나라 대하천 상류 하천습지의 지형경관: 영산강 상류 하천습지를 사례로」. ≪지리학연구≫, 39(4), 469~478쪽.

박종관. 2001. 「양구군 대암산 용늪의 지하수위 변화 연구」. ≪한국지형학회지≫, 8(2), 35~50쪽.

박종관. 2003. 「대암산 용늪 지하수의 pH, 전기전도도, 수온분포 특성」. ≪대한지리학회지≫, 38(1), 1~15쪽.

박종관. 2005. 『박종관 교수의 Let's Go 지리여행』. 지오북.

박종관. 2009. 「굴업도의 지질, 해안경관 특성 및 그 활용 방안」. ≪한국지형학회지≫, 16(1), 31~41쪽.

박지선·권동희. 2011. 「쉰움산의 나마(Gnamma)에 관한 연구: 유형분류를 중심으로」. ≪한국사진지리학회지≫, 21(3), 87~99쪽.

박지훈·오규진. 2009a. 「지리적 관점으로 본 충남 천안천 유역에 있어서 청동기시대 주거지의 입지 유형과 입지요인」. ≪한국지형학회지≫, 16(1), 67~88쪽.

박지훈·오규진. 2009b. 「지리적 관점으로 본 아산 용두천 유역 및 주변지역에 있어서 청동기시대 주거지 최적 입지환경」. ≪한국사진지리학회지≫, 19(2), 69~82쪽.

박지훈·장동호. 2009. 「충남 아산 근교 구릉지 소유역에 있어서 사면 미지형과 청동기시대 주거지 분포와의 대응관계」. ≪한국지형학회지≫, 16(2), 43~62쪽.

박천영·최광희·김종욱. 2009. 「대청도 옥중동 해안사구의 지형특징 및 발달과장에 관한 고찰」. ≪한국지형학회지≫, 16(1), 101~111쪽.

박철웅. 2008. 「해남 남서부지역의 Stratified Slope Deposit의 기후지형학적 특성」. ≪한국지형학회지≫, 15(2), 11~24쪽.

박철웅. 2009. 「진도 관매도의 지형경관과 삶의 지속성 이해」. ≪남도민속연구≫, 18, 71~103쪽.

박철웅·김인철. 2012. 「지석묘의 입지특성과 축조방식에 대한 지형학적 고찰: 효산리·대신리를 중심으로」. ≪한국지형학회지≫, 19(3), 23~36쪽.

박충선. 2006. 「서해안 대천, 봉동, 부안 지역의 뢰스: 고토양 층서와 편년」. 경희대학교 석사학위논문.

박충선·윤순옥·황상일. 2007. 「한국 뢰스 연구의 성과 및 논의」. ≪한국지형학회지≫, 14(4), 29~45쪽.

박희두. 1989. 「남한강 중·상류 분지의 지형연구: 퇴적물 분석을 중심으로」. 동국대학교 박사학위논문.

박희두. 1996. 「제천의 지질과 지형. 서원대학교 호서문화연구소」. ≪호서문화논총≫, 9-10합본호, 51~70쪽.

박희두. 1997. 「울릉도의 자연지리」. ≪지리학연구≫, 31, 27~40쪽.

박희두. 2002. 「화양계곡에 발달한 하식 미지형」. ≪사진지리≫, 12, 27~56쪽.

박희두. 2004. 「속리산 주변산지의 풍화혈 분석」. ≪한국지형학회지≫, 11(4), 35~46쪽.

박희두. 2005. 「만경강과 동진강 유역의 습지 분석」. ≪한국지형학회지≫, 12(1), 1~12쪽.

박희두. 2006. 「청주시 일대의 자연지리 야외 학습장 개발」. ≪한국지형학회지≫, 13(2), 1~12쪽.

반용부. 1981. 「만수천 하류의 단상지형 연구」. ≪지리학총≫, 9, 13~22쪽.

반용부. 1987. 「낙동강 삼각주의 지형과 표층퇴적물 분석」. 경희대학교 박사학위논문.

반용부. 2004. 「명호도 남단의 Barrier Islands 지형변화」. ≪부산연구≫, 창간호, 53~99쪽.

범선규. 2002. 「영산강유역의 지형과 주민생활」. ≪한국지역지리학회지≫, 8(4), 451~467쪽.

변종민. 2011. 「한반도 지반운동사 이해를 위한 수치지형발달모형의 개발과 적용」. 서울대학교 박사학위논문.

(사)한국지구과학회. 1995. 『최신지구학: 50억 년의 다이내믹스』. 교학연구사.

(사)한국지구과학회. 2009. 『가족이 함께 떠나는 주말 지질여행』. 이치사이언스.

서무송. 1969. 「한국의 카르스트 지형: 삼척일대의 지형발달을 중심으로」. 경희대학교 석사학위논문.

서무송. 1996. 『한국의 석회암지형』. 세경자료사.

서무송. 2009. 『지형도를 이용한 제주도 기생화산 연구 및 답사』. 푸른길.

서무송. 2010. 『카르스트 지형과 동굴연구』. 푸른길.

서종철. 2001. 「서해안 신두리 해안사구의 지형변화와 퇴적물 수지」. 서울대학교 박사학위논문.

서종철. 2004. 「해안사구에서의 유효풍속과 지형변화」. ≪한국지역지리학회지≫, 10(3), 667~681쪽.

서종철. 2005. 「신두리 지역의 고사구에 대한 OSL 연대 측정」. ≪한국지역지리학회지≫, 11(1), 114~122쪽.

서종철. 2010. 「사구울타리 설치 후 해빈과 전사구의 지형 변화: 신두리 해안사구를 사례로」. ≪한국지형학회지≫, 17(1), 85~93쪽.

서화진. 1988. 「감입곡류천의 구하도 형성과정에 관한연구: 방절리, 구학리, 동점동을 중심으로」. 서울대학교 석사학위논문.

성영배. 2002. 「우주기원 동위원소를 이용한 산정형 암설지형의 노출연대 측정에 관한 연구」. 서울대학교 석사학위논문.

성영배. 2007. 「복수의 방사성 우주기원 동위원소를 이용한 매몰 연대측정의 가능성 탐구: 전곡현무암과 백의리층을 사례로」. ≪한국지형학회지≫, 14(2), 101~107쪽.

성영배·김종욱. 2003. 「우주기원방사성 핵종을 이용한 만어산 암설지형의 침식률 및 노출연대 측정」. ≪대한지리학회지≫, 38(3), 389~399쪽.

성운용. 1987. 「금산분지의 지형발달에 관한 연구」. 성신여자대학교 석사학위논문.

성운용. 1999. 「영주지역의 지형발달에 관한 연구」. 성신여자대학교 박사학위논문.

성운용. 2007. 「강화군 특정도서의 지형경관」. ≪한국사진지리학회지≫, 17(3), 45~56쪽.

성춘자. 1995. 「산지하천체계 내의 지형발달과 지질구조와의 관계: 남한강유역분지 내 산지하천을 중심으로」. 동국대학교 박사학위논문.

성효현. 1982. 「마이산 일대에 나타나는 미지형의 기후지형학적 연구」. 이화여자대학교 석사학위논문.

손명원. 1993. 「낙동강 상류와 왕피천의 하안단구」. 서울대학교 박사학위논문.

손명원. 2000. 「우리나라 침식분지의 경관: 구릉지의 토지지용 변화를 중심으로」. ≪한국지역지리학회지≫, 6(2), 83~96쪽.

손명원. 2002. 「상주의 자연지리」. ≪한국지역지리학회지≫, 8(3), 281~294쪽.

손명원. 2004. 「무제치 제2늪의 형성과정」. ≪한국지역지리학회지≫, 10(1), 206~214쪽.

손명원. 2008. 「고령군 지형경관자원의 분포와 활용방안」. ≪한국지역지리학회지≫, 14(4), 279~289쪽.

손명원·박경. 1999. 「오대산국립공원 내 '질뫼늪'의 지형생성환경」. ≪한국지역지리학회지≫, 5(2), 133~142쪽.

손명원·서종철·전영권. 2002. 「칠포 연안의 해안 지형시스템의 특성」. ≪지리학연구≫, 36(3), 227~238쪽.

손성곤·이팔홍·김철수·오경환. 2002. 「낙동강 원동 습지의 식생구조와 저토특성」. ≪한국습지학회지≫, 4(1), 21~32쪽.

손영관·박기화. 1994. 「독도의 지질과 진화」. ≪지질학회지≫, 30(3), 242~261쪽.

손영운. 2009. 『손영운의 우리 땅 과학 답사기』. 살림.

손일. 2009. 「백화산맥의 지형지」. ≪한국지형학회지≫, 16(4), 1~12쪽.

손일. 2011a. 『앵글속의 지리학(상)』. 푸른길.

손일. 2011b. 『앵글속의 지리학(하)』. 푸른길.

손일. 2014. 「전북 장수군 수분치의 하천쟁탈에 관한 연구」. ≪대한지리학회지≫, 49(6), 795~811쪽.

손일·박경. 2004. 「거제도 학동 자갈해빈의 변화와 그 원인에 관한 연구: 해빈 단면의 모니터링을 통해」. ≪한국지역지리학회지≫, 10(1), 177~191쪽.

송언근. 1993. 「한반도 중·남부지역의 감입곡류 지형발달」. 경북대학교 박사학위논문.

송언근. 1998. 「동강유역 하안단구와 곡류절단의 지형발달」. ≪한국지형학회지≫, 5(2), 109~130쪽.

송언근. 2002. 「지형 지식의 인식론적 특성과 존재론적 지형교육」. ≪대한지리학회지≫, 37(3), 262~275쪽.

송언근·박용택·용환성·은석우·전재형·정진복·홍은기·이준우·최덕민. 2002. 『지리로 읽는 대구 이야기』. 도서출판 영한.

송언근·조화룡. 1989. 「한국에 있어서 감입곡류 하천의 분포 특성」. ≪제4기학회지≫, 3, 17~34쪽.

신영호. 2002. 「산지습지 퇴적물 분석을 통한 침식퇴적 환경변화와 식생변화 간의 관계에 관한 연구」. ≪지리학논총≫, 40, 119~150쪽.

신영호·김성환·박수진. 2005. 「신불산 산지습지의 지화학적 특성과 역할」. ≪한국지형학회지≫, 12(1), 133~150쪽.

신영호·유근배. 2011. 「홀로세 해안사구 성장기와 습윤-건조 조건」. ≪대한지리학회지≫, 46(5), 569~582쪽.

신원정·김종연. 2019. 「동강의 하천 퇴적물의 입자 특성 및 암석의 반발 강도 특성에 대한 연구」. ≪한국지형학회지≫, 26(1), 41~58쪽.

신윤호. 1984. 「토평천 연안 충적평야의 지형발달」. 경북대학교 석사학위논문.

신재봉·Tosiro Naruse·유강민. 2005. 「뢰스: 고토양 퇴적층을 이용한 홍천강 중류에 발달한 하안단구의 형성시기」. ≪지질학회지≫, 41, 323~333쪽.

신재봉·유강민·Tosiro Naruse·Akira Hayashida. 2004. 「전곡리 구석기 유적 발굴지인 E55S20-IV 지점의 미고결 퇴적층에 대한 뢰스: 고토양 층서에 관한 고찰」. ≪지질학회지≫, 40, 369~381쪽.

신재열·황상일. 2014. 「신생대 제3기 경동성 요곡운동'의 개념, 시기, 기작에 관한 비판적 고찰: 판구조운동 기원의 새로운 가설」. ≪대한지리학회지≫, 49(2), 200~220쪽.

심성호·임지현·추창오·장윤득·배수경. 2011. 「울릉도 포놀라이트의 야외산출특징과 화산학적 연구」. 『(사)한국광물학회·한국암석학회 2011년 공동학술발표회 논문집』, 26~27쪽.

안웅산·황상구. 2009. 「만장굴 용암동굴을 형성한 용암의 공급지에 관한 연구」. ≪암석학회지≫, 18(3), 237~253쪽.

안철회. 1978. 「논산지역의 산록완사면 연구: 양촌면을 중심으로」. ≪웅진지리≫, 2-3호 합병호, 27~42쪽.

양승영. 2001. 『지질학사전』. 교학연구사.

양재혁. 2007. 「남해안 배후지역의 암석풍화가 해안지형발달에 미치는 영향」. ≪한국지형학회지≫, 14(2), 83~99쪽.

양해근. 2008. 「지리산 왕등재습지의 수문학적 특성과 역할」. ≪한국지형학회지≫, 15(3), 77~85쪽.

양해근·이해미·박경. 2010. 「지리산 외고개 습지의 수문지형특성과 경관변화」. ≪한국지형학회지≫, 17(1), 29~38쪽.

염종권·유강민. 2002. 「동해안 화진포 석호의 최근 400년간 퇴적환경 변화」. ≪지질학회지≫, 38(1), 21~32쪽.

오건환. 1967. 「한국동해안의 tombolo와 lagoon에 대하여」. 경북대학교 석사학위논문.

오건환. 1978. 「한반도 해안선의 평면적 형태의 특징과 그 성인에 관한 약간의 고찰」. ≪지리학≫, 18, 22~32쪽.

오건환. 1999. 「낙동강 삼각주 말단의 지형변화」. ≪한국제4기학회지≫, 13(1), 67~78쪽.

오경섭. 1975. 「북평주변의 침식지형 연구」. 서울대학교 석사학위논문.

오경섭. 1989. 「화강암 풍화층의 점토조성과 풍화환경」. ≪지리학≫, 40, 31~42쪽.

오경섭. 1995. 「한국 지형학의 50년 회고와 전망」. 광복 50주년·대한지리학회 창립 50주년 기념 심포지움. 69~70쪽.

오경섭. 1996. 「한국 지형학의 50년 회고와 전망」. ≪대한지리학회지≫, 31(2), 106~127쪽.

오경섭. 2006. 「한반도 지표피복물의 결빙구조로 인식되는 제4기 주빙하기후지형 환경」. ≪한국지형학회지≫, 13(1), 1~18쪽.

오경섭·김남신. 1994. 「전곡리 용암대지 피복물의 형성과 변화과정」. ≪제4기학회지≫, 8, 43~68쪽.

오경섭·양재혁·조헌. 2006. 「남한강과 금강 중·상류 사력퇴 습지 발달의 지형학적 배경과 환경지리적 의미」. 2006년도 한국지형학회 동계학술대회 논문집 및 답사안내서, 11~13쪽.

오경섭·양재혁·조헌. 2011. 「한국 하천 모래톱의 지형학적 의미와 효능: 낙동강 하곡을 사례로」.

≪한국지형학회지≫, 18(2), 1~14쪽.

오종주·박승필·성영배. 2012. 「무등산 평활사면(cryoplanation surface)의 형성시기와 분포특성」. ≪한국지형학회지≫, 19(1), 83~97쪽.

오한솔·장윤득·추창오·심성호·임지현·배수경. 2010. 「울릉도 태하리 황토구미 적색층의 산출특징과 생성기작에 대한 고찰」. 『2010 추계지질과학연합학술발표회 초록집』, 253쪽.

우경식. 2004. 『동굴』. 지성사.

우포늪 사이버 생태공원. http://Upo.or.kr

원종관 외. 1994. 『지질학원론』. 우성.

원종관·이문원. 1984. 「울릉도의 화산활동과 암석학적 특성」. ≪지질학회지≫, 20(4), 296~305쪽.

원종관·이문원·진명식·최무장·정병호. 2010. 『한탄강 지질탐사 일지』. 지성사.

위상복. 1982. 「건천지역의 선상지 지형발달」. 경북대학교 석사학위논문.

유영완·김종연. 2014. 「암괴류 구성 암괴의 반발 강도 특성과 풍화각의 화학적 조성에 대한 연구: 비슬산을 사례로」. ≪한국지형학회지≫, 21(1), 63~80쪽.

유재진·장동호, 2014, 「충청남도 남동부에서 나타나는 논매기소리의 분포와 전파에 관한 연구: 지형요소를 중심으로」. ≪한국지형학회지≫, 21(2), 11~23쪽.

유정아. 1999. 『한반도 30억년의 비밀』. 푸른숲.

유호상. 2001. 「습지의 지리적 분포와 환경요인: 정족산 무제치늪을 중심으로」. 경희대학교 석사학위논문.

유홍준. 2012. 「유홍준이 새로 쓰는 나의 문화유산답사기: 제주도11 성산 일출봉·만장굴·용천동굴」. ≪월간중앙≫, 2012-1, 226~235쪽.

윤광성. 2007. 「묵논습지의 토양 및 식생특성」. ≪한국지역지리학회지≫, 13(2), 12~142쪽.

윤성효. 2010. 『백두산 대폭발의 날』. 도서출판 해맞이.

윤성효·고정선·강순석. 2002. 「백록담 분화구 일대 화산암류의 화산지질학적 연구 한라산 조사연구보고서」, 제1호.

윤순옥. 1996. 「Holocene 후기 삼천포 해안충적평야 지형발달과 환경변화」. ≪한국지형학회지≫, 3(2), 83~98쪽.

윤순옥. 1998. 「강릉 운산 충적평야의 홀로세 후기의 환경변화와 지형발달」. ≪대한지리학회지≫, 33(2), 127~142쪽.

윤순옥·조우영·황상일. 2004. 「대구시 북부 팔공 산지의 지질 특성과 지형발달」. ≪지질학회지≫, 40(1), 77~92쪽.

윤순옥·황상일. 2004. 「경주 및 천북지역의 선상지 지형발달」. ≪대한지리학회지≫, 39(1), 56~69쪽.

윤순옥·황상일. 2009. 「한반도와 주변지역의 최종빙기 최성기 자연환경」. ≪한국지형학회지≫, 16(3), 101~112쪽.

이강원. 2010. 「백두산 천지 지명에 대한 일고찰: 한중 지명표기를 중심으로」. ≪국토지리학회지≫, 44(2).

이광률. 2003. 「북한강 유역분지 하안단구의 퇴적물 특성과 지형발달」. 경희대학교 박사학위논문.

이광률. 2011a. 「한국의 하안단구 연구」. ≪한국지형학회지≫, 18(4), 17~33쪽.

이광률. 2011b. 「송천 하구 사주의 지형 특성과 변화 과정」. ≪대한지리학회지≫, 46(6), 693~706쪽.

이광률. 2012. 「우리나라 자연구하도의 유형별 형성시기와 형성과정」. ≪한국지형학회지≫, 19(2), 1~15쪽.

이광률. 2013. 「하도 변위에 의한 폭포의 형성과 변화」. ≪대한지리학회지≫, 48(5), 615~628쪽.

이광률. 2015. 「폭포의 유형 분류와 사례: 우리나라와 미국을 대상으로」. ≪한국지형학회지≫, 22(1), 1~16쪽.

이광률·김대식·김창환. 2012. 「인제군 내린천의 포트홀 분석」. ≪한국지형학회지≫, 19(2), 113~122쪽.

이광률·윤순옥. 2004. 「경기·강원 지역 감입곡류 하천의 곡류절단면 분포 특성」. ≪대한지리학회지≫, 39(6), 845~862쪽.

이광률·조영동. 2013. 「유가 선상지의 지형 형성과정」. ≪대한지리학회지≫, 48(2), 204~217쪽.

이금삼. 1999. 「DEM을 이용한 한반도 지형의 계량적 특성과 기반암질과의 관계분석」. 경북대학교 박사학위논문.

이금삼·조화룡. 2000. 「DEM을 이용한 한반도 지형의 경사도 분석」. ≪한국지리정보학회지≫, 3(1), 36~43쪽.

이동영·최기룡·김주용·양동윤. 1998. 「정족산 무제치늪의 성인과 자연환경」. *The Korea Journal of Quarternary Research*, Vol. 12, No. 1, pp.63~75.

이민부·김남신·한균형. 2003. 「수치고도 모델을 이용한 사천만 해안지역의 3차원 지형분석」. ≪한국지역지리학회지≫, 9(2), 203~216쪽.

이민부·이광률·김남신. 2004. 「추가령 열곡의 철원-평강 용암대지 형성에 따른 하계망 혼란과 재편성」. ≪대한지리학회지≫, 39(6), 833~844쪽.

이민부·이광률·김남신. 2005. 「추가령 열곡 내 포천 이동 선상지의 지형형태 분석」. ≪한국지형학회지≫, 12(2), 1~10쪽.

이민부·이광률·윤순옥·한주엽. 2001a. 「추가령 열곡 대광리 단층대의 구조 운동과 지형발달」. ≪지질학회지≫, 37(2), 168~257쪽.

이민부·이광률·윤순옥·황상일·최한성. 2001b. 「추가령 구조곡 연천 단층대에 분포하는 합류선상지의 퇴적 환경 분석」. ≪지질학회지≫, 37(3), 345~364쪽.

이민희·장재훈. 1982. 「한국의 산록에 발달한 선상지와 페디먼트」. ≪지리학총≫, 10, 11~17쪽.

이상진·최인숙·도진영·이강근·김수진·안병찬. 2008. 「천연 안료 석간주로서의 울릉도 주토에 대한 성분 연구」. 『한국암석학회·한국광물학회 2008년 공동학술발표회 논문집』, 29~30쪽.

이상헌 외. 1997. 『화석』. 경보화석박물관.

이선복. 2005. 「임진강 유역 용암대지의 형성에 대한 신자료」. ≪한국지형학회지≫, 12(3), 29~48쪽.

이선복·이용일·임현수. 2009. 「강릉시 정동진 지역 단구지형 재고」. ≪한국지형학회지≫, 16(2), 29~42쪽.

이수재. 2010a. 「지질공원의 개념」. 제주도 지질공원 도입관계기관 워크숍 자료.

이수재. 2010b. 「지질공원이란?: 그 안에 사는 것이 즐거움이어야 한다」. 제주도 지질공원 주민설명회 자료.

이연섭. 2006. 『한탄강』. 고래실.

이용일·이선복. 2002. 「용인시 평창리 구석기유적발굴지 고토양 특성과 이의 고고지질학적 이용」. ≪지질학회지≫, 38, 471~489쪽.

이우평. 2007. 『한국지형산책2』. 푸른숲.

이윤수·조문섭. 2004. 「두 대륙이 충돌해 한반도 형성」. ≪과학동아≫, 4월호.

이윤진. 1995. 「화성암 관입지역의 지형특성: 작약도 지역을 사례로」. 동국대학교 석사학위논문.

이윤화. 2005. 「한국 서·남해안의 갯벌 지형 연구」. 경북대학교 박사학위논문.

이윤화. 2006. 「서해안 갯벌과 주민생활」. ≪한국지역지리학회지≫, 12(3), 339~351쪽.

이의한. 1998a. 「미호천 유역의 충적단구」. ≪지리학연구≫, 32(1), 35~56쪽.

이의한. 1998b. 「금강하류와 미호천 유역의 충적단구」. 고려대학교 박사학위논문.

이전·손일. 1998. 「남강 하류 범람원의 토지이용과 농업형태 변화에 관한 연구」. ≪한국지역지리학회지≫, 4(2), 31~48쪽.

이정우. 1983. 「북일지역 산록완사면 분석」. ≪지리학총≫, 11, 38~49쪽.

이진수. 2014. 「제주도 우도 화산섬의 서브알카리 현무암의 지화학적 특성에 대하여」. ≪자원환경지질≫, 47(6), 601~610쪽.

이케다 히로시(池田碩). 2002. 『화강암지형의 세계』. 권동희 옮김. 한울.

이호일·김진철·고경태·김용식·김지성·이승렬. 2018. 「2017 포항지진 액상화에 의한 모래화산의 발달 특성 및 고지진학적 접근」. ≪지질학회지≫, 54(3), 221~235쪽.

이호재. 1985. 「지리산 사면하천의 Pothole에 관한 연구」. 동국대학교 석사학위논문.

임종호. 1993. 「한국에 분포된 화강암류와 석회암류의 풍화현상에 관한 분석」. 건국대학교 박사학위논문.

임창주. 1973. 「영춘 지역의 하안단구 연구」. 서울대학교 석사학위논문.

임창주. 1989. 「남한강의 하안단구지형 연구」. 동국대학교 박사학위논문.

장동호·김만규. 2009. 「안면도 해안지형의 생태보존권역 설정에 관한 연구」. ≪한국사진지리학회지≫, 19(2), 49~68쪽.

장양기. 1993. 「정선군 동면 테일러스의 형태적 특징과 형성과정」. 충북대학교 석사학위논문.

장윤득·박병준. 2008. 『독도의 자연: 독도화산의 지질』. 경북대학교 출판부.

장재훈. 1966. 「산록완사면지형에 대한 연구: 구례·제천·충주지역을 중심으로」. ≪지리학≫, 2, 35~42쪽.

장재훈. 1972. 「남원 지역의 산록완사면 연구」. ≪지리학≫, 7, 12~23쪽.

장재훈. 1980. 「산록완사면과 피복퇴적물에 관한 연구」. ≪지리학연구≫, 5, 116~133쪽.

장재훈. 1996. 「강릉-속초지역의 삭박면 지형발달에 관한 연구」. ≪지리학연구≫, 27, 1~20쪽.

장재훈. 1997. 「침식분지의 형태와 발생과정에 관한 연구」. ≪사진지리≫, 6, 1~16쪽.

장재훈. 1998a.「곡성 지역의 산록침식면과 선상지에 관한 연구」.≪지리학연구≫, 32(1), 19~34쪽.

장재훈. 1998b.「한국의 저기복 침식면에 관한 지형학적 연구」.≪사진지리≫, 7, 17~32쪽.

장재훈. 2001.「악양분지의 지형발달에 관한 연구」.≪지리학연구≫, 35(1), 13~26쪽.

장재훈. 2002.『한국의 화강암 침식지형』. 성신여자대학교 출판부.

장호. 1976.「강릉주변의 저위침식면지형연구」. 서울대학교 석사학위논문.

장호. 1980.「섬진강 상류(백운-마령)의 단구상 지형의 연구」.≪전북대학교 논문집≫, 22(자연과
    학편), 201~209쪽.

장호. 1981.「무주군 안성분지의 지형발달」.≪전북대학교 사대논문집≫, 7, 45~54쪽.

장호. 1983.「지리산지 주능선 동부(세석-제석봉)의 주빙하 지형」.≪지리학≫, 27, 31~50쪽.

장호. 1983b.「남서부지방의 제암석에 나타나는 풍화혈의 성인과 형성시기」.≪지리학논총≫, 10,
    305~323쪽.

장호. 1993.「남한강 달천 하안의 하성단구」. 한국지형학회 여름학술대회 및 답사자료집.

장호. 1995.「호남평야와 논산평야 내의 충적평야 주변에 분포한 저구릉의 토양지형학적 연구」.
    ≪한국지형학회지≫, 2(2), 73~100쪽.

장호·고기만. 1995.「운봉분지의 하천쟁탈」.≪전북의 자연연구≫, 6, 35~40쪽.

전라북도지질공원. http://www.jbgeopark.kr

전북의 재발견-뚜벅뚜벅 전북여행. 2018. http://blog.jb.go.kr

전영권. 1988.「기후지형학의 연구동향: pediment와 주빙하 지형을 중심으로」. 경북대 사회대 지
    리학과.≪지리학연구≫, 9, 1~15쪽.

전영권. 1991.「태백산맥 남부산지의 암설사면지형연구」. 경북대학교 박사학위논문.

전영권. 1995.「만어산의 Block Stream에 관한 연구」.≪한국지형학회지≫, 2(1), 43~56쪽.

전영권. 1997.「경남 밀양 얼음골 일대의 지형적 특성: Talus를 중심으로」.≪한국지역지리학회지≫,
    3(1), 165~182쪽.

전영권. 1998.「의성 빙계계곡 일대의 지형적 특성」.≪한국지역지리학회지≫, 4(2), 49~64쪽.

전영권. 2000.「한국 화강암질류 산지에서 발달하는 암괴류에 관한 연구」.≪한국지역지리학회지≫,
    6(2), 71~82쪽.

전영권. 2002.「택리지의 현대지형학적 해석과 실용화 방안」.≪한국지역지리학회지≫, 8(2),
    256~269쪽.

전영권. 2003.『이야기와 함께하는 전영권의 대구지리』. 도서출판 신일.

전영권. 2005a.「독도의 지형지」.≪한국지역지리학회지≫, 11(1), 19~28쪽.

전영권. 2005b.「지오투어리즘(Geo-tourism)을 위한 대구 앞산 활용방안」.≪한국지역지리학회
    지≫, 11(6), 517~529쪽.

전영권. 2006a.「고문헌의 지명에서 나타난 한국인의 전통 지형관: 대구 지역을 사례로」.≪한국지
    형학회지≫. 13(4), 9~18쪽.

전영권. 2006b.「대구앞산의 환경보전과 지속가능한 이용」.≪한국지역지리학회지≫, 12(6),
    645~655쪽.

전영권. 2009. 「지형자원 발굴과 활용방안: 영양 도엽을 대상으로」. ≪한국지역지리학회지≫, 15(3), 328~336쪽.

전영권. 2010. 「한국의 지오투어리즘」. ≪한국지형학회지≫, 17(4), 53~69쪽.

전영권·손명원. 2004. 「대구 비슬산 내 지형자원의 활용방안에 관한 연구」. ≪한국지역지리학회지≫, 10(1), 53~66쪽.

정수호. 2018. 「한국에 발달한 폭포의 지리학적 특성: 폭포의 특성 및 요소 간 상관관계를 중심으로」. 동국대학교 석사학위논문.

정장호. 1962a. 「남한의 karst 지형」. 서울대학교 석사학위논문.

정장호. 1962b. 「영월부근의 지형: 하안단구를 중심으로」. ≪지리≫, 2.

정장호. 1966. 「한국의 karst 지형」. ≪지산선생 화갑기념 논문집≫, 213~239쪽.

정장호. 1975. 「karst 지형」. ≪지리학회보≫, 13, 1~7쪽.

정창희. 1997. 「한국의 자연과 인간: 한반도는 어떻게 형성됐나」. 우리교육.

정창희·김정률·이용일. 2011. 『지질학』. 박영사.

정필모·서종철·전영권·신영규. 2010. 「지오투어리즘(geo-tourism)을 위한 주왕산국립공원의 자연관찰로 분석」. ≪한국지형학회지≫, 17(2), 77~86쪽.

제주도 지질공원. 2011. http://geopark.jeju.go.kr

제주도. 2000a. 「제주도 지하수 보전·관리계획 보고서」.

제주도. 2000b. 「한라산 기초조사 및 보호관리계획수립」.

조기만·좌용주. 2004. 「화강암 지형과 석조 문화재에 사용된 석재의 공급지에 관한 연구: 경주 지역을 사례로」. 『한국암석학회·한국광물학회 2004년 공동학술발표회 논문집』, 102~104쪽.

조기만·좌용주. 2005. 「석조문화재의 석재공급지에 관한 연구: 익산 지역에 대한 지형학적 및 암석학적 접근」. ≪암석학회지≫, 14(1), 24~37쪽.

조등룡·이승배·김성원. 2017. 「경기육괴 서부 이작도 기반암의 야외산상과 SHRIMP 저어콘 U-Pb 연대」. 대한지질학회 창립70주년 기념 국제학술대회 및 2017 추계지질과학연합학술대회 발표집, 111쪽.

조문섭. 2004. 「한반도 30억년의 비밀: SHRIMP U-Pb 저어콘 연대에 근거한 개인적 고찰」. 『대한지질학회 추계학술발표회 초록집』, 11쪽.

조문섭. 2009.3.13. "〈과학 칼럼〉 지질학으로 본 우리의 명산". ≪한겨레21 이코노미인사이트≫.

조석필. 1997. 『태백산맥은 없다』. 도서출판 사람과산.

조헌. 2009. 「사력퇴를 통해 본 한국 산지 하천의 지형 특색: 남한강·금강·낙동강·섬진강을 중심으로」. 한국교원대학교 박사학위논문.

조홍섭. 2018. 『한반도 자연사 기행』. 한겨레출판.

조화룡. 1987. 『한국의 충적평야』. 교학연구사.

조화룡. 1990. 「한국의 토탄지 연구」. ≪지리학≫, 41, 109~127쪽.

조화룡. 1997. 「양산단층 주변의 지형분석」. ≪대한지리학회지≫, 32(1), 1~14쪽.

조화룡. 2003. 「산경표 산맥체계로는 우리나라 지체구조를 설명할수 없다」. 『한반도의 산지체계:

한국지형학회 특별심포지움 논문집』, 15~17쪽.

조화룡·장호·이종남. 1987. 「가조분지의 지형발달」. ≪제4기학회지≫, 1(1), 35~45쪽.

좌용주·이상원·김진섭·손동운. 2004. 「경주 불국사와 석굴암의 석조 건축물에 사용된 석재의 공급지에 대하여」. ≪지질학회지≫, 36(3), 335~440쪽.

좌용주·조기만·김건기·김욱한. 2002. 「석조문화재에 사용된 화강암 석재의 구별 및 공급지 파악에 대한 연구: 경주 불국사와 석굴암의 예」. 『2002 대한지질학회·대한자원환경지질학회·한국석유지질학회·한국암석학회 제57차 추계공동학술발표회 초록집』, 74쪽.

주남저수지 사이버 박물관. http://www.Junam.co.kr

진광민·김영석. 2010. 「울산 정자해수욕장과 경주 읍천해안에서 관찰되는 수평주상절리(와상절리)의 발달 특성 및 관광지질자원으로서의 가치 연구」. ≪지질학회지≫, 46(4), 413~427쪽.

진훈·김종욱·한민·변종민. 2019. 「감입곡류 지형과 암질 차이가 하상 퇴적물 입경 및 형상에 미친 영향: 공릉천 중상류 구간을 사례로」. ≪한국지형학회지≫, 26(1), 15~26쪽.

최광희·김종욱·최정헌·변종민·홍성찬·신영규·이석조. 2008. 「원산도 해안사구 퇴적층에 대한 OSL 연대측정과 그 의미」. ≪한국지형학회지≫, 15(4), 39~51쪽.

최광희·최태봉. 2010. 「신안장도습지의 지형과 퇴적물 특성」. ≪한국지형학회지≫, 17(2), 63~76쪽.

최덕근. 2014. 『한반도 형성사』. 서울대학교출판사.

최덕근. 2016. 『10억년전으로의 시간여행』. 휴머니스트.

최동림·김성렬·석봉출·한상준. 1992. 「한반도 황해 중부 태안반도 근해 사질퇴적물의 이동」. ≪한국해양학회지≫, 27(1) 66~77쪽.

최무웅. 1988. 「암맥 중의 핵석형성에 대하여」. ≪건국대학교 학술지≫, 32, 69~79쪽.

최무웅·임종호. 1990. 「경기도 지역에 분포한 화강·편마암의 풍화특성과 등급에 관한 연구」. ≪지리학≫, 41, 1~18쪽.

최병권. 1994. 「남한강 상류의 곡류하도 발달에 관한 연구」. 동국대학교 박사학위논문.

최성길. 1985. 「진도 내만지역 Shore Platform의 형태와 발달과정에 관한 연구」. ≪지리학≫, 31, 16~31쪽.

최성길. 1993. 「한국 동해안에 있어서 최종간빙기의 구정선고도 연구: 후기 갱신세 하성단구의 지형층서적 대비의 관점에서」. *The Korean Journal of Quaternary Research*, Vol.7, No.1, pp.1~26.

최성길. 1995a. 「한반도 중부동해안 저위해성단구의 대비와 편년」. ≪대한지리학회지≫, 30(2), 103~119쪽.

최성길. 1995b. 「강릉-묵호해안 최종간빙기 해성면의 동정과 발달과정」. ≪한국지형학회지≫, 2(1), 9~20쪽.

최성길. 1996a. 「한국 동남부해안 포항 주변지역 후기 갱신세 해성단구의 대비와 편년」. ≪한국지형학회지≫, 3(1), 29~44쪽.

최성길. 1996b. 「웅천천 지역의 하성단구로부터 추정되는 구정선고도와 그 의의」. ≪대한지리학회지≫, 3(3), 613~629쪽.

최성길·김일종. 1987. 「상맹방리 일대의 해안평야지형 연구」. 《지리학》, 36, 1~12쪽.

최성길·신희철. 1995. 「계룡산지 서록의 완사면상 선상지」. 《한국지형학회지》, 2(2), 101~114쪽.

최성길·이헌종. 2007. 「한반도 서남부해안과 동·서해안의 최종간빙기 단구의 대비」. 《한국지형학회지》, 14(3), 15~26쪽.

최성자. 2004. 「대보-구룡포-감포지역의 해안단구(II)」. 《자원환경지질》, 37(2), 245~253쪽.

최용승. 1998. 「해운대 대천분지의 지형발달」. 부산대학교 석사학위논문.

최운식 외. 2000. 『정보화시대의 국토와 환경』. 법문사.

최원학·김정환·기원서. 2003. 「신제3기 방어진 분지」. 《지질학회지》, 39(2), 263~269쪽.

최인숙·성영배·김종욱·박승필·이춘경. 2010. 「백두산 일대에 나타나는 구조토 보고」. 《한국지형학회지》, 17(1), 59~72쪽.

최진혁·고경태·김재윤·김영석. 2012. 「석회동굴 내 동굴생성물의 파괴특성을 이용한 고지진 연구: 경북 울진 성류굴의 예」. 《지질학회지》, 48(3), 225~240쪽.

최희만. 2003. 「영남지방 4대 전통취락의 지형적 입지 특성」. 《한국지역지리학회지》, 9(4), 413~424쪽.

추미양. 1984. 「Tafoni의 형성과정에 관한 연구: 덕숭산 화강암 잔유암체의 형태 해석을 중심으로」. 서울대학교 석사학위논문.

탁한명. 2015. 「사천시 다평리 해안에서 발달한 풍화혈에 관한 연구」. 《대한지리학회지》, 50(5), 459~472쪽.

탁한명·김성환. 2017. 「소축척 지형분류도 제작을 위한 한반도 지형분류」. 《대한지리학회지》, 52(4), 375~391쪽.

탁한명·김성환·손일. 2013. 「지형학적 산지의 분포와 공간적 특성에 관한 연구」. 《대한지리학회지》, 48(1), 1~18쪽.

통상산업부. 1995. 「골재자원부존조사: 경상권 하천, 산림골재 및 경기만 남부 해역 바다 골재」, 제1권.

포항시. 2019. 선바우길 현장 안내판.

한국도로공사·마산-창원환경운동연합. 1996. 『녹색물융단 창녕 우포늪』. 도서출판 불휘.

한국자연지리연구회. 2003. 『개정판 자연환경과 인간』. 한울.

한국자연지리연구회. 2004. 『개정판 자연지리학사전』. 한울.

한국지리정보연구회. 1999. 『사진과 지리』. 한울.

한국지리정보연구회. 2004. 『개정판 자연지리학사전』. 한울.

한국지질자원연구원. 2013. www.kigam.re.kr

한국해양연구소. 2000. 「독도 생태계 등 기초조사 연구 최종보고서」. 해양수산부.

한태흥. 1993. 「제주도 연안 해빈과 사구에 관한 연구」. 경희대학교 박사학위논문.

해양개발연구소. 1975. 「Landsat 영상자료에 의한 아산만 일대의 조석현상에 따른 지형에 관한 연구」.

행정안전부. 2017. 「2017포항지진백서」.

형기주. 2005. 「지리포럼: 잊을 수 없는 사람들」. ≪대한지리학회 뉴스레터≫, 제88호, 1~5쪽.

홍성찬·최정헌·김종욱. 2010. 「홀로세 중기 이후 신두리 해안사구의 성장: 기후변화 및 해수면 변동과의 관련 가능성」. ≪한국지형학회지≫, 17(2), 87~98쪽.

홍시환. 1975. 「한국의 동굴」. ≪지리학회보≫, 13, 8~12쪽.

홍시환. 1979. 『한국의 자연동굴』. 금화출판사.

홍시환·석동일. 1995. 『한국의 동굴』. 대원사.

환경부 국가습지센터(www.me.go.kr). 2018. 「습지보호지역 지정 및 람사르습지 등록 현황」.

환경부. 1998. 「대암산 용늪 복원 타당성 조사(2차 연도)」.

환경부. 2000. 「전국내륙습지 목록」.

환경부. 2001. 「전국내륙습지조사지침」.

환경부. 2019. "한경부와 친해지구". http://blog.naver.com/mesns

황만익. 1968. 「동해안 정동리 일대의 해안평탄면 지형연구」. ≪지리학≫, 3, 1~10쪽.

황상구·안유미·장윤득·김유봉. 2011. 「울릉도 남동부 조면암질암류의 분출유형과 분출과정」. ≪지질학회지≫, 47(6), 665~681쪽.

황상일. 1998. 「경주 하동 주변의 선상지 지형발달과 구조운동」. ≪한국지형학회지≫, 5(2), 189~200쪽.

황상일. 2004. 「경북 청도분지의 선상지 지형발달」. ≪대한지리학회지≫, 39(4), 514~527쪽.

황상일. 2007. 「불국사 지역의 지형특성과 불국사의 내진구조」. ≪대한지리학회지≫, 42(3), 315~331쪽.

황상일·박경근. 2008. 『독도의 자연: 독도의 지형 및 경관』. 경북대학교 출판부.

황상일·박경근·윤순옥. 2009. 「독도 서도 북서해안의 Holocene 기후변화와 타포니 지형발달」. ≪한국지형학회지≫, 16(1), 17~30쪽.

황상일·박효정·박경근·윤순옥. 2011. 「남해군 금산 정상부의 나마(Gnamma)지형발달」. ≪대한지리학회지≫, 46(2), 134~151쪽.

황상일·윤순옥. 1996. 「한국 동해안 영덕 금곡지역 해안단구의 퇴적물 특성과 지형발달」. ≪한국지형학회지≫, 3(2), 99~114쪽.

황상일·윤순옥. 1998. 「대구분지의 자연환경과 선사 및 고대의 인간생활」. ≪대한지리학회지≫, 33(4), 469~486쪽.

황상일·윤순옥. 2001. 「한국 남동부 경주 및 울산시 불국사단층선 지역의 선상지 분포와 지형발달」. ≪대한지리학회지≫, 36(3), 217~232쪽.

황상일·윤순옥·박한산. 2003. 「한국 남동해안 경주-울산 경계지역 지경리 일대 해안단구 지형발달」. ≪대한지리학회지≫, 38(4), 490~504쪽.

≪경향신문≫. 2010.4.14. "[별난곳 별난일] 구멍숭숭 바위섬 슬도".

≪울산제일일보≫. 2009.11.30. "조개가 판 수많은 구멍… 생태 지질 민속의 보물섬".

≪한국일보≫. 2010.11.17. ""백두산 화산 폭발 징후" vs "지표 年3㎜ 상승 무의미" 천지 아래 무슨

일이". http://www.news.hankooki.com.

http://www.koreabrand.net/kr/Know/관광·자연

Akagi, Y. 1974. "Pediment in the Taean Peninsula and the Yongsan River Basin, Korea." The Science Report of the Tohoku Univ., 7th., Series, *Geography*, 24(2), pp.183~203.

Brunsden, Denys and John C. Doornkamp. 1975. *The Unquiet Landscape*. New York: John Wiley & Sons.

Caine, N. 1967. "The Tors of Benlomond, Tasmania." *Zeitschrift für Geomorphologie*, N.F.11, pp.418~429.

Chang, Ho. 1987. "Geomorphic Development of Intermontane Basins in Korea." Ph.D. Dissertation to the University of Tsukuba.

Cho, M., H. Kim, Y. Lee, K. Horie and H. Hidaka. 2008. "The oldest (ca. 2.51 Ga) rock in South Korea: U-Pb zircon age of a tonalitic migmatite, Daeijak Island, western Gyeonggi massif." *Geosciences Journal*, 12, pp.1~6.

Cunningham, F. F. 1969. "The Crow Tors, Lalamic Mountains, Wyoming, U.S.A." *Zeitschrift für Geomorphologie*, 13, pp.56~74.

Davies, J. L. 1977. *Geographical Variation in Coastal Development*. London: Longman.

De Blij, H. J. and Peter O. Mulller. 1996. *Physical Geography of the Global Environment*. Wiley.

Demek, J. 1972. "Present-day Geomorphological processes in the Mountain Group Paektusan in North Korea." *Zpravy Geogr.*, ustavu csva IX-1, pp.12~32.

Derbyshire, E. 1971. "Tors, rock weathering and climate in Southern Victoria Land, Antarctica." *Inst. Br. Geogr. Spec. Pub.*, 4, pp.93~105.

Dzulynski, S. T. and A. Kotarba. 1979. "Solution Pans and their bearing on the development of pediments and tors in granite." *Zeitschrift für Geomorphologie*, N.F., 23, pp.172~191.

Fairbridge, R. W. 1968. *The Encyclopedia of Geomorpholgy*. Stroudsburg: Dowden, Hutchinson & Ross, Inc.

Hails, John R. 1978. *Applied Geomorphology*. Elsevier Scientific Pub. Co.

Hess, Darrel. 2011. *McKnight's Physical Geography*. Pearson.

Jahn, A. 1962. "Geneza Skalek Granitowych(Origin of granite tors, summary)." *Czasopismo Geograficzne*, 33, pp.19~44.

Jahn, A. 1972. "Granite tors in the Sudeten Mountains." in E. H. Brown and R. S. Waters(eds.), *Progress in Geomorphology*. Blackwell Publishers, pp.53~60.

Kim, J. Y. 1990. "Quaternary Stratigraphy of the Terrace Gravel Sequence in the Pohang Area(Korea)." Dissertation to Seoul National University, p.203.

King, L. C. 1958. "The problem of tors." *Geogr. J.*, 124, pp.289~291.

Koto, Bunjiro(小藤文次郎). 1909. "Journeys through Korea. Journal of the College of Science." *Imperial University of Tokyo*, 26(2), pp.1~207.

Lautensach, H. 1941. "Der Hakentozen, Eine Vulkanische Land-schafen Korean is chmanschurischen Grenzen-bereich." *Geogr., Zeitschrift*, 47.

Lee, D. Y. 1985. "Quaternary Deposits in the Coastal Fringe of the Korean Penninsula." Dessertation to the Vrije Universit. Brussel, p.315.

Lee, D. Y. 1987. "Stratigraphical Reserch of the Quaternary Deposits in the Korean Peninsula." *The Korean Journal of Quaternary Research*, 1(1), pp.3~20.

Linton, D. L. 1955. "The problem of Tors." *Geogr. J.*, 121, pp.470~486.

Oh, G. H. 1981. "Marine Terraces and Their Tectonic Deformation on the Coast of the Southern Part of the Korean Peninsula." Bulletin of the Department of Geography, University of Tokyo 13, pp.1~61.

Ollier, C. D. 1969. *Weathering*. Edinburgh: Oliver and Boyd.

Ollier, C. D. 1979. *Weathering*. London: ELBS.

Rice, R. J. 1979. *Fundmentals of Geomorphology*. New York: Longman Inc.

Shin, J. and M. Sandiford. 2012. "Neogene Uplift in the Korean Peninsula Linked to Small-scaled Mantle Convection at Singking Slab Edge." *Journal of the Korean Geographical Society*, 47(3), pp.328~346.

Shin, Jae Bong. 2003. "Loess-Paleosol Stratigraphy of Dukso and Hongcheon Areas and Correlation with Chinese Loess-Paleosol Stratigraphy: Application of Quaternary loess-paleosol stratigraphy to the Chongokni paleolithic site." Ph.D. dissertation. Department of Earth System Science. University of Yeonsei.

Small, R. J. 1978. *The Study of Landforms*. Cambridge University Press.

Sohn, Young Kwan and Ki Hwa Park. 1994. "Geology and Envolution of Tok Island, Korea." *Jour. Geol. Soc. Korea*, 30(3), pp.242~261.

Thomas, M. F. 1965. "Some aspects of the geomorphology of domes and tors in Nigeria." *Zeit. F. Geomor.*, 9, pp.63~81.

Thornbury, W. D. 1969. *Principles of Geomorphology*. John Wiley & Sons, Inc.

Twidale, C. R. 1976. *Analysis of Landforms*. Brisbane: John Wiely and Sons.

Twidale, C. R. 1982. *Granite landforms*. Amsterdam: Elsevier.

Twidale, C. R. and Elzabeth M. Corbin. 1963. "Gnammas." *Rev. Geomorph. Dyn.* 14, pp.1~20.

Twidale, C. R. and J. A. Bourne. 1975. "Episodic exposure of Inselbergs." *Geol. Soc. Amer. Bull.*, 86, pp.1473~1481.

Twidale, C. R. and J. R. Vidal Romani. 2005. *Landforms And Geology of Granite Terrains*. A. A. Balkema Publishers.

吉川虎雄. 1947. 「朝鮮半島中部の地形發達史」. ≪地質學雜誌≫, 53, pp.28~32.

鹿野忠雄. 1936. 「韓國北部山地の氷蝕地形に關して」. ≪地評≫, 12-12, pp.89~90.

鹿野忠雄. 1937. 「韓國東北部山地の氷河地形に關して」. ≪地評≫, 13-12, pp.82~101.

多田文男. 1970. 「韓國でみられる岩塊流」. ≪東北地理≫, 22(3), p.161.

尾留川正平 外. 1973. 『自然地理調査法』. 東京: 朝倉書店.

西村嘉助. 1969. 『應用地形學』. 大明堂.

小林貞一. 1931. 「朝鮮半島地形發達史と近生代地史との關係に就いての一考察(一)」. ≪地理學評論≫, 7(7), pp.523~550.

小林貞一. 1931. 「朝鮮半島地形發達史と近生代地史との關係に就いての一考察(二)」. ≪地理學評論≫, 7(8), pp.628~648.

小林貞一. 1931. 「朝鮮半島地形發達史と近生代地史との關係に就いての一考察(三)」. ≪地理學評論≫, 7(9), pp.708~733.

小泉格・安田喜憲. 1995. 『地球と文明の週期』. 朝倉書店.

式正英. 1984. 『地形地理學』. 古今書院.

赤木祥彦. 1971. 「韓國, 光州市付近のpedimelltと岩塊流」. ≪東北地理≫, 23, pp.110~115.

町田貞 外. 1983. 『地形學辭典』. 東京: 二宮書店.

朝日新聞社. 1983. 「地球のすがた(世界の地理 特輯號)」. ≪週刊 朝日百科≫, 10.

曺華龍. 1978. 「韓國浦項周邊海岸平野の地形發達」. ≪東北地理≫, 30(3), pp.152~160.

池田碩. 1990. 「韓國東南部海岸注文津附近につみられるTafoni地形とその形成過程」. ≪奈良大學紀要≫, 18, pp.49~66.

池田碩. 1998. 『花崗岩地形の世界』. 古今書院.

池田碩. 2001. 「韓國の花崗岩地域にみられるTafoni・Gnammaの分布」. ≪奈良大學 總合研究所所報≫, 第9號, pp.75~87.

池田碩・姜龍錫. 1981. 「韓國全州東部の馬耳山にみられるタフォニ地形」. ≪奈良大學紀要≫, 10, pp.57~68.

崔成吉. 1998. 「韓國東海岸における後期更新世段丘地形の發達過程と最終間氷期の海水準」. 東北大學 大學院 博士學位論文.

ボ-ムズ, A.・上田誠也 外 譯. 1984. 『一般地質學II』. 東京: 東京大學出版會.

▌지은이 _ **권동희**

동국대학교 사범대학 지리교육과 졸업

동국대학교 대학원 지리학과 문학박사(기후지형학 전공)

현재 동국대학교 명예교수, 한국지형학회 고문

저서: 『자연지리학사전』(공저), 『지형도 읽기』, 『토양지리학』(공저), 『지리이야기』,
　　　『한국지리 이야기』, 『드론의 경관지형학 제주』, 『여행의 지리학』

한울아카데미 2221

제2개정판 **한국의 지형**

ⓒ 권동희, 2020

지은이 _ 권동희
펴낸이 _ 김종수
펴낸곳 _ 한울엠플러스(주)
편집책임 _ 최진희

초판 1쇄 발행 _ 2006년 8월 30일
개정판 1쇄 발행 _ 2012년 9월 18일
제2개정판 1쇄 발행 _ 2020년 5월 12일

주소 _ 10881 경기도 파주시 광인사길 153 한울시소빌딩 3층
전화 _ 031-955-0655
팩스 _ 031-955-0656
홈페이지 _ www.hanulmplus.kr
등록 _ 제406-2015-000143호

Printed in Korea.
ISBN 978-89-460-7221-3 93450

※ 책값은 겉표지에 표시되어 있습니다.